水理学

四俵正俊 著

技報堂出版

書籍のコピー，スキャン，デジタル化等による複製は，
著作権法上での例外を除き禁じられています。

はじめに

水理学とは

　大規模な土木工事は文明と共に始まった．その中には田畑の灌漑，都市用水の供給，洪水への対応など，水に直接関わるものが多くある．人々は水に助けられ，そして水と戦ってきた．

　その水の力学を扱うのが水理学である．**水理学** (Hydraulics) は水の力学を扱う学問の，土木工学における名称であって，機械工学では水力学と呼ばれる．

　力学と名の付く物理の基礎分野はいくつかあるが，我々が用いるのは古典的な**ニュートン力学**である．ニュートン力学では，物体に作用する力とその物体の運動の関係が興味の中心になる．この対象物体として**流体**（液体と気体）を扱う**流体力学**は水理学のベースになっている．

本書の特徴

　本書は，土木工学の基礎として水理学を学ぶ学生のための入門書である．執筆にあたっては，できるだけ基本的なところから水理学を説明することを心がけた．

　本書には，欄外の「注」がたくさんある．これらや囲み記事には，たとえば次のようなことが書いてある．
○式を追うための計算やヒント：学生が自習できるように，式の誘導などを多く入れた．
○周辺の知識：広い分野をカバーする土木工学の特徴を念頭に，関連する様々な事項についても触れた．
○さらに高度な内容についての紹介も行うようにした．

　自習しやすくするため，次のような工夫をした．
○式に含まれる記号は，初回に限らず，出てくる度に意味（定義）を説明するよう心掛けた．
○たくさんの定数を含んでいるため複雑に見えるだけで，実はそうでもない式がある．こういう式のいくつかについて，変数のみを青色で示すことによって分かりやすくする，という試みを行った．

　各章の扉にその章のまとめを載せた．このまとめは，これから学ぶことの紹介というよりも，後で思い出すときに役立つことを期待して用意したものである．

前提

　本書は，読者が初級レベルの「微分・積分」および「力学」を学んでいることを前提にしている．

　これらを全く学んでいないが本書に取り組みたいという学生諸君には是非，高校の教科書あるいは参考書に目を通しておいてもらいたい．

　工学の特定の分野において力学を展開する学問は，一般に応用力学と呼ばれる．**構造力学**，**水理学**，**土質力学**は，土木工学の基礎となる応用力学の御三家である．このうち構造力学はもっとも基本的な分野なので，水理学よりも先に学ぶことも多い．折に触れて，構造力学で学んだように，という書き方をしているのはそのためであるが，あまり気にする必要はない．構造力学とのつながりを意識しておけばいい．

はじめに

本書の構成

本書は，圧力から始めて必要事項を学びながら進み，最終的に水道管や河川の流れに到達する形を取っている。

全体の構成は以下のようである。

（入門書である本書は時間的に変化しない流れを対象としているため，波についてはほとんど扱っていない）

序　編

第1章　単位と次元
　　　単位を苦手とする学生が多いので，詳しい解説を行った。

第1編　静水力学―静止した水の力学―

第2章　静水圧
　　　力から始めて，水の圧力の性質を調べる。最後に表面張力について触れる。

第3章　全水圧
　　　面に作用する水圧の合力＝全水圧を計算する。全水圧の一形態である浮力についても学ぶ。

第2編　動水力学の基本―動く水の扱い―

第4章　流れの運動学
　　　力学に入る前に，大変形する流体の運動の特徴とその記述法について述べる。

第5章　流れの力学
　　　基本になる方程式を紹介したあと，実際に用いる運動量方程式とベルヌーイの定理について学ぶ。

第6章　水に作用する摩擦力
　　　長い距離を流れる水にとって重要な摩擦力について，伝統的な研究の成果を学ぶ。

第3編　土木工学で扱う各種の流れ

第7章　ポテンシャル流
　　　摩擦抵抗を無視できる完全流体の流れと，摩擦抵抗が決定的に重要な地下水の流れが同じ手法で扱われる。

第8章　管路の流れ
　　　水道管などの流れを扱う方法の基本を学ぶ。

第9章　開水路の流れ
　　　河川のように水面がある流れは水面形を決めること自体が簡単ではない。それを解くための様々な工夫を学ぶ。

追　補

第10章　次元解析と模型実験
　　　常に心に留めておくべき「次元」に焦点を当てる。その模型実験との関連を見る。

謝辞

　最後に，本書の執筆を助けてくださった方々に謝意を表したい。

　愛知工業大学の元同僚である木村勝行名誉教授，服部忠一朗名誉教授，後任の赤堀良介准教授を始めとする土木工学科，物理教室，数学教室の先生方には，内容についての相談に乗って頂き，大変有り難かった。

　図は上田美嶺さん，愛知工業大学の学生だった本野汐里さん，（株）アイコの高瀬理恵さんにお願いした。特に大部分の図を作って頂いた高瀬さん抜きに本書は存在しなかった。高瀬さんと（株）アイコに深く感謝する。

　本書は構想から完成まで１０年以上かかった。この長きにわたってお付き合い頂いた技報堂出版（株）の天野重雄さんには，ただただ感謝するばかりである。

2019 年 1 月

四 俵 正 俊

目次

序編　　　　　　　　　　　　　　　　　　　　　　　　　　　　　1

第1章　単位と次元 ………………………………………………… 1

 1.1　単位　　2
  1.1.1　長さの単位　　2
  1.1.2　異なる物理量間の単位の関係　　2
  1.1.3　単位の換算　　3

 1.2　次元　　5
  1.2.1　次元の一致　　7

 1.3　単位系　　7
  1.3.1　基本単位　　8
  1.3.2　組立単位の例　　9
  1.3.3　SI接頭語（SI接頭辞）　　11

第1編　静水力学—静止した水の力学—　　　　　　　　　　　　　13

第2章　静水圧 ……………………………………………………… 13

 2.1　力と応力　　14
  2.1.1　体積力と面積力　　14
  2.1.2　外力と内力　　14
  2.1.3　応力　　15
  2.1.4　物質の三態と応力　　17
  2.1.5　圧力　　19

 2.2　静水圧　　19
  2.2.1　静止流体の圧力　　19
  2.2.2　絶対圧力とゲージ圧力　　20
  2.2.3　流体の重さと圧力　　21
  2.2.4　圧力の単位　　24
  2.2.5　静水圧の計算　　26
  2.2.6　マノメータ　　27

 2.3　毛細管現象　　31
  2.3.1　表面張力，接触角　　31
  2.3.2　毛細管現象　　32

第3章　全水圧 ……………………………………………………… 35

 3.1　平面図形に作用する全水圧　　36
  3.1.1　水平な面に作用する全水圧　　36

3.1.2　鉛直な面に作用する全水圧　　37
3.1.3　斜めの面に作用する全水圧　　41
3.1.4　パスカルの原理　　42

3.2　曲面図形に作用する全水圧　　44
3.2.1　水圧ベクトルの図示　　44
3.2.2　全水圧の計算　　45
3.2.3　ラジアルゲート　　46

3.3　浮力　　48
3.3.1　アルキメデスの原理　　48
3.3.2　浮体の安定　　49

第2編　動水力学の基本―動く水の扱い―　　55

第4章　流れの運動学　　55

4.1　基本事項　　56

4.2　連続方程式　　59

4.3　オイラー的な見方　　61
4.3.1　二つの見方　　61
4.3.2　オイラー的記述と実加速度　　62

4.4　移動と変形　　64
4.4.1　線分要素の移動と変形　　64
4.4.2　長方形要素の移動と変形　　66

4.5　渦ありと渦なし　　68

第5章　流れの力学　　71

5.1　基本になる方程式　　72

5.2　運動量方程式　水の運動を記述する式―その1　　72
5.2.1　運動量　　73
5.2.2　運動量方程式　　73
5.2.3　課題への適用　　75
5.2.4　長波の伝播速度　　81

5.3　ベルヌーイの定理　水の運動を記述する式―その2　　81
5.3.1　仕事とエネルギー　　82
5.3.2　運動エネルギー　　82
5.3.3　位置エネルギー　　83
5.3.4　定常流のエネルギー保存則　　83
5.3.5　水頭　　86
5.3.6　平均流速を用いたベルヌーイの定理　　87
5.3.7　課題への適用　　88

第6章　水に作用する摩擦力　　99

6.1　流体―固体間の摩擦　　100

6.1.1 固体 - 固体間の摩擦抵抗　　100
6.1.2 流体 - 固体間の抵抗　　102
6.1.3 境界層　　103
6.1.4 ニュートン流体　　104
6.1.5 摩擦による水頭の損失　　105
6.1.6 拡張されたベルヌーイの定理　　107

6.2 層流と乱流　　107
6.2.1 レイノルズ数　　107
6.2.2 レイノルズ数の力学的意味　　109
6.2.3 一般のレイノルズ数　　109
6.2.4 流速と抵抗　　109
6.2.5 せん断応力の分布　　110

6.3 流速分布と抵抗　1―層流　　112
6.3.1 管路層流の流速分布　　112
6.3.2 層流の抵抗　　112

6.4 流速分布と抵抗　2―乱流　　114
6.4.1 層流から乱流へ　　114
6.4.2 管路乱流の流速分布　　116
6.4.3 粘性底層　　117
6.4.4 壁面の水理学的な粗さ　　118

6.5 ダルシー・ワイスバッハの式　　119
6.5.1 ダルシー・ワイスバッハの式　　119
6.5.2 コールブルックの式　　122
6.5.3 ムーディー図表　　123

第3編　土木工学で扱う各種の流れ　　127

第7章　ポテンシャル流 ……………………………… 127

7.1 ポテンシャルエネルギーと力　　128
7.1.1 ポテンシャルエネルギーと力, 一次元　　128
7.1.2 ポテンシャルエネルギーと力, 二次元　　129

7.2 速度ポテンシャルと流速　　130
7.2.1 ポテンシャル流　　130
7.2.2 複素速度ポテンシャル　　131
7.2.3 フローネット　　132

7.3 完全流体の流れ　　132

7.4 浸透流　　133
7.4.1 浸透流の流速　　133
7.4.2 ダルシー則　　135
7.4.3 二次元浸透流の図的解法　　136

第8章　管路の流れ ……………………………… 141

8.1 摩擦損失　　142

目次

- 8.2 形状損失　143
  - 8.2.1 狭くなる変化　144
  - 8.2.2 拡がる変化　145
  - 8.2.3 縮小，拡大する流れの特徴　148
  - 8.2.4 その他の局所的損失　148
- 8.3 動水勾配線とエネルギー線　148
  - 8.3.1 動水勾配線，エネルギー線　148
  - 8.3.2 サイフォン　151

第9章　開水路の流れ　153

- 9.1 開水路　154
  - 9.1.1 基本事項　154
  - 9.1.2 平均流速公式　155
  - 9.1.3 マニング式　156
- 9.2 等流　158
  - 9.2.1 等流水深　158
  - 9.2.2 断面係数と通水能　158
- 9.3 常流と射流　161
  - 9.3.1 フルード数　161
  - 9.3.2 限界水深　162
  - 9.3.3 限界勾配　163
- 9.4 不等流　1—漸変流　163
  - 9.4.1 漸変流の微分方程式　163
  - 9.4.2 図的解法　165
  - 9.4.3 漸変流の水面形　166
- 9.5 不等流　2－急変流　168
  - 9.5.1 比エネルギー　169
  - 9.5.2 比力　172
  - 9.5.3 比エネルギーと比力　174
  - 9.5.4 水路急変部の流れ　176
  - 9.5.5 常流—射流間の遷移　179
  - 9.5.6 水路と水面形　182

追　補　183

第10章　次元解析と模型実験　183

- 10.1 次元解析　185
  - 10.1.1 次元の重要性　185
  - 10.1.2 次元解析　186
- 10.2 無次元数　186
- 10.3 相似則と模型実験　187
  - 10.3.1 幾何学的相似　187
  - 10.3.2 力学的相似　187

索引　193

序編

第1章
単位と次元

- ●物理で扱う量－**物理量**－の大きさを表現する基準として**単位**が決められる。
  - ・ある物理量と他の物理量の間には特定の関係がある。各物理量の単位は，この関係を反映した形で作られている。
  - ・物理量の計算を単位付きで行うとき，単位には文字と同じ計算法を適用すればよい。
  - ・単位の各要素の置き換えによって，複雑な単位の換算も機械的に実行できる。

- ●**次元式**によって，異なる物理量間の関係が示される。次元と単位は対応している。
  - ・次元が異なる量の加減算および比較は，物理的に無意味である。
  - ・次元の計算では，積分はかけ算，微分は割り算に対応する。

- ●ニュートン力学の範囲で扱う物理量の単位には，3つの**基本単位**と，それらを組み合わせた**組立単位**がある。基本単位と組立単位からなる単位の全体が単位系を構成する。
  - ・「**SI（国際単位系）**」の基本単位： 長さ m，時間 s，質量 kg
    組立単位のいくつかには，固有の名称と記号が与えられている。
    $1\,\mathrm{N} \equiv 1\,\mathrm{kg \cdot m/s^2}$
  - ・「**MKS重力単位系**」の基本単位： 長さ m，時間 s，力 kgf
    $1\,\mathrm{kgf} \equiv 1\,\mathrm{kg} \times 9.80665\,\mathrm{m/s^2} = 9.80665\,\mathrm{kg \cdot m/s^2} = 9.80665\,\mathrm{N}$

1.1 単　　位

　水理学は，構造力学，土質力学とともに土木工学の力学的基礎を構成する。この中で最も多種類の物理量を扱うのが水理学かもしれない。それに伴って多くの単位（unit）が出てくる。

1.1.1 長さの単位

　物理学では長さ，体積，重さ，時間など様々な種類の「量」を扱う。これらの量は，**物理量**と呼ばれる。物理量は「大きさ」を持つ。

　物理量の大きさは「基準の大きさ」（＝単位量）の何倍か，で表現する。たとえば，スカイタワーの高さが 634 m であるとは，それが基準の長さ 1 m の 634 倍であることを意味する。すなわち，634 m＝634 × 1 m。

　地球を 1 周する赤道の長さは，およそ 4 万 km（もっと正確には 40 075 km）である。何故 4 万 km なのか，土木の学生は知っておかねばならない。こんなことに理由があるのかと疑う学生もいるだろうが，単純明快な理由がある。地球一周が 4 万 km となるように 1 m の長さを決めたのである。

> **メートル**
>
> 　18 世紀，フランスではあまりにもバラバラな単位が商業や科学などの足枷になっていた。フランス科学アカデミーは単位の統一を試み，万人が納得する長さの基準を作るため 2 人の天文学者ドゥランブルとメシェンを派遣してパリを通る子午線の測量を行った。フランス革命のまっただ中，2 人は生命の危機にさらされながら 1792 年から 7 年をかけて，スペイン・バルセロナとフランス・ダンケルクの区間，約 1 000 km の三角測量と要所の緯度測定を行った（**本章の扉の図**）。アカデミーは，それに基づいて赤道－北極間の子午線の長さを計算し，その 1/10 000 000 を 1 m と定めた。つまり，地球 1/4 周が 1 万 km である。地球は球に近いから赤道の長さは約 4 万 km になる。
>
> 　　　　　　　　　（「万物の尺度を求めて － メートル法を定めた子午線大計測 －」ケン・オールダー）

1.1.2 異なる物理量間の単位の関係

　異なる物理量の単位同士は，（互いに独立，という関係も含めて）特定の関係を持っている。

　最も簡単な例は，長さと面積の単位同士の関係である。長さの単位を 1 m と決めたら，1 m × 1 m の正方形の広さを面積の単位とする発想はごく自然である。この面積の単位を m^2 と書く。

　同様にして，体積は 1 m × 1 m × 1 m の立方体の体積を単位として m^3 と書く。このような考え方は自然であるばかりではなく，整合性のとれた単位の集まり全体 － **単位系** － を築くために必須である*。

　次に，速度の単位はどうなっているだろうか。（平均の）速さは，〔進んだ

＊中国で作られ日本で伝統的に使ってきた尺貫法の面積の単位「坪」は，長さの単位を用いて 6 尺 × 6 尺の正方形の面積である。しかし面白いことに，体積の単位「升」は長さの単位と関係なく，両手ですくった量が起源だという。

距離]/[かかった時間]で求められる。たとえば，54 km を 3 時間で進んだ時の速さは，

54 km/3 h ＝ (54 × 1 km)/(3 × 1 h) ＝ 18 × (1 km/1 h)

となるから，1 時間に 1 km 進む速さの 18 倍の速さであることが分かる。

ここで，[1 時間に 1 km の割合で進む速さ]すなわち[1 km/1 h]を「速度という物理量の基準の大きさ」すなわち「速度の単位」とし，かつ，この単位を km/h で表記することにすれば次のようになる。

54 km/3 h ＝ 18 × (1 km/h) ＝ 18 km/h

ところで，54 km ＝ 54 000 m，3 h ＝ 3 × 3600 s ＝ 10 800 s であるから，同じ速さを

54 000 m/10 800 s ＝ 5 m/s

と表すこともできる。この表現では[1 秒間に 1 m の割合で進む速さ]を速度の単位とし，m/s と書いている。

上に示した 2 つの速度の単位が，いずれも (長さの単位)/(時間の単位) の形をしているのは，「速度」という物理量の意味から来ている。長さの単位には，mm，cm，m，km，inch，mile，尺，里などがあり，時間の単位には s，m，h，day，year などがあるから，原理的にはこれらのどの組み合わせを使っても速度の単位を作ることができる。

以上の議論の中で，次の点に注意を払ってもらいたい。

① 長さの単位を決めると，面積と体積の単位を改めて決める必要はない。同様に，長さの単位と時間の単位を決めると，速度の単位はそれらから導かれる。

② 長さにも時間にも種々の単位があるが，どれを使っても速度の単位は (長さの単位)/(時間の単位) という形を持つ。**単位は，物理量同士の関係をそのまま反映している**のである。1.2 節でこの考え方について詳しく述べる。

③ 54 km/3 h ＝ 18 km/h は，形式上，$54a/(3b) = 18a/b$ と全く同じ計算法である。すなわち，単位記号である km と h をあたかも文字であると考えて計算すればよい。

1.1.3 単位の換算

単位の換算を機械的に行う方法を述べる。もっとも簡単な例から始めよう。

[例題] **1.1** 12.3 m を km を用いて表せ。cm を用いればどうなるか。

[解答] 1 m ＝ 10^{-3} km であり，また 1 m ＝ 100 cm であるから

12.3 m ＝ 12.3 × 1 m ＝ 12.3 × 10^{-3} km ＝ 0.012 3 km

$$12.3 \text{ m} = 12.3 \times 1 \text{ m} = 12.3 \times 100 \text{ cm} = 1\,230 \text{ cm}$$

ところで，上の式の中で左から2番目の 12.3×1 m は，実用上まったく必要がない。つまり，左辺 12.3 m の「m」を，そのまま 1 m と等しい「10^{-3} km」や「100 cm」で**置き換えれば良い**。このやり方は，どんなに複雑な場合でも有効である。

[例題] 1.2 12.3 km^2 を m^2 で表せ。また，12.3 m^3 を km^3 および cm^3 で表せ。

[解答] 12.3 km^2 の km を 1 km = 1 000 m で置き換えれば

$$12.3 \text{ km}^2 = 12.3 \times (1\,000 \text{ m})^2 = 12.3 \times 10^6 \text{ m}^2$$

同様に m を，1 m = 10^{-3} km，あるいは 1 m = 100 cm で書き換えると，

$$12.3 \text{ m}^3 = 12.3 \times (10^{-3} \text{ km})^3 = 12.3 \times 10^{-9} \text{ km}^3$$
$$12.3 \text{ m}^3 = 12.3 \times (100 \text{ cm})^3 = 12.3 \times 10^6 \text{ cm}^3$$

この例では，1 km を 1 000 m で置き換えるときに括弧をつけることが決定的に重要である。括弧をつけ忘れると誤りになる。

もうひとつ，べき乗について注意しておく。文字 a, b の計算で $ab^3 = a(b^3)$ になるのと異なり，km^3 は k(m^3) ではなく (km)^3 の意味を持つ。その理由は，**km が k と m をかけ合わせたものではない**からである。km の k と m は，乗除算よりも結びつきが強い「べき乗」よりもさらに強く結びついている。と言うより，k と m は一体なのである。

c (センチ), k (キロ) はそれぞれ 1/100 倍，1000 倍を表す SI の**接頭語**である (後でまとめて示す)。接頭語は単位の先頭につけて 10 のべき乗倍を表すが，**単位と接頭語を分離することは出来ない**という約束である。km，cm などは，2文字を使って表現した一つの単位であると考えれば良い。

[例題] 1.3 秒速 10 m (10 m/s) をキロメートル毎時 (km/h)，マイル毎時 (mile/h) で表せ。1 mile = 1.609 34 km。

[解答] 1 m = 10^{-3} km, 1 s = (1/3 600) h を用いて m, s を書き換えると，

$$10 \text{ m/s} = 10 \times \frac{10^{-3} \text{ km}}{(1/3\,600) \text{ h}} = 10 \times 10^{-3} \times 3\,600 \text{ km/h} = 36 \text{ km/h}$$

さらに，1 km = (1/1.609 34) mile を用いると

$$36 \text{ km/h} = 36 \times (1/1.609\,34) \text{ mile/h} \fallingdotseq 22.37 \text{ mile/h}$$

上の単位の換算方法をまとめると，

① 単位の各要素 (例えば m) に 1 がついているものと思って (1 m)，これ

種々の速さ

1 m/s は人が少しゆっくり目に歩く速さ。時速に換算すると 3.6 km/h。その 10 倍，10 m/s = 36 km/h は 100 m を 10 秒だから人間のかけっこ世界一の速さ。マラソンだと 20 km/h くらい。以下，列挙すると，新幹線が 75 m/s = 270 km/h くらい。ジェット旅客機は 250 m/s = 900 km/h 程の速さで上空の音速 (音速は気圧や気温で変わる) の 0.8〜0.9 倍。水深 4 000 m の太平洋を伝わる津波は 700 km/h ていど。地球の自

転による地面の移動速度は，赤道で 463 m/s＝1 667 km/h，日本の緯度ではその 8 割ていど．我々は音速よりも速いスピードで地面と共に動いていることになる．さらに，地球が太陽の周りを回る速さが 30 km/s（時速 10 万 km）くらいで，銀河の回転で太陽系が移動する速さは 240 km/s（時速 86 万 km）ほどもあるという．光は 1 秒間に約 30 万 km（地球を 7 周半の距離）進み，地球から月まで 1.3 秒で行く．

　　を書き換えたい単位で表現する（10^{-3} km）．
② 単位記号をあたかも文字のように扱い，数値と単位をそれぞれ計算する．
　この方法で，複雑な単位の換算を機械的に実行することができる．

ここで単位付きの計算を行ったが，本書では以後もこれを続ける．複雑な単位を理解するのに有効であり，初めて出会う物理量の単位も簡単に導くことができるからである．さらに，式や計算の間違いのチェックにも役立つ．少し面倒だが，是非この方法に慣れてもらいたい．

単位付き計算法

直線上を一定加速度 a で運動する点の，初速度を v_0，時刻 t の速度を v とすると，$v = v_0 + a \cdot t$ である．次は，これを用いた高校物理の問題と解答の例である．

Q 一次元の運動を考える．2 m/s の速さで進んでいた物体が 5 秒間の等加速度運動を行った結果，速さが 17 m/s になった．加速度は何 m/s^2 か．

A 加速度を a〔m/s^2〕とすると，上の式から
$17 = 2 + a \times 5$　　$a = 3$〔m/s^2〕

これを，本書では次のように表現する．

Q （前半は同じ）加速度はいくらか．

A 加速度を a とすると，上の式から
17 m/s $= 2$ m/s $+ a \times 5$ s　　$a = 3$ m/s^2

本書で用いるこの表現法は，文字（v，v_0，a，t）が単位まで含んだ物理量だという立場を取っている．この方法は，どんな単位を使っても，さらには単位が混在していても計算できるという長所を持っている．

これに対して諸君が使ってきた高校までの表現法では，文字は単位を含まない数値として扱われている．したがって，数値の計算を実行する前に単位を統一しておかねばならない．こちらの方法の長所は，式が煩雑にならないことである

1.2　次元

3 次元空間の中で位置を示すには 3 つの数値…例えば x, y, z 座標，あるいは緯度，経度，高度…が必要である．線形代数でも同様な意味でベクトル空間の次元という概念を学んだ．これらは数学的な用語としての「次元」である．ここでは，物理量の**次元**（dimension）という概念について述べる．

第1章　単位と次元

まず，「長さ」について考えてみよう。東京 − 大阪間の距離，身長，水路の幅，水深，ダムの高さなどはすべて，たとえば1mの長さの何倍かで表わすことができる。つまり物理量としては全て同じ「長さ」という量であり，これらは「長さの次元」を持つという。次元を示すために [ ] を用いる。

長さの次元を [L] で表すことにすると，上に述べたことは次のように書ける*。

※ L : length。

[東京 − 大阪間の距離] = [身長] = [水路の幅] = [水深] = [ダムの高さ]
= [長さ] = [L]

次に，「面積」を考えよう。長方形の面積は

長方形の面積 = 縦の長さ×横の長さ

という計算で求められる。この式の両辺の次元を取ると，

[長方形の面積] = [縦の長さ×横の長さ] = [縦の長さ] × [横の長さ]
= [L × L] = [L^2] *

※ 乗除算をしたものの次元は，次元を取ってから乗除算をしたものと同じである。

円の面積について次元を取ると，

[円の面積] = [π × 半径^2] = [1 × L^2] = [L^2]

π は何倍かを表すだけの数値で，次元をもたない。次元を持たない量の次元は 1 で表現される。上の 2 種類の面積の次元が同じになるのは，面積という物理量の本質が図形の形にかかわらないからである。

結局，[面積] = [L^2]，同様に [体積] = [L^3]

物理量の次元を表した式を **次元式** という。

次元式は単位同士の関係を一般化したようなものである。したがって，以下の議論は 1.1 節で単位について述べたことと同様の内容である。

「長さ」の他に，基本的な物理量として「時間」を取り，その次元を [T] と書くことにしよう*。「ある時間内の平均の速さ」は，「進んだ距離」/「それにかかった時間」である。修飾語があってもなくても物理量の本質は変わらないから，修飾語を除いて式を書き，両辺の次元を取ると，

※ T : time。

[速さ] = [距離 / 時間] = [LT^{-1}]（あるいは [L/T]）*。

※ ベクトルの場合，「平均速度」=「位置の変化量」/「かかった時間」になるが，次元式は同じである。

さて，時間 Δt の間に物体の進んだ距離を Δx とすると平均速度は $\Delta x/\Delta t$ である。Δt を限りなくゼロに近づけたとき，$\Delta x/\Delta t$ が近づいていく極限が微分 dx/dt であり，瞬間の速度を表す。$\Delta x/\Delta t$ の次元が [LT^{-1}] であるから dx/dt も [LT^{-1}] の次元を持つ。つまり，時間で微分すると，次元は時間で割ったものになる。

一般に

量 a を量 b で微分したものの次元は $[a]/[b]$ となる。

同様に

量 a を量 b で積分したものの次元は $[a] \cdot [b]$ となる。

たとえば速度を時間で積分すると距離になる。次元を計算すると [速度] × [時間] = [LT^{-1} × T] = [L] と，長さの次元になることが確認できる。

1.2.1 次元の一致

さて，2つの物理量を足したり引いたり，あるいは比べたりするとき，この2つの物理量の次元は同じでなければならない。次元の異なるもの同士を比較し，あるいは加減することは物理的に無意味である*。

逆は必ずしも真ではない。たとえば，「エネルギー」と「力のモーメント」はいずれも [力]×[長さ] の次元を持つが，これらは異なる物理量であり，加えることは物理的に無意味である*。

物理的に意味のある式は，各項の，あるいは両辺の次元が必ず一致しているから，これを利用して次元を求めることができる。例として「力」の次元を求めてみよう。まず何でもいいから力を含んだ式を思い出す。たとえば，ニュートンの運動方程式は $f=m\cdot a$。ただし，f：力，m：質量，a：加速度。

この式の両辺の次元を取ると，$[f]=[m\cdot a]=[m]\cdot[a]$。加速度は速度を時間で微分したものであるからその次元は $[L\cdot T^{-2}]$。質量の次元を $[M]$，力の次元を $[F]$ と書けば，

$$[F]=[M]\times[LT^{-2}]=[MLT^{-2}]$$

となる*。

*$a=b, a=-b$（aとbの比較の一種）は，移行によって，$a-b=0, a+b=0$（aとbの加減算）に書き換えられるから，比較と加減算で同じことが要求される。

*なお，「エネルギー」と「仕事」はまったく違った顔を持つことがあるが，加減算が物理的意味を持つ。当然ながら，両者は同じ次元を持つ。

*M：mass，F：force。

1.3 単 位 系

我が国では，明治以降，尺貫法の整備から始まり，尺貫法とメートル法の併用を経て，第二次世界大戦後に本格的にメートル法が用いられるようになった。現在では MKS 単位系（メートル法）をベースにした **SI（国際単位系）** が公式の単位系になっている。

物理学では，すべての物理量の単位が理論的な関係で繋がった単位全体のまとまり，「単位系」と呼ばれるシステムが用いられる。単位系は，少数の **基本単位** とその組み合わせから作られる **組立単位** からなる。組立単位の構成は次元と完全に対応している。ニュートン力学の範囲では，3つの基本的な物理量からすべての物理量が導かれるので，基本単位は3つである*。

SI は，メートル法をベースにした絶対単位系である。メートル法をベースにした単位系には，SI の他に「メートル法 **重力単位系**」という，工学系でよく使われてきた単位系がある。以下，この二つの単位系について，基本単位，組立単位の順に詳しく述べる。

*物理学もニュートン力学の範囲を超えると，基本単位が3つでは足りなくなる。SI 全体では7つの基本単位がある。

1.3.1 基本単位[*]

(1) SI（国際単位系）

　SI は，国際単位系という言葉のフランス語 (Système international d' unités) の，最初の二つの頭文字を取った名称である。SI のニュートン力学で用いる部分は，基本的に MKS 単位系と同じである。すなわち，**SI では，「長さ」の m（メートル），「質量」の kg（キログラム），「時間」の s（秒）を 3 つの基本単位とする**。基本単位の厳密な定義は，科学の進歩とともに変化している[*]。

　1 m は赤道から北極までが 1 万 km となるように決められたが，1889 年に国際メートル原器の示す長さが 1 m の定義になった。その後の変遷を経て 1983 年に，光が真空中で (1/299 792 458) s の間に進む距離が 1 m と定義された[*]。

　1 kg は国際キログラム原器の質量と定義されているが，原子の質量を基にした定義に変更することが 2011 年から検討されている。そもそも 1 kg は 1 L（リットル）の水の質量として導入された[*]。このことは，水を学ぶ者にとっては非常に有り難い。水理学では **1 kg の水の体積は 1 L** であるとして問題ない。なお kg は基本単位でありながら，1 000 倍を意味する接頭語（後述）がついていることに注意を喚起しておく。

　1 s は最初，平均太陽日の 1/(24 × 60 × 60) の時間と定義された。1967 年にセシウム原子の放射を用いた現在の定義が採用された[*]。

(2) 重力単位系

　ニュートン力学の範囲で基本単位は 3 つが必要かつ十分である。SI のように，基本単位の物理量に「長さ」，「質量」，「時間」を選ぶのが物理学の標準で，このような単位系を**絶対単位系**と呼ぶ。ところが，質量を「感じる」ことは容易でない。そこで「質量」の替わりに，我々が日常的にその大きさを感じている「重さ」を基本単位にいれた重力単位系が用いられてきた。

　SI の 3 つの基本単位のうち，「質量」の単位 kg の代わりに，「力」の単位である kgf（キログラム・フォース）を用いたのが MKS 重力単位系（メートル法重力単位系）である。
　MKS 重力単位系では，「長さ」m（メートル），「力」kgf（キログラム・フォース），「時間」s（秒）を 3 つの基本単位とする。kgf は次のように定義される。
　1 kgf とは，1 kg の質量を持つ物体が地表（標準重力加速度の場）**で受ける重力の大きさである**[*]。
1 tf，1 gf も同じように定義される[*]。

　力として重力のみを受けた（空気の抵抗などを受けない）物体は，重力の

---

[*] 詳しくは理科年表などを参照のこと。

[*] 定義が変化していると言っても大きく変わった訳ではない。我々が行う通常の計算の精度では，厳密な定義を気にする必要はまったく無い。最初の定義に基づいて感覚的に理解しておくのが良い。

[*] つまり，光速は 299 792 458 m/s

[*] 1 kg の水の体積は約 999.97 cm^3（4℃ 1 気圧）で，温度に左右される。

[*] 1 秒は，セシウム 133 の原子の基底状態の二つの超微細構造準位の間の遷移に対応する放射の周期の 9 192 631 770 倍に等しい時間。

[*] kgf（キログラム・フォース）は，キログラム重 (kgw)，重力キログラムなどとも呼ばれる。

[*] t（トン）という質量の単位は SI 単位ではないが，SI と併用できる単位である。1 t = 1 000 kg。

方向の加速度を持つ。厳密な実験と観察によって，この加速度は物体の種類や質量にかかわらず同じであることが分かっている。これを**重力の加速度**（gravitational acceleration）と呼び，記号 g で表す。落下する物体の質量を m，この物体に作用する重力の大きさを W としてニュートンの第二法則 $f=m\cdot a$ を書くと，$W=m\cdot g$。

　すなわち，**質量 m の物体の重量は $m\cdot g$ である***。

　この物体を手で支えて静止させるためには，上向きの力 $m\cdot g$ を加えなければならない。こうして我々は物体の重さを感じているのである*。

　重力は，地球から受ける万有引力と地球の自転による遠心力の合力である。遠心力が大きく，地球中心からの距離が少し大きい低緯度では，重力加速度は小さくなる傾向がある*。標高ゼロにおける重力加速度は 9.78（赤道）〜9.83（極）m/s² の範囲にあり，変動は 0.5% 程度である。日本では，およそ 9.790〜9.807 m/s² の範囲にある。重力加速度が場所によって異なるので，下記の**標準重力加速度**が定義されている*。

$$\text{標準重力加速度 } g \equiv 9.806\,65 \text{ m/s}^2 \quad \text{（定義）}$$
$$\doteqdot 9.81 \text{ m/s}^2 \doteqdot 9.8 \text{ m/s}^2 \quad \text{（記憶するとき）}$$
$$\doteqdot 10 \text{ m/s}^2 \quad \text{（概算，暗算のとき）}$$

したがって，MKS 重力単位系の基本単位の一つ kgf を SI で表すと

$$\boxed{1\text{ kgf} \equiv 1\text{ kg} \times 9.806\,65 \text{ m/s}^2 = 9.806\,65 \text{ kg}\cdot\text{m/s}^2\,{}^*}$$

* 「重力」は力であり，ベクトルである。その大きさが「重量」あるいは「重さ」である。

* 重力は，動いていても静止していても同じである。

* 重力加速度は，地下の物質の分布によっても変化する。

* 以後，標準重力加速度のことを，単に重力加速度と言うことにする。

* 1 kgf は定義から憶えてもらいたい
（1 kgf=1 kg × 9.81 m/s² でよい）。

1.3.2　組立単位の例

　組立単位のいくつかについて次元と単位を見ておこう。圧力の単位については<u>次章</u>で詳述する。

　次元は，SI では長さ，質量，時間（[L]，[M]，[T]）で，重力単位系では長さ，力，時間（[L]，[F]，[T]）で示す。

加速度 [LT⁻²]

　SI，MKS 重力単位系ともに，加速度の単位は m/s² である。他の単位をいくつか挙げておく。
○地震の分野では，加速度の単位として CGS 単位系の Gal（ガル）がよく用いられる。1 Gal=1 cm/s²。
○標準重力加速度は 1 G と書いて単位として使われる。1 G=9.806 65 m/s² =980.665 Gal ≒ 1 000 Gal*。
○鉄道の分野では，列車の加速度を表す単位として km/h/s が用いられる。たとえば，時速 120 km/h で走行中の電車を 2 (km/h)/s で減速すると 60 秒で停止する。特殊であるが極めて分かり易い単位である*。

* 乗り物の出発時の加速度は，ごく大雑把に，電車：0.5 m/s² ≒ 0.05 G，自動車：2 m/s² ≒ 0.2 G，ジェット旅客機：3 m/s² ≒ 0.3 G。

* 1 m/s²
=3.6 (km/h)/s であるから，2 (km/h)/s ≒ 0.56 m/s²。一般には記号「/」は単位の中で 1 回しか使わないことになっているので (km/h)/s と書いた。

力 $[MLT^{-2}]$, $[F]$

力は，重力単位系では基本単位であるが，SI では組立単位になる。
$[力]=[F]=[質量]\times[加速度]=[MLT^{-2}]$。よって，力の SI 単位は $kg\cdot m/s^2$ である。

SI では，この単位に特別の名前と記号を用意してある。すなわち，「$kg\cdot m/s^2$」をニュートン (newton) と名付け，記号 N で表現する*。

*この名称はもちろん，イギリスの物理学者 Isaac Newton (1642〜1727) に因んだものである。

$$1\ N \equiv 1\ kg\cdot m/s^2$$
$$1\ kgf = 9.806\ 65\ kg\cdot m/s^2 = 9.806\ 65\ N \fallingdotseq 9.81\ N$$

質量と重量の混同

質量と重量(重さ)は異なる物理量である。ところが質量と重量の混同は，世の中では極めて普通のことであって，ほとんどの人は両者が違うことを全く認識していない。

自分の体重は 60 kg であるというとき，もし「体重」が身体の重さを意味するならば，重さは力であるから 60 kg という表現は誤りで，60 kgf あるいは 588 N だと言わねばならない。したがって，「体重」は身体の重量ではなく「質量」を意味していると解釈される。

もし月旅行が日常的であれば，体重が 60 kg の人が月では重さが約 10 kgf しかないという事態に直面するので，自分の質量は 60 kg，地球での重さが 60 kgf (588 N)，月での重さが 10 kgf (98 N) であると，質量と重量を素直に区別できるに違いない。しかし，地球上で生活している限り，質量 60 kg の人は，赤道から北極まで動き回っても 1% 以下の誤差の範囲内でいつも重量 60 kgf なのだから，質量と重量を区別できなくても日常生活で困ることは起きない。

質量 $[M]$, $[FL^{-1}T^2]$

質量は SI では基本単位であるが，重力単位系では組立単位になる。質量の次元は $[F]=[MLT^{-2}]$ から $[M]=[FL^{-1}T^2]$。

重力単位系での質量の単位は $kgf\cdot m^{-1}\cdot s^2$ である。
$1\ kgf = 1\ kg \times 9.806\ 65\ m/s^2$ を変形して $1\ kg = 1\ kgf/(9.806\ 65\ m/s^2)$
$\fallingdotseq 0.101\ 971\ 6\ kgf\cdot m^{-1}\cdot s^2$ となる*。

*あまり使われないが重力単位系の質量の単位には固有名がある。
$1\ mug$ (メートルスラグ)
$\equiv 1\ kgf\cdot m^{-1}\cdot s^2$
$= 9.806\ 65\ kg$。

仕事，エネルギー $[ML^2T^{-2}]$, $[FL]$

仕事とエネルギーは，比較や加減が可能な同種の物理量である。SI 単位は $N\cdot m$，あるいは $kg\cdot m^2\cdot s^{-2}$ となる。これにも特別な名称が定義されている。$1\ J$ (ジュール) $\equiv 1\ N\cdot m$*。重力単位系では $kgf\cdot m$。

*イギリスの物理学者 James Prescott Joule (1818−1889) に因む。

力のモーメント $[ML^2T^{-2}]$, $[FL]$

力のモーメントは仕事と同じ次元をもち，単位も同じである。しかし，仕事が「力」×「力の方向に進んだ距離」であるのに対し，力のモーメントは「力」×「力の作用線におろした垂線の足の長さ」であって，両者の「長さ」は方向が 90° 異なる。両者は同じ次元を持つが，異なる物理量である。

角度 [1]

　角度の SI 単位は rad（ラジアン）である。ラジアンは，その角度が挟む円弧の長さを円の半径で割ったものであるから次元は $[LL^{-1}]=[1]$。角度は無次元量であるが単位を持つことに注意。

　測量では角度の単位として一般に度「°」，分「′」，秒「″」が用いられる。
$1°=60′,\ 1′=60″$
度は SI と併用される単位である。
$180°=\pi\ \mathrm{rad}\ ^*$
$1\ \mathrm{rad}=57.295\ 78°$
　他に少し特殊な単位としてグラード（grade，グラディアン，ゴン）がある。1度が直角を 90 等分した角度であるのに対し，1 グラードは直角を 100 等分した角度である。

*半径 r の円を考える。360°が挟む弧は円周であるから
$360°=(2\pi r/r)\ \mathrm{rad}$

1.3.3 SI 接頭語（SI 接頭辞）

　SI 単位系では，単位に接頭語をつけて単位を 10 のべき乗倍にすることができる。kg のキロや mm のミリが接頭語である。「単位に接頭語がついたもの」は一体になってひとつの単位としての役割を果たす。

　表 −1.1 に $10^{\pm12}$ までの接頭語を挙げる。記号の大文字，小文字は正しく使い分けねばならない*。

　なお，コンピュータの分野で用いる K（キロ），M（メガ），G（ギガ）などは，SI 接頭語とは少し異なっている。この場合，キロが大文字の K で書かれることに注意。計算機は二進法を用いるので，10^3 ではなく，$2^{10}(=1\ 024≒1\ 000)$ がキロになっている。K：2^{10}，M：2^{20}，G：2^{30}・・・となる。

*接頭語のうち，da（デカ）のみが 2 文字，μ（マイクロ）のみがギリシャ文字である。

表-1.1

記号	読み方	意味
T	テラ	10^{12}
G	ギガ	10^{9}
M	メガ	10^{6}
k	キロ	10^{3}
h	ヘクト	10^{2}
da	デカ	10^{1}
d	デシ	10^{-1}
c	センチ	10^{-2}
m	ミリ	10^{-3}
μ	マイクロ	10^{-6}
n	ナノ	10^{-9}
p	ピコ	10^{-12}

第1編　静水力学 —静止した水の力学—

第2章 静水圧

● 力
- 物体同士が接触面を通じて相手に加え合う力を**面積力**という。
- 単位面積当たりの面積力が**応力**である。
- 固体の中の応力は，面に平行な成分 τ と垂直な成分 σ を持ち，一般に面の向きで変化する。
- **静止した流体中の応力**は，面に平行なせん断応力 τ を持たず，面の向きによらず一定である。
- 負の垂直応力 $-\sigma$ を圧力と呼び，p で表す。

● 静水圧
- **静水圧**は静止した水の圧力である。
- 水理学では，大気圧をゼロに取るゲージ圧力を用いる。
- 静水圧は考える面に垂直で，大きさは水深に比例する。$p_h = \rho \cdot g \cdot h = \gamma \cdot h$

● 水の密度
- 水の**密度** $\rho_w = 1\,000 \text{ kg/m}^3 = 1 \text{ t/m}^3$。　1 L の水の質量は 1 kg。
- 水の**単位体積重量** $\gamma_w = 1\,000 \text{ kgf/m}^3 = 1 \text{ tf/m}^3$
- 水の**比重** $s_w = 1$

● 圧力には様々な単位が用いられる。

$1 \text{ Pa} \equiv 1 \text{ N/m}^2 = 1 \text{ kg} \cdot \text{m}^{-1} \cdot \text{s}^{-2}$ 　　　　　　　　　　　　（SI）

$1 \text{ tf/m}^2 = 0.1 \text{ kgf/cm}^2 = 9.806\,65 \text{ kPa}$ 　　　　　　　　　（重力単位）

$1 \text{ mH}_2\text{O} = 1 \text{ tf/m}^2$ 　　　　　　　　　　　　　　　　　　　　（水柱表示）

$1 \text{ mmHg} = 13.595 \text{ mmH}_2\text{O}$ 　　　　　　　　　　　　　　　　（水銀柱表示）

$1 \text{ atm} = 1\,013.25 \text{ hPa} = 760 \text{ mmHg} \fallingdotseq 10 \text{ mH}_2\text{O} = 1 \text{ kgf/cm}^2$ 　（気圧表示）

- 水圧の計算に水柱表示を用いると，感覚的に分かり易い。

● 表面張力
- 水面には**表面張力**が作用する。表面張力は小さいスケールの現象において重要である。
- 水に濡れる細い管の中の水が表面張力によって引き上げられる現象を**毛細管現象**という。

静止した水に作用する主な力は，重力と圧力である。水理学を学ぶには，**「圧力 (pressure)」** の理解が極めて重要である。本章では圧力について詳しく説明し，最後に表面張力について述べる。

2.1 力と応力

まず，力について簡単に振り返り，物質の三態それぞれの応力についてイメージを描いてみる。

2.1.1 体積力と面積力

我々が用いるニュートン力学では，「**力** (force)」は，ある**物体 I** に，**別の物体 II** が加えるものであると捉える (この時，I も，II に同じ大きさで逆向きの力を加える：ニュートンの作用反作用の法則)。力の加わり方によって，力は面積力と体積力に分けられる (図 −2.1)。

面積力 (surface force) は，お互いに接している面を通して力を相手に及ぼす，つまり接触面に分布する力である。圧力や摩擦力は面積力である。

体積力 (body force) は，物体内部に分布して作用する力である。体積力は，接触面とは関係なく，離れている相手に力が及ぶ。万有引力や電磁気力は体積力である。見かけの力である慣性力は体積力として扱えばよい。

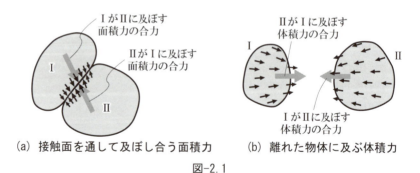

(a) 接触面を通して及ぼし合う面積力　　(b) 離れた物体に及ぶ体積力

図−2.1

2.1.2 外力と内力

物体 I が別の物体から受ける力は，物体 I にとって**外力**である。物体 I の内部で作用している力がある場合，これを**内力**と呼ぶ。

この内力の定義は，「力は，ある物体 I に別の物体 II が加えるもの」と書いたことと矛盾するように見える。これを解決しておこう。ポイントは，物体 I や物体 II を自由に設定することができる，ということである。全体を一つの物体 I と考えることもできるし (図 −2.2(a))，この物体 I を，物体 I_a と物体 I_b の二つの異なる物体とし，I_a と I_b が及ぼし合っている力を考える

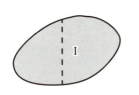
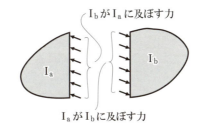

(a) 物体Ⅰをひとつの物体と捉える　　(b) 物体 I_a，物体 I_b を別の物体と捉える

図-2.2 内力と外力

こともできる（**同図 (b)**）。I_a と I_b が及ぼし合っている力は，I_a，I_b をまとめて I として取り扱うときに，内力と呼ぶ。ある力が内力なのか外力なのかは単に見方の違いであって，物体をどういうまとまりとして調べるかで決まる。

ニュートンの運動方程式に出てくる力は外力であり，「力の釣り合い」を調べるとは，「**ある物体に作用するすべての外力の釣り合い**」を調べることである*。

*内力は考えている物体の重心の運動にはまったく影響を及ぼさない。

2.1.3　応力

応力（stress，応力度）は，物体内部あるいは物体の境界面を通じて作用する力の，**単位面積あたりの強さ**である*。応力の次元は $[F/L^2]$ である。

*字義としては「応力度」の方がふさわしいが，現在では「応力」と呼ぶのが普通である。

応力は少し複雑な性質を持っている。これを具体的に見てみよう。

太さが一様な鋼の棒の両端を**図-2.3(a)** のように引っ張ったとする。この棒を**同図 (b)** のように点 O を通る軸に垂直な面 A で2つの部分に分けて考える*。

分けて考えた棒の一方を**同図 (c)** のように表現しよう。**図 (c)** の小さい矢印が応力を表す。

応力の強さを α で表せば $\alpha = P/A$ （ただし，A は断面 A の面積）。この応力は面 A に垂直である。

*実際に切り離す必要はなく，分けて考えるだけである。分けた左右の部分を引き離すように引っ張っても面 A でくっついたままなのは，左右の部分が面 A でお互いに引っ張り合って，相手が離れて行かないように頑張っているためである。

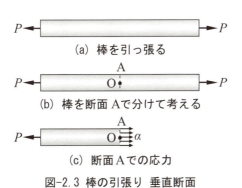

(a) 棒を引っ張る

(b) 棒を断面 A で分けて考える

(c) 断面 A での応力

図-2.3 棒の引張り　垂直断面

同じ棒を，同じ点 O を通り，軸と θ の角をなす別の面 A' で 2 つの部分に分けて考え，左の部分に作用する力の状態を表したのが次の図 −2.4 である。斜めに切っているので，断面 A' の面積 A' は，面積 A よりも大きい。

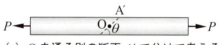

(a) O を通る別の断面 A' で分けて考える

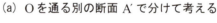

(b) 断面 A' での応力 β は，断面 A での応力 α より小さい

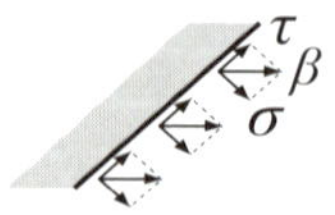

(c) 面に斜めの応力 β を，垂直な応力 σ と平行な応力 τ に分解する

図-2.4 棒の引張り 斜めの断面

$A' = A/\sin\theta$

このときの応力を β と書くと，

$\beta = P/A' = P/(A/\sin\theta) = (P/A)\cdot\sin\theta = \alpha\cdot\sin\theta$

となって，α よりも小さくなる。O 点の**応力は考える面の向きで変化する**のである。

力がベクトルであるので，物体内のある点における応力は，考える面を決めてやると力を単位面積あたりの量として表現するベクトルになる。このベクトルを**応力ベクトル**と呼ぶ。応力ベクトルを面に垂直な成分 － **垂直応力** σ － と，面に平行な成分 － **せん断応力**(剪断応力)τ － に分けて考える*。

＊ σ：シグマ
　 τ：タウ

垂直応力は物体を引っ張って伸ばしたり，圧縮して縮めたりする。

せん断応力は面に沿って相手を引きずる。せん断応力によって起こされる変形は「ずれる」変形で，せん断変形と呼ばれる。机の上に紙を何枚も重ねて上の紙を水平にずらすと下の紙が順次ずれていく。この紙の厚さを無限に小さくしたような変形だと思えば良い（図 −2.5）。物体は，伸び縮みの変形によって体積が変わり，せん断変形によって形が変わる。

図-2.5 せん断変形のイメージ

棒を引っ張った時，棒の軸に垂直な断面（$\theta=90°$）に作用する応力は垂直応力のみであるが（図 −2.3(c)），斜めの面に作用する応力はせん断応力と垂直応力のいずれの成分をも含んでいる（図 −2.4(c)）。この図のような力

の加え方は単純引張りと呼ばれ，その名のとおり単純で，面の向きを変えたとき応力ベクトルの大きさは変わるが方向は変わらない。しかし一般には，ある点の応力ベクトルは，面の向きを変えると大きさも方向も変化する（図-2.6）。

図-2.6 面の向きと応力

この図を見ると一筋縄では行きそうもないが，実は，考える面を変えた時の応力ベクトルの変わり方には法則性がある。この法則性を持った応力は2階の「**テンソル**（tensor）」と呼ばれる量である。

> **テンソル**
>
> スカラー，ベクトル，テンソルの順に複雑な量になる。スカラーはひとつの実数で表現される量で，1次元のベクトルであり，0階のテンソルであるとも言える。ベクトルは1階のテンソルである。学生諸君は**応力テンソル**を，材料力学や土質力学で学ぶであろう。そこで学ぶ「モール円」は，2階テンソルとしての応力を図示するのに大変便利な方法である。

ただ，これから学ぼうとしている「静止した流体内のある点における応力（圧力）」は特殊で，とても簡単な応力であるため，テンソルについて知らなくても困ることはない。

本論に入る前に，流体内と固体内の応力の相違について述べておく。

2.1.4 物質の三態と応力

我々が日常的に出合う物質の状態は，固体，液体，あるいは気体である。図-2.7〜2.9 はこの3つの状態における応力の特徴を説明するためのイメージ図である。図中のボールは分子を表しているものとしよう。

●**固体**

固体のモデルでは，隣り合うボール同士がバネで繋がっている（図-2.7(a)）。ボールの集合体に外から力を加えて，押し縮める，引き離す，あるいはずらそうとすると，集合体は変形するが抵抗する。内部でバネが抵抗力

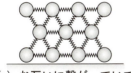
(a) お互いに繋がっていて

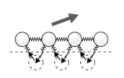
(b) 変形に抵抗する

図-2.7 固体のイメージ

を発揮するからである(同図(b))。応力の言葉で表現すれば，固体内部では垂直応力(引張りと圧縮)もせん断応力も作用することが可能である。

● 液体

液体モデルのボール同士は，ごく近くにあるが，繋がっていない。

ボールの集まりを床の上に置こうとしても，そのままでは崩れてしまう。崩れないようにするためには，周りを囲ってやればよい(図 −2.8(a))。

ボールがたくさん入っている底付きの筒に蓋を乗せて上から押さえてやると，ボールは集団でこの蓋を支える(同図(b))。

ボールの集まりを二つに分ける面を考えると，この面で接しているボール同士は圧縮力に対してはお互いに押し合って抵抗するが，引き離そうとする力(引張り力)と，ゆっくりずらそうとする力(せん断力)に対してはボール同士が離れてしまい，抵抗を示さない*。

せん断応力がある限り，液体はいくらでもせん断変形を起こしてずれて行く(同図(c))。せん断応力が大きくなると，ずれる速さが大きくなる。

液体が静止していれば，せん断応力は働いていない。

*このボールのモデルでは引張り力を考えていないが，実際の液体は隣り合う分子間の距離が短いため分子同士の引力を無視できない場合がある(2.3節参照)。

    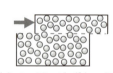

(a) 壁が無いと拡がる　(b) 圧縮に対してはがんばる　(c) いくらでもずれて行く

図-2.8 液体のイメージ

● 気体

気体では一つ一つの分子が空間の中をランダムに飛び回っており，ときどき他の分子や壁にぶつかって完全弾性的に跳ね返る(図 −2.9)*。液体は蓋がない容器に入れておくことができるが，気体は周りを完全に囲っておかないと，分子が飛び出して行って無くなってしまう。分子が壁にぶつかった時，気体全体が静止していれば壁に与える力の合力は壁に垂直になる。これ以上説明しないが，気体内の応力は液体の場合と同様に扱える。

*温度が高いほど，飛び回る速さの平均値は大きい。常温1気圧の空気の分子は，2乗平均速度 500 m/s (=1 800 km/h，音速の 1.5 倍)程度の速さでランダムに飛び回っている。

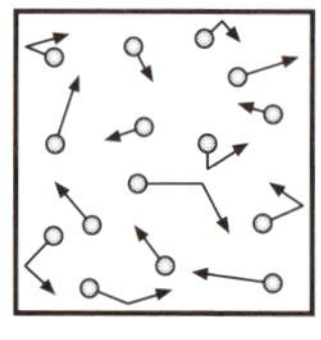

図-2.9 気体のイメージ

2.1.5 圧力

気体と液体をまとめて**流体**と呼ぶ。固体と比較した流体の応力の特徴は，①せん断応力は「ずれる」動きによって生じる，②垂直応力は圧縮のみである，の2点である。

一般に垂直応力は，引張りを正と定義する*。しかし，引張りの応力が存在しない流体では，圧縮の垂直応力を正とし，これを**圧力**と呼ぶ。圧力を p で表す。

p（圧力）$=-\sigma$（垂直応力）*。土木の分野では，コンクリートや土についても圧縮の垂直応力を正とするのが普通である。これらの材料は引張りに弱く，引張り応力をほとんど計算しないからである。

* 引張り力は固体に「伸び」=「長さの正の変形」を引き起こすので正とする。

* せん断応力が存在すると（流体がずれの運動をしている場合）垂直応力は面の向きによって異なる。このとき圧力は直交する3面の垂直応力の平均として定義される。本書では，このことを考慮しない。

2.2 静水圧

2.2.1 静止流体の圧力

2.1.4 で説明したように，せん断応力が存在すれば流体は必ず「ずれ」の運動を起こす。言い換えれば，静止している流体にはせん断応力は作用しておらず，垂直応力（圧力）のみが存在する。

静止流体内の圧力には，重要な特徴がある。

流体の中に奥行きが1の微小な三角柱を想定し（**図−2.10(a)**），三角柱の中の流体に，まわりの流体が及ぼす力の釣り合いを考える（**同図(b)**）*。3つの面に作用する圧力をそれぞれ σ_x, σ_y, σ_θ とする。力は応力×面積であるから，x 方向，y 方向それぞれの力の釣り合いは

$$\sigma_x \times \Delta y \times 1 - \sigma_\theta \times \Delta s \times 1 \times \sin\theta = 0 \qquad \cdots (2.1)$$

$$\sigma_y \times \Delta x \times 1 - \sigma_\theta \times \Delta s \times 1 \times \cos\theta = 0 \qquad \cdots (2.2)$$

* 二次元的に扱う。奥行きは考えない，または1とすればよい。

* 斜辺の面に作用する σ_θ の合力が $\sigma_\theta \times (\Delta s \times 1)$。これを $\sin\theta$ 倍するとその x 方向成分に，$\cos\theta$ 倍するとその y 方向成分になる。

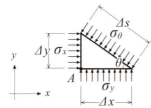

(a) 奥行きが1の三角柱

(b) 三角柱に作用する力のつり合い

図−2.10

式(2.1)に $\sin\theta=\Delta y/\Delta s$ を代入して，$\sigma_x=\sigma_\theta$
式(2.2)に $\cos\theta=\Delta x/\Delta s$ を代入して，$\sigma_y=\sigma_\theta$
すなわち，

$\sigma_x=\sigma_y=\sigma_\theta$

である。三角柱の太さを十分小さく取れば，斜辺の面も点 A（図(b)の三角形の直角頂点）を通ると考えていい。また斜辺の傾きの角度 θ は自由に取ることができるから，結局，点 A を通る**どのような向きの面をとっても圧力の強さは変わらない**ことが分かる*。

静止流体内の点 A における圧力（垂直応力）の強さが面の向きによらないということは，静止流体内の圧力は，強さだけを指定すれば良いことを意味する。すなわち，静止流体の圧力は大きさ（強さ）だけを持つ量，スカラーとして扱うことができる*。実際に圧力が作用する（点 A を通る）面を決めてやると，圧力はその面に垂直に作用するから，大きさ（強さ）と共に方向を持つことになる。すなわち圧力のベクトルになる。

以上をまとめて，**静止した流体内のある点における応力は，考える面に垂直に作用する圧力のみであり，その強さは面の向きによらず一定である。**

2.2.2 絶対圧力とゲージ圧力

静止した水の圧力が**静水圧**である。大気圧 p_0 の水面下の静水圧について考えよう。水中に柱状の部分を考え，この部分に作用する力の鉛直方向成分の釣り合いを計算する（図−2.11(a)）。水柱の寸法を，高さ h，断面積 A として，深さ h の底の部分に作用する圧力 $p_{h絶対}$ を求める。

静止した流体中の応力は面に垂直に作用するから，側面に作用する応力は鉛直成分を持たない。よって，この水柱に作用する鉛直方向の外力は，上面の大気からの圧力 p_0，下の水からの圧力 $p_{h絶対}$，及び水柱自身の重力だけである。この3つの外力の釣り合い式は

$A\cdot p_{h絶対} - A\cdot p_0 - \rho\cdot g\cdot A\cdot h = 0$　　ただし，ρ は水の密度*。

よって，水深 h における圧力は

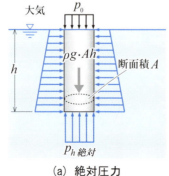 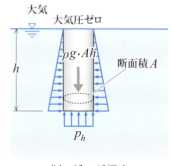

(a) 絶対圧力　　　　　　　　(b) ゲージ圧力

図-2.11 深さ h の点の圧力

$$p_{h\,絶対} = \rho \cdot g \cdot h + p_0 \qquad \cdots (2.3)$$

となる。この圧力を**絶対圧力**と呼ぶ。

さて，大気圧 p_0 は我々が生活している地上では常に作用しているものであるから，これをいちいち計算に入れることは避けるのが賢明である*。そのためには，大気の圧力を基準にして，それよりどれだけ大きいかで圧力を表わせば良い。このように，大気圧をゼロとして表示した圧力を**ゲージ圧力**と呼ぶ。

［ゲージ圧力］＝［絶対圧力］－［大気圧］

特別な場合以外，**水理学では，単に圧力と言えばゲージ圧力を指す**。絶対圧力を使っても，ゲージ圧力を使っても，圧力の相対的な大小関係は変わらない。

*と言うより，そもそも大気圧を知ること自体が簡単ではない。

圧力は流体の分子が周りを押すことによって生じるものであるから，絶対圧力は正の値を持つ。一方，ゲージ圧力は負になり得る。これを「負圧」と呼ぶ。負圧は「－大気圧」以下にはならない。

われわれが感じる圧力はゲージ圧力である。たとえば，ストローでジュースを吸う動作を絶対圧力で表現すれば，「ストローの中の空気を大気圧よりも小さい圧力で押し，コップのジュースに加わっている大気圧との差圧で口に押し上げる」となって，日常感覚とはいささかずれる。

ゲージ圧力を用いて，前の図－2.11(a)を書き換えたのが，同図(b)である。前と同様に鉛直方向の力の釣り合い式を書くと，大気圧がゼロであるから $A \cdot p_h - \rho \cdot g \cdot A \cdot h = 0$。すなわち，深さ h における水圧（ゲージ圧力）は

$$p_h = \rho \cdot g \cdot h \qquad \cdots (2.4)$$

2.2.3 流体の重さと圧力

(1) 移動と圧力変化

密度 ρ の流体中に想定した鉛直な円柱の，上下方向の力の釣り合いを考える（図－2.12(a)）。式(2.3)と同様の手順で次の式が導かれる

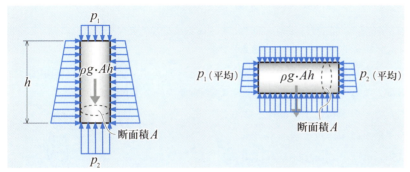

(a) 流体中に想定した鉛直な柱　　(b) 流体中に想定した水平な柱

図－2.12

$p_2 = \rho \cdot g \cdot h + p_1$

すなわち，**静止した流体中を h だけ下に移動すると，圧力が $\rho \cdot g \cdot h$ だけ大きくなる。**

今度は水平な円柱を想定する（図−2.12(b)）。この円柱について，左右方向の力の釣り合いから，平均 p_1 と平均 p_2 は明らかに等しい。円柱の直径はいくらでも小さくできるから，水平な2点を比較していると考えて良い。

すなわち，**静止した流体中を水平に移動しても圧力は変化しない。**

(2) 大気圧

水柱の重さから圧力が導かれたので，圧力を次のイメージで表現しよう。

「静水圧は，そこよりも上にある水の重さを単位面積あたりの大きさで表したものである。」

これは気体でも同じである。我々が受けている大気圧は，地表よりも上にある空気の重さによって生じる。

上空の大気

大気の場合，水面のような明確な上の境界はない。上空に行くに従って徐々に薄くなり，やがて宇宙空間になる。地表から上空10〜15 km あたりまでは対流圏と呼ばれ，様々な気象現象が盛んに起こる領域である。10 km という長さは，水平ならば2時間も歩けば届く距離であるが，高度ではヒマラヤよりも高い。ジェット旅客機がよく用いる高度で，気圧が地上の1/4，温度が −40〜−50℃ という厳しい世界である。対流圏の上，高度50 km くらいまでが成層圏である。その名の通り，空気の対流活動は盛んでない。大気のおよそ3/4が対流圏に，99.9%が成層圏までに存在する（図—2.13）。100 km も上空に行けば，人工衛星が暫くのあいだ落ちないでいられるくらい空気が薄い。

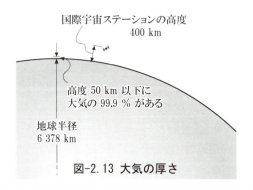

図-2.13 大気の厚さ

大気圧の大きさ ≒ 1気圧（2.2.4 で詳しく見る）は，約 $10 \text{ tf/m}^2 = 1 \text{ kgf/cm}^2$ である。これを具体的にイメージしてみる。大人の手の面積を 150 cm^2 とすると，手の平を上に向けたとき，

$(150 \text{ cm}^2) \times (1 \text{ kgf/cm}^2) = 150 \text{ kgf}$，軽めの関取1人分の重さの空気を片手で支えていることになる（図−2.14）。こ

図-2.14 大気の重さ．片手に関取

Q 手の平にこれだけ重い空気が載っているのに,それを感じないのは何故か。

A 空気の圧力が手の平を下向きに押していると同時に,下面になっている手の甲を同じ力で上向きに押しているからである。厳密に言えば上向きの力の方が少し大きくて,空気の圧力は全体として我々を持ち上げようとしている。これは空気の浮力である (3.3 節の水の浮力と同じ)

ついでにもう一つ。手が上下から関取一人分の重さで押されているのに痛くも痒くもない。我々は何故圧迫されていることを感じないのか。それは,我々の身体の中の液体も1気圧になっているからである。

(3) 密度・単位体積重量・比重

密度 ρ,単位体積重量 γ,および比重 s についてまとめておこう*。

密度:単位体積あたりの質量。ρ で表す。SI単位は kg/m^3。

単位体積重量(単位重量):単位体積あたりの重量。γ で表す。SI単位は N/m^3, MKS重力単位は kgf/m^3。

重量は質量に重力加速度 g をかけたものであるから,単位体積重量も単位体積の質量(すなわち密度)に g をかけることによって得られる。すなわち
$\gamma = \rho \cdot g$

比重:物体の密度と水の密度の比。s で表す。無次元。単位なし*。

比重は単位がないので使いやすい。つまり,SIでも,重力単位系でも,他のどんな単位系でも同じ値になる。比重が1より小さい物体は水に浮き,1より大きい物体は沈む。

$s = \rho/\rho_w = \gamma/\gamma_w$ ただし,ρ_w:水の密度,γ_w:水の単位体積重量。

単位体積重量を用いると,式(2.4)は次のように書ける。

水深 h における静水圧 p_h は,
 $p_h = \rho \cdot g \cdot h = \gamma \cdot h$ ρ:水の密度,γ:水の単位体積重量,g:重力加速度

ところで,1L*の水の質量は,有り難いことにちょうど1kgである。つまり,

1 L の水・・・質量は 1 kg・・・重量は 1 kgf = 9.806 65 N

1 m^3 の水・・・質量は 1 000 kg = 1 t・・・重量は 1 000 kgf = 1 tf = 9.806 65 kN

 水の密度を ρ_w と書くと ρ_w = 1 000 kg/m^3 = 1 t/m^3

 水の単位体積重量を γ_w と書くと γ_w = 1 000 kgf/m^3 = 1 tf/m^3
= 9.806 65 kN/m^3 *

---

*ρ:ロー
γ:ガンマ

*密度の比のかわりに,単位体積重量の比としても同じ。また,ある物体の質量(重さ)と同じ体積の水の質量(重さ)の比,としてもよい。なお,一般には物体の密度と標準物質の密度の比,と定義される。ここでは水を標準物質にとっている。

*リットルは,大文字(L),小文字(l)のどちらを使っても良い,珍しい単位である。

*1.1節で述べたように,もともとkgは1kg=[1Lの水の質量]となるように決められた。

*下記のような例をイメージして,体積についての感覚を身につけておいてもらいたい。
1 L・・・1 000 mL の牛乳パック
1 cm^3・・・サイコロ。
タンクローリーの容量・・・10〜20 m^3。
ドラム缶・・・200 L,家庭用の風呂はドラム缶と同程度。

2.2.4 圧力の単位

圧力には様々な単位がある。我々はこれらに精通し，圧力の単位間の変換を自由にできるようにならねばならない。SIから始めよう。

● SI単位

$1\,\text{Pa} \equiv 1\,\text{N/m}^2$ *

Paはパスカルと読む。フランスの哲学者・数学者・物理学者 Blaise Pascal（1623〜1662）に因む。

$1\,\text{hPa} = 100\,\text{Pa}$ *

> *基本単位で表現すれば，
> $1\,\text{Pa} \equiv 1\,\text{N/m}^2$
> $= 1\,\text{kg}\cdot\text{m}^{-1}\cdot\text{s}^{-2}$。

> *hPa：ヘクトパスカル
> SI導入以前はCGS単位系のmbar（ミリバール）を用いて気圧を表現していた。
> $1\,\text{bar} \equiv 10^6\,\text{dyne/cm}^2$
> $= 10^6\,\text{g}\cdot\text{cm}\cdot\text{s}^{-2}/\text{cm}^2$
> $= 10^5\,\text{kg}\cdot\text{m}\cdot\text{s}^{-2}/\text{m}^2$
> $= 10^5\,\text{N/m}^2 = 10^5\,\text{Pa}$
> $1\,\text{mbar} = 10^{-3} \times 10^5\,\text{Pa}$
> $= 1\,\text{hPa}$ であるから，気圧の単位は替わったが数値は同じである。

● 工学単位

$1\,\text{tf/m}^2 = 1\,000\,\text{kgf/m}^2\ (= 9.806\,65\,\text{kPa})$

$1\,\text{kgf/m}^2\ (= 9.806\,65\,\text{Pa})$，$1\,\text{kgf/cm}^2\ (= 10\,\text{tf/m}^2)$ など。

(1) 特殊な単位その1
● 水柱表示

水理学では，圧力を水の深さで表せば非常に便利である。水深1mにおける静水圧 $p_{1\text{m}}$ は

$$p_{1\text{m}} = (1\,\text{tf/m}^3) \cdot (1\,\text{m}) = 1\,\text{tf/m}^2$$

である。これを，$1\,\text{mH}_2\text{O}$（メートル水柱）と表現する。深さ1mという表現は水面から考えている点まで下がるイメージが強い。逆に，考えている点から水面を見上げるイメージが水柱である*。

$1\,\text{mH}_2\text{O} = 1\,\text{tf/m}^2 = 9.806\,65\,\text{kPa}$

$1\,\text{cmH}_2\text{O}\ (= 10\,\text{kgf/m}^2)$，$1\,\text{mmH}_2\text{O}\ (= 1\,\text{kgf/m}^2)$ など。

> *水柱による圧力の表示は，圧力の視覚化とも言える。2.2.6 で説明する。

● 水銀柱表示

水のかわりに水銀を用いた圧力の単位もある。

$1\,\text{mmHg}$（ミリメートル水銀柱）$= 13.595\,1\,\text{mmH}_2\text{O} = 13.595\,1\,\text{kgf/m}^2$
$= 133.322\,\text{Pa}$ *

0℃の水銀の密度は $13\,595.1\,\text{kg/m}^3$ である。水の密度は $1\,000\,\text{kg/m}^3$ だから水銀の比重は約13.6，つまり水銀は同じ体積の水の13.6倍の重さがある。したがって，同じ太さの柱を同じ重さにするのに，水銀柱の高さは水柱の1/13.6でよい。つまり，

水柱高表示の数値は，水銀柱高表示の約13.6倍の値になる。

写真 −2.1 は，実際に水銀柱の高さを読む，昔からの血圧計である。

> *「ミリメートル水銀柱」は，「水銀柱ミリメートル」とも呼ぶ。
> 水銀柱表示の現在の定義は $1\,\text{mm\,Hg}$
> $\equiv (101\,325/760)\,\text{Pa}$ である。これは次に述べる標準大気圧の1/760を意味する。

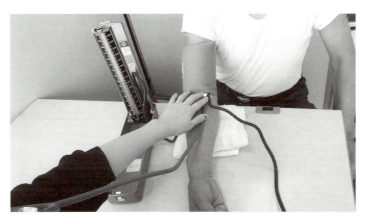

写真-2.1 水銀柱式の血圧計

(2) 特殊な単位その 2
●気圧

海面における標準的な気圧（標準大気圧）を決めて，これを「気圧」という単位として用いる。単位の記号は atm*。

*atm＜atmosphere（大気）

$$1 \text{ atm}（1 気圧）\equiv 1\,013.25 \text{ hPa} = 760 \text{ mmHg}$$

大気圧は，地表にあるものすべてに作用しているため感じることができないし，圧力のない状態（絶対圧力ゼロ，すなわち真空）がなければ測ることもできない。1643 年，ガリレオの弟子のトリチェリ*は，水銀を入れた長い試験管状のガラス容器を水銀の上で逆さまに立てると，水銀は 76 cm よりも高く上がらず，その上が真空になることを示した（図 −2.15(a)）。これによって初めて大気圧が測定されたのである。この図で水銀の大気面に加えられた大気圧は，同じ高さの試験管の中の圧力と同じであり，それが水銀柱の重さを支えている。

*Evangelista Torricelli
1608−1647 イタリア

同じことを水柱で実現しようとすると水柱の高さがおよそ 10 m になる（同図(b)）。

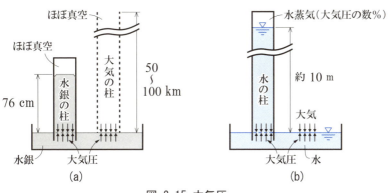

図-2.15 大気圧

練習のため，水銀の密度 13 595.1 kg/m³ を用いて 76 cmHg を他の単位に換算してみよう。

第 2 章　静　水　圧

* $p_h = \rho \cdot g \cdot h$ を用いる。

$$760 \text{ mmHg} = 13\,595.1 \text{ kg/m}^3 \times 9.806\,65 \text{ m/s}^2 \times 0.760 \text{ m}^*$$
$$= 101\,325 \text{ (kg·m/s}^2\text{)/m}^2 = 101\,325 \text{ N/m}^2$$
$$= 101\,325 \text{ Pa} = 1\,013.25 \text{ hPa } (=101.325 \text{ kPa})^*$$

* 1 気圧の定義と同じ値になる。

と，馴染みの 1 013 hPa が得られる。

さて，1 気圧を，水柱高，および重力単位で表示すると

$$1 \text{ atm}（1 \text{ 気圧}）= 760 \text{ mmHg} = 760 \times 13.595 \text{ mmH}_2\text{O} = 10.332 \text{ mH}_2\text{O}$$
$$\fallingdotseq 10.3 \text{ mH}_2\text{O} = 10.3 \text{ tf/m}^2 = 1.03 \text{ kgf/cm}^2$$

この概算値，あるいは次の概算値をぜひ覚えてもらいたい。

* kgf/cm² はよく使われてきた単位である。たとえば，乗用車のタイヤの空気圧が 2 キロと言えば，2 kgf/cm²（ゲージ圧力）を意味する。これはほぼ 2 気圧である。

> $1 \text{ atm}（1 \text{ 気圧}）\fallingdotseq 10 \text{ mH}_2\text{O} = 1 \text{ kgf/cm}^{2\,*}$
> 水に潜ると，**深さ 10 m ごとに水圧が約 1 気圧ずつ増えていく。**

問題 2-1　血圧を測定したら最低血圧が 80，最高血圧が 130 であった。水銀の比重を 13.6 として，これを SI 単位，重力単位，水柱表示，気圧で表せ。

解答
$$80 \text{ mmHg} = 80 \times 13.6 \text{ mmH}_2\text{O} = 1.088 \text{ mH}_2\text{O} = 1.088 \text{ tf/m}^2$$
$$= 1.088 \times 9.81 \text{ kN/m}^2 = 10.67 \text{ kPa}$$
$$80 \text{ mmHg} = (80/760) \text{ atm} = 0.105\,3 \text{ atm}$$

まとめて，$80 \text{ mmHg} = 10.7 \text{ kPa} = 1.09 \text{ tf/m}^2 = 1.09 \text{ mH}_2\text{O} = 0.105 \text{ atm}$

同様に，$130 \text{ mmHg} = 17.3 \text{ kPa} = 1.77 \text{ tf/m}^2 = 1.77 \text{ mH}_2\text{O} = 0.171 \text{ atm}$

2.2.5　静水圧の計算

2.2.3(1) の結果から得られる次の性質を用いて圧力を計算してみよう。

> 「静止した，密度 ρ，単位体積重量 γ の流体でつながった 2 点の高さが h だけ異なっているとき，下の方にある点の圧力は上方の点よりも $\rho \cdot g \cdot h = \gamma \cdot h$ だけ大きい。」

例題 2.1　A～E 各点の圧力を求め SI で表示せよ。容器には水，水より軽い液体，水より重い液体が入っているが，お互いに混ざり合わない。$g = 9.8 \text{ m/s}^2$ とする（図—2.16）。

* 空気の密度は，20 ℃でおよそ 1.2 kg/m³，水の 1/800 ていどであるから，水理学の計算では通常無視される。

解答　説明のため，図のように各点に O，W～Z の名前をつけ，W 点の圧力を p_W というように表現する。この中で圧力が分かっているのは水面の点 O だけである。そこから計算を進める。

ここで，空気の重量は無視する*。つまり，**空気中では高さが変わっても圧力は変わらない**とする。

* 圧力変化 = 水深変化 × 単位体積重量，水の単位体積重量 1 000 kgf/m³ を用いる。重力単位系で表現した方が簡単なので，途中の計算は重力単位系を用いる。

$p_O = 0$（大気の圧力はゼロ）

$p_D = p_O + 0.35 \text{ m} \times 1\,000 \text{ kgf/m}^3 = 350 \text{ kgf/m}^2 = 3.43 \text{ kPa}^*$

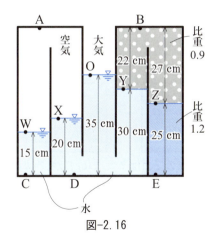

図-2.16

$p_X = p_D - 0.2\,\mathrm{m} \times 1\,000\,\mathrm{kgf/m^3} = 150\,\mathrm{kgf/m^2}$

$p_A = p_X = p_W = 150\,\mathrm{kgf/m^2} = 1.47\,\mathrm{kPa}$ （空気の重さは無視）

$p_C = p_W + 0.15\,\mathrm{m} \times 1\,000\,\mathrm{kgf/m^3} = 300\,\mathrm{kgf/m^2} = 2.94\,\mathrm{kPa}$

$p_Y = p_O + 0.05\,\mathrm{m} \times 1\,000\,\mathrm{kgf/m^3} = 50\,\mathrm{kgf/m^2}$

$p_B = p_Y - 0.22\,\mathrm{m} \times (0.9 \times 1\,000\,\mathrm{kgf/m^3}) = -148\,\mathrm{kgf/m^2} = -1.45\,\mathrm{kPa}$ *

$p_Z = p_B + 0.27\,\mathrm{m} \times (0.9 \times 1\,000\,\mathrm{kgf/m^3}) = 95\,\mathrm{kgf/m^2}$

$p_E = p_Z + 0.25\,\mathrm{m} \times (1.2 \times 1\,000\,\mathrm{kgf/m^3}) = 395\,\mathrm{kgf/m^2} = 3.87\,\mathrm{kPa}$

*比重が0.9だから単位体積重量は水の0.9倍。

圧力の単位に水柱高表示を用いると上の計算がどのようになるかやってみよう。

$p_D = p_O + 0.35\,\mathrm{mH_2O} = 0.35\,\mathrm{mH_2O} = 0.35\,\mathrm{tf/m^2} = 3.43\,\mathrm{kPa}$

$p_X = p_D - 0.20\,\mathrm{mH_2O} = 0.15\,\mathrm{mH_2O}$

$p_C = p_X + 0.15\,\mathrm{mH_2O} = 0.30\,\mathrm{mH_2O} = 0.30\,\mathrm{tf/m^2} = 2.94\,\mathrm{kPa}$

$p_Y = p_O + 0.05\,\mathrm{mH_2O} = 0.05\,\mathrm{mH_2O} = 0.05\,\mathrm{tf/m^2}$

$p_B = p_Y - 0.9 \times 0.22\,\mathrm{mH_2O} = -0.148\,\mathrm{mH_2O} = -0.148\,\mathrm{tf/m^2}$
$= -1.45\,\mathrm{kPa}$ *

$p_Z = p_B + 0.9 \times 0.27\,\mathrm{mH_2O} = 0.095\,\mathrm{mH_2O} = 0.095\,\mathrm{tf/m^2}$

$p_E = p_Z + 1.2 \times 0.25\,\mathrm{mH_2O} = 0.395\,\mathrm{mH_2O} = 0.395\,\mathrm{tf/m^2} = 3.87\,\mathrm{kPa}$

*高さが1mで比重が0.9の液体の柱の重さは，高さが0.9mの水柱(同じ太さ)と同じ。

2.2.6 マノメータ

図-2.17(a)に示すような，密閉されたタンク内の点Aの水圧を測定するにはどうすればいいだろうか。点Aから圧力が分かっている点まで水がつながっていれば，上の計算法が使える。そこで，同図(b)のように測圧管で大気(圧力がゼロ)までつなぐ*。すると点Aの圧力は，

$p_A = \rho \cdot g \cdot h = \gamma \cdot h$

であることが分かる。このように，圧力を測圧管内の液面の高さによって測る装置を液柱圧力計，あるいは**マノメータ**（manometer）と呼ぶ。

*ガラス管などの透明な管を用いれば，水面高さが簡単に測れる。

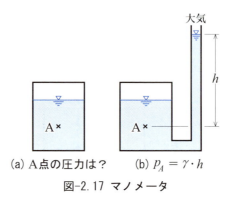

(a) A点の圧力は？　　(b) $p_A = \gamma \cdot h$

図-2.17　マノメータ

図-2.18 には異なった途中経路を通って大気に届く管をいくつか描いている。このうち I～III の管を使えば，どれでも点 A の圧力は，A から水面までの高さで表すことができる。しかし，IV の管ではそうならない。途中に水がつながってないところがあるためである。逆に言えば，水さえつながっていれば，マノメータは離れたところに置くことができる。

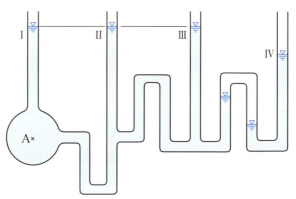

I～III 同一の液体でつながっていれば大気に接する液面の高さは同じ
IV　液体が途中で切れると高さが変わるかも知れない

図-2.18

(1) 差動マノメータ

2 点間の圧力差を知りたいが，圧力そのものの値を知る必要はない場合がある。圧力差のみを知るためには差動マノメータが便利である。

図-2.19(a) では，通常のマノメータを用いて点 A と点 B の圧力を測定している。この 2 本のマノメータを同図(b)のようにつないだのが差動マノメータである。

図(b)の点 A の圧力 p_A から出発して，点 B の圧力 p_B を計算すると

$$p_B = p_A - \gamma \cdot h_1 + \gamma \cdot h_2 = p_A + \gamma \cdot (h_2 - h_1)\text{*}$$

すなわち

$$p_B - p_A = \gamma \cdot (h_2 - h_1)$$

一方，図(a)を見ると，$p_A = \gamma \cdot h_A$，$p_B = \gamma \cdot h_B$ であるから，

$$p_B - p_A = \gamma \cdot (h_B - h_A)$$

*点 A 側の水面は点 A より h_1 だけ上にあるので，水面の圧力は $p_A - \gamma \cdot h_1$。空気でつながっているので点 B 側の水面の圧力もこれと同じ。点 B は水面より h_2 だけ下にあるので，水面の圧力に $\gamma \cdot h_2$ を加えると点 B の圧力が得られる。

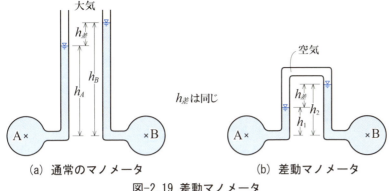

(a) 通常のマノメータ　　(b) 差動マノメータ

図-2.19 差動マノメータ

二つの式を比べて

$h_2 - h_1 = h_B - h_A$

差動マノメータでは内部の空気が大気につながっていないため圧力の値そのものは分からないが，水位差，つまり**圧力差はそのまま読み取れる**。

たとえば，5.0 mH$_2$O の圧力と 4.8 mH$_2$O の圧力の差を通常のマノメータで測ろうとすると，圧力を知りたい点よりも水面が 5 m も上になる。マノメータがそれよりも低いと水が溢れてしまうが，差動マノメータを用いれば水が溢れる心配はない。マノメータ内の空気の圧力が高くなるだけである。

(2) 読みの拡大と縮小

図-2.20 の差動マノメータⅠとⅡを見てもらいたい。点Aと点Bの圧力差が 10 cmH$_2$O であるとしよう。Ⅰの上部には空気が閉じこめられており，水面の高さの差は 10 cm である。

Ⅱの上部には水よりも軽くて，しかも水と混ざらない液体が入れてある。この液体の比重を 0.8 とし，水と液体の境界面の高さの差 x cm がどうなるか調べてみる*。

点Aから始めて点C，Dを通って点Bの圧力を求めると

$p_B = p_A + (-30 - 0.8x + x + 30)$ cmH$_2$O *

$p_B - p_A = 0.2 x$ cmH$_2$O となるが，これは 10 cmH$_2$O であったから

$0.2 x = 10$

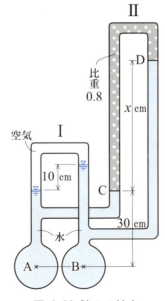

図-2.20 読みの拡大

*ここから 6 行だけ，文字 x は長さではなくて，その数値のみを表すものとする。

*図中の高さ 30 cm はいくらでもよい。

つまり x cm = 50 cm となり，境界面の高さの差は，水面の高さの差の 5 倍になる。

もう少し一般的に示そう（図-2.21）。空気の入った差動マノメータⅠの

水面高の差を h とする。点 A と点 B の圧力差は，これに水の単位体積重量 γ をかけて $\gamma \cdot h$ である。

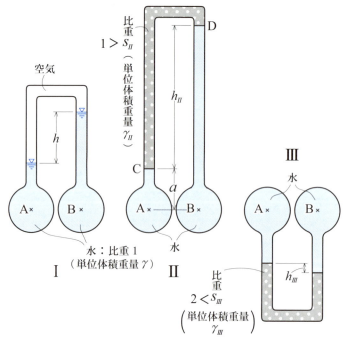

図-2.21 読みの拡大と縮小

$p_B - p_A = \gamma \cdot h$

II，III についても点 A，点 B の圧力差は同じであるとする。

さて，差動マノメータ II の上部には，比重 s_{II} ($s_{II} < 1$) の液体を入れてある。この境界面の高さの差を h_{II} とすると，

$p_B - p_A = h_{II} \cdot \gamma \cdot (1 - s_{II})$ *

この式と前の式から

$h_{II} = h \cdot \{1/(1 - s_{II})\}$

が得られる。つまり，差の読みは $\{1/(1-s_{II})\}$ 倍に拡大される。さきほどの例では比重 s_{II} が 0.8 だったので，h_{II} が h の 5 倍になった。

図の差動マノメータ III は水よりも重い液体を用いた場合を示す。U 字管を下に付けることになる。この液体の比重を s_{III} として，マノメータ II と同様な計算を行うと

$h_{III} = h \cdot \{1/(s_{III} - 1)\}$

となる*。もし，この液体の比重が 1.2 ならば，h_{III} は上と同様に h の 5 倍になる。しかし，このタイプの特徴は比重 s_{III} が 2 を越えると h_{III} が h よりも小さくなることである。差動マノメータでよく用いられる水銀の場合，比重は約 13.6 で，h_{III} は h の 1/12.6 になる。圧力差が大き過ぎて扱いにくい場合には，水銀を入れた差動マノメータを用いて読みの差を縮小すると便利である。

*点 A から出発して，点 C，D，B と順次圧力を計算していくと
$p_B = p_A - \gamma \cdot a - \gamma_{II} \cdot h_{II} + \gamma \cdot (a + h_{II})$ （γ_{II} はこの液体の単位体積重量）
これを整理して，
$s_{II} = \gamma_{II}/\gamma$ を使うと本文の式が得られる。

*B につながった管の境界面の方が，A よりも，II の差動マノメータでは上に，III では下に来ているのは，B の圧力が A の圧力よりも大きいので，より強く押しているためだと思えば良い。境界面の上下関係がこれでよいことを計算で確認せよ。

2.3 毛細管現象

液体のモデル化で「分子間の引力はない」とした（図 −2.8）。しかし，水面があって，かつスケールが小さいとき，分子間の引力が効いてくる。

2.3.1 表面張力，接触角

写真 −2.2 のように，水滴が葉の上で玉になるのを見たことがあるだろう。これは表面張力の作用による。空気の分子からの引力に比べて水の分子からの引力が強いため，水面付近の水の分子は内側に引かれる*。その結果，水滴は小さくなろうとする。これは，引き伸ばされたゴム膜のように**水面が縮まろうとする性質**として認識される。水面が縮まろうとする力を**表面張力**（surface tension）という。表面張力は，液体が気体と接する面で生じる力であり，接する液体と気体の種類，温度によってその強さが決まる。

*分子間の距離が短いとき引力が作用する。水面の水分子の近くには空気の分子もあるが，水の分子の方がずっと多い。

水面上に任意の線を引くと，その線で分けられた両側の面が，お互いに相手を引っ張っているので，表面張力の強さ σ は単位長さ当たりの力で表される。SI 単位は N/m，重力単位は kgf/m などである*。

*理科年表に値が載っている。

写真-2.2　葉の上の水滴

さて，液体と気体の接する面が，さらに固体に接触する仕方は，図 −2.22 (a), (b) のように 2 種類に分けられる。図 (a) （$\theta < 90°$）の場合，液体は固体を**濡らす**。図 (b) （$\theta > 90°$）の場合，液体は固体を**濡らさない**，という。

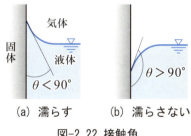

図-2.22　接触角

角度 θ を**接触角**という。水はガラスを濡らし，その接触角 θ は小さい。ガラス面に油分があると濡らさなくなる。葉の上の露が玉になるのも，ミズスマシが浮くのも，葉や足が水に濡れないからである。水に濡れる性質を**親水性**，濡れない性質を**撥水性**という。

2.3.2 毛細管現象

表面張力は，小さいスケールの水面を扱うときに問題になる。たとえば，土中にある不飽和の水を扱う場合である*。スケールの効果を見るために，細いガラスの管の中に水面がある状態を考えよう。図 -2.23 は水面に細いガラス管を立てた状態を表す。ガラス管の中の水面は表面張力で引き上げられ，周りの水面よりも高くなる。これを**毛細管現象**（capillarity，毛管現象）という。濃い部分の水柱に作用する，上下方向の力の釣り合い式を書くと，

$$\pi \cdot D \cdot \sigma \cdot \cos\theta + (\pi \cdot D^2/4) \cdot p_0 - (\pi \cdot D^2/4) \cdot p_0 - \gamma \cdot (\pi \cdot D^2/4) \cdot h = 0 \quad *$$
$$\therefore \quad h = 4\sigma \cdot \cos\theta/(\gamma \cdot D) \qquad \cdots (2.5)$$

ただし，σ：表面張力の強さ，θ：接触角，p_0：大気圧，γ：水の単位体積重量

水が引き上げられる高さ h は管径 D に反比例する。つまり，水面のスケールが小さいほど表面張力が効いてくる。

これを別の見方で見てみる。ガラス管が細い場合，ガラス管の中の水面は，球面の一部に近い形状を持っている。これを**メニスカス**（meniscus）と呼ぶ。表面張力によってメニスカスの内側と外側には圧力差が生じる。この状況はゴム風船に似ている。風船の内側は，伸ばされたゴムの張力によって外よりも圧力が高くなる（図 -2.24）*。この圧力差は $p_2 - p_1 = 2\sigma/r$ となり，メニスカスの半径 r に反比例する。

図-2.23 毛細管現象　　　図-2.24 風船とメニスカス

図 -2.25 に毛細管現象が起きている管内の圧力分布を示す。外の水面と同じ高さで圧力ゼロからスタートして，管内を上に行くと圧力は減っていき，管内の水面に達した時に $-\gamma \cdot h$ となる。簡単のため $\theta = 0$ とすると，$h = 4\sigma/(\gamma \cdot D)$ であるから，この圧力は $-2\sigma/r$ に等しい*。水面の上に出ると，

---

*土の空隙が水だけで満たされていれば「飽和」，空気も含んでいれば「不飽和」である。不飽和土の空隙には水と空気があるから水面がある。

*$\pi \cdot D \cdot \sigma \cdot \cos\theta$：表面張力の上向き成分（ガラスと水が触れる長さ×表面張力の強さ×$\cos\theta$）
$(\pi \cdot D^2/4) \cdot p_0$：下面の水が水柱を押す全水圧（断面積×圧力），
$-(\pi \cdot D^2/4) \cdot p_0$：上面の空気が水柱を押す全圧力の鉛直成分（水平投影面積×圧力）
$-\gamma \cdot (\pi \cdot D^2/4) \cdot h$：水柱の重さ（単位体積重量×体積）
上面は大気に接しているから，大気圧 p_0 である。下面は同じ高さの水面が大気圧であるからやはり大気圧 p_0 である。いずれもゲージ圧で表せば $p_0 = 0$ であるから書かなくてもいい。

*ただし，風船のゴムは大きくするほど引き伸ばされて張力の強さが大きくなるのに対して，表面張力の強さは球の大きさによらない。

*$-\gamma \cdot h = -\gamma \cdot 4\sigma/(\gamma \cdot 2r) = -2\sigma/r$

メニスカスによる圧力差 $2\sigma/r$ によって圧力はゼロに戻る。

不飽和の砂粒が接触しているところには小さなメニスカスができていて、水の圧力は負圧になっている（図 −2.26）。これによって砂粒間には引きあう力が働く。濡れた砂粒がくっつくのはこのためである。メニスカスは砂が乾燥しても、水の中に完全に没しても消滅する*。濡れた砂がついた手を、乾かすか、あるいは逆に水の中に入れると、くっついていた砂粒は落ちる*。

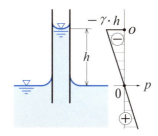

図-2.25 毛細管内の圧力分布

図-2.26 砂粒の間の水

*水中に完全に没すると（飽和状態）、水面がなくなるのでメニスカスもなくなる。

*砂粒同士と同様、手と砂粒も水の負圧で引き合う。

問題 2-2 水面に内径 0.24 mm のガラス管を立てた。ガラス管内の水の、毛細管現象による上昇高さを求めよ。水の表面張力は
$\sigma = 73 \times 10^{-3}$ N/m，水とガラスの接触角 θ は小さく $\cos\theta \fallingdotseq 1$ であるとする。

解答 式(2.5)に与えられた値を代入して
$h = 4\sigma \cdot \cos\theta/(\gamma \cdot D)$
$= 4 \times (73 \times 10^{-3} \text{ N/m}) \times 1/[(9.8 \text{ kN/m}^3) \times (0.24 \times 10^{-3} \text{ m})] = 0.124 \text{ m}$

第3章
全 水 圧

- ある面全体に作用する水圧の合力を**全水圧**と呼ぶ。

- **平面図形に作用する全水圧**
  〔全水圧の方向〕：平面に垂直
  〔全水圧の大きさ〕＝〔図形の重心における水圧〕×〔図形の面積〕
  〔作用点の深さ z_C〕：　　　$z_C - z_G = I_0/(A \cdot z_G)$
  　　傾いた平面図形の場合　$z_C - z_G = [I_0/(A \cdot z_G)] \cdot \sin^2\theta$ 　　($s_C - s_G = I_0/(A \cdot s_G)$)
  　　　　　　　　　z_G：図形の重心の深さ，A：図形の面積
  　　　　　　　　　I_0：図形の重心を通る水平軸に関する断面二次モーメント
  　　　　　　　　　θ：水平面と平面図形のなす角
  　　　　　　　　s_C, s_G：平面図形に沿って斜めに計った水深

- **パスカルの原理**による力の拡大率は，ピストン断面積の比。

- **曲面に作用する全水圧**
  「水圧は相手によらず同じである」から，水圧がかかる対象物を水で置き換えることによって計算できる場合がある。

- **アルキメデスの原理**
  流体中に置かれた物体には**浮力**が作用する。浮力は，流体中の物体を流体で置き換えたとき，その置き換えた流体に作用する重力と，大きさおよび作用線が同じ，向きが逆の力である。

- **浮体の安定の判定式**
  $h = I_x/V_W - a$　　$h > 0$：安定　　$h < 0$：不安定
  　　I_x：水線面の断面二次モーメント，V_W：水中体積，a：(重心高さ − 浮心高さ)

第 3 章　全 水 圧

大気中にある物体の表面には大気の圧力 = 大気圧が，水中にある物体の表面には水の圧力 = 水圧が作用する。考えている面全体に作用する水圧の合計，すなわち水圧の合力を**全水圧**（流体一般なら**全圧力**）と呼ぶ。この章では全水圧の計算法を学ぶ*。

水圧の合力の大きさと，その作用線の方向および位置を求めるのが本章の課題である。最初に，平面図形（水平，鉛直，斜め）に作用する全水圧の計算を行う。続いて，曲面に作用する全水圧について述べる。

本書では特に断らない限り，**水圧**（pressure）**を小文字の「**p**」**で，**全水圧を大文字の「**P**」**で表す。

* ある物体に作用する2つ以上の力，あるいは分布した力を，それと等価な1つの力で置き換えたものが合力である。ただし，等価というのはこの物体全体の運動に関してのことであり，この物体の変形に関しては，元の力の組と合力の効果が同じになるとは限らない。

3.1　平面図形に作用する全水圧

面積が A の平面図形 A を表面の一部とする物体を考える。この平面図形に静水圧が加わっているときの全水圧を計算する。この物体として，水の中にある固体を考えるのが普通であるが，水自身を考えてもよい。つまり，ある水塊に，それに隣接する水が加える圧力を考えることもできる。

前章で述べたように，静水圧は作用する面に垂直である。したがって平面の場合，それに作用する静水圧は全て同じ方向となり，合力の方向は自動的に決まる。つまり，**平面図形に作用する全水圧は，面に垂直である**。あとは，合力の大きさと作用線（あるいは作用点）の位置を求める*。

* 力はベクトルなので，大きさに比例する矢印で図示する。この矢印（線分）が乗っている直線が力の作用線である。

3.1.1　水平な面に作用する全水圧

面積が A の面 A が深さ h の水中に水平に置かれている場合，面のどの部分でも水圧の強さ p は $\gamma \cdot h$ である（γ：水の単位体積重量）。したがって，全水圧 P の大きさは

$$P = A \cdot p = A \cdot (\gamma \cdot h)$$

上に向いた面への水圧は下向き，下に向いた面への水圧は上向きである（図 −3.1）。この全水圧の作用点は，面 A の重心（図心）である*。

* この場合，作用点を求める計算は，重心（図心）を求める計算と同じである。

図–3.1　水平面への全水圧

3.1.2 鉛直な面に作用する全水圧

鉛直な壁についたフタが水中にあるような状況を想定しよう。フタの面に作用する水圧は，深さによって強さが異なる。図−3.2(a) は鉛直なフタの面を横から見て面に作用している圧力の強さを描いた図，同図 (b) はこの面を正面から見た図である。任意の深さ z において，面の幅 $b(z)$ と，微小な高さ dz を持つ水平方向に細長い短冊 dA を考える。これは，面全体をカバーするたくさんの水平な短冊の代表である。面の形が与えられれば面の幅が深さによって決まるので，短冊の幅を深さ z の関数 $b(z)$ として表現する。この短冊はほぼ長方形であるから，その面積 dA は $b(z) \cdot dz$ である。

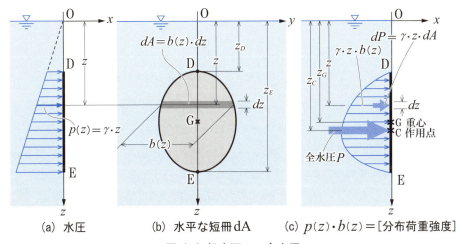

(a) 水圧　　(b) 水平な短冊 dA　　(c) $p(z) \cdot b(z) = $ [分布荷重強度]

図-3.2 鉛直面への全水圧

この短冊の中のどこでも深さは約 z だから，水圧 p は $\gamma \cdot z$ である。したがって，微小面積 dA に加わる全水圧 dP は $p \cdot dA = \gamma \cdot z \cdot b(z) \cdot dz$ となる。これを面の上端から下端まで足し合わせてやれば，面全体に作用する全水圧 P が求まる。すなわち

$$P = \int_A dP = \int_A p \cdot dA = \int_{z_D}^{z_E} \gamma \cdot z \cdot b(z) \cdot dz \quad *$$

となる。
図−3.2(c) に，水深に対してプロットした「水圧×面の幅」のグラフを示す*。

全水圧 P を表す式をもう少し変形してみよう。

$$P = \int_A p \cdot dA = \int_A \gamma \cdot z \cdot dA = \gamma \int_A z\, dA \quad * \quad \cdots (3.1)$$

最後の式に現れる積分 $\int_A z\, dA$ は，微小面積 dA にその面積の座標 z（$= y$ 軸からの符号付き距離）をかけたものを，面 A 全体にわたって加え合わせている。これは，面 A の y 軸に関する断面一次モーメント S_y である*。これを用いると，

*前の二つの積分の式 $\int_A dP$ と $\int_A p \cdot dA$ は意味を表す形で，このままでは計算はできない。積分範囲 A は，A 全体で加え合わせるという意味である。最後の積分は普通の積分である。積分範囲も面の上端 D ($z = z_D$) から下端 E ($z = z_E$) まで，という書き方に変わっている。

*これは，梁に載荷される分布加重強度 q と同じ表現である。

*水の単位体積重量 γ は定数だから，積分記号の外に出すことができる。

*いま考えている面は水に接している物体の表面であって「断面」ではないが，構造力学で学んだお馴染の用語，断面一次モーメント，断面二次モーメントを用いる。

$$P = \gamma \cdot S_y \qquad \cdots (3.2)$$

ただし，$S_y = \int_A z\,dA = \int_{Z_D}^{Z_E} z \cdot b(z)\,dz$（$y$軸に関する断面一次モーメント）

さらに，断面一次モーメントを断面積で割ったものが，この断面の重心（図心）の位置を表したことを思い出してもらいたい。すなわち，この面の重心のz座標をz_Gと書くと

$$z_G = S_y / A, \quad \text{あるいは} \quad S_y = z_G \cdot A \qquad \cdots (3.3)$$

である。

式(3.2)，(3.3)から，全水圧Pは

$$P = \gamma \cdot S_y = \gamma \cdot z_G \cdot A = p_G \cdot A$$

となる。z_Gは重心（図心）の水深であるから$p_G = \gamma \cdot z_G$は重心の位置における水圧である。

面が水平でも，鉛直でも，傾いていても，*

〔平面図形に作用する**全水圧の大きさ**〕＝〔**面の重心における静水圧**〕×〔**面積**〕*

次に，この全水圧の作用点の位置を求めよう。圧力がどの位置でも同じ水平な平面図形では，全水圧の作用点は面の重心にあった。鉛直な平面図形の場合，水圧は下の方が大きいから，全水圧の作用点は，**図形の重心よりも必ず下方にずれる**。このずれを計算する。

個々の力による力のモーメントの合計と，合力の力のモーメントは同じでなければならないことを使って，全水圧の作用点の深さz_Cを次のように計算する。

図-3.2(b)の小さい短冊に作用する全水圧dPは$\gamma \cdot z \cdot dA$，y軸からdPの作用線までの距離はzである（図(c)）。したがって，短冊に作用する微小な全水圧dPによる，y軸に関する力のモーメントは，

$$(\gamma \cdot z \cdot dA) \times z = \gamma \cdot z^2 \cdot dA$$

となる。これを面全体にわたって加え合わせ，先ほどと同様の変形を行うと，すべての短冊に作用する力のモーメントの合計は

$$\int_A \gamma \cdot z^2\,dA = \gamma \int_A z^2\,dA = \gamma \int_{Z_D}^{Z_E} z^2 b(z)\,dz = \gamma \cdot I_y \qquad \cdots (3.4)$$

となる。$I_y = \int_A z^2 dA$はこの平面図形のy軸に関する「断面二次モーメント」である*。

一方，面全体に作用する全水圧Pは，$P = \gamma \cdot z_G \cdot A$であるから，その作

*傾いた平面については後で説明する。

*「重力ダムはコンクリートの重さで貯水池にある何億トンもの水を支えている」と表現してもいいが，ダムに加わる水圧は貯水量とは直接関係がないことを諸君はすでに理解できる。貯水量が違っても，形と水深が同じ二つのダムが受ける全水圧は同じである（図-3.3）。

*y軸に関する断面二次モーメントは，各微小面積dAに，その微小面積のy軸からの距離の二乗（z^2）をかけたものを，面A全体にわたって加え合わせたものである。

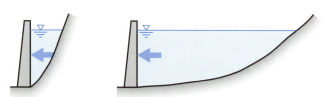

図-3.3 2つのダムに作用する全水圧は同じ

用点の深さを z_C とすると，y 軸に関する全水圧 P による力のモーメントは

$$P \cdot z_C = (\gamma \cdot z_G \cdot A) \cdot z_C \qquad \cdots (3.5)$$

である。式(3.4), (3.5)を等しいとおくと，P の作用点の深さ z_C が得られる。

$$z_C = I_y/(A \cdot z_G)$$

ところで，面 A の重心を通る水平軸に関する断面二次モーメントを I_0 と書くと，この水平軸と y 軸は平行で，両軸の間の距離は z_G であるから，$I_y = I_0 + z_G^2 \cdot A$ となり，上の式は次のように書き換えられる*。

$$z_C = I_0/(A \cdot z_G) + z_G$$

すなわち，全水圧の作用点 C は，面の重心 G よりも

$$z_C - z_G = I_0/(A \cdot z_G) \qquad \cdots (3.6)$$

z_C：作用点の深さ，z_G：図形の重心の深さ，A：図形の面積

I_0：図形の重心を通る水平軸に関する断面二次モーメント

だけ低い位置にある（図−3.2(c)）*。

断面二次モーメントは微小な面積（長さの 2 乗）に軸からの距離（長さ）の 2 乗を掛けたものの和であるから，$[I_0] = [L^4]$ である。また $[z_G] = [L]$，$[A] = [L^2]$ だから，式(3.6)の右辺は確かに長さの次元を持っている*。

> *構造力学で学んだ断面二次モーメントに関するこの公式を，言葉を使って表現すると，
> 〔任意の軸に関する断面二次モーメント〕=〔その軸と平行でかつ面の重心を通る軸に関する断面二次モーメント〕+〔両軸間の距離の 2 乗〕×〔面積〕

> *水圧が作用する平面図形が左右対称でない場合でも，作用点の深さ z_C を求める式は同じである。作用点の y 座標（水平方向の位置）y_C は，結果だけ示すと
> $y_C = I_{yz}/(A \cdot z_G)$ ただし，I_{yz} はこの平面図形の y 軸，z 軸に関する断面相乗モーメント。

> *$[L^4]$, $[L]$, $[L^2]$ である 3 つの量を用いて $[L]$ の次元を作るには，$[L^4]/([L] \times [L^2])$ しかない。断面二次モーメント I_0，重心の深さ z_G，面積 A が含まれていることさえ頭に入れておけば，式(3.6)を思い出すのは難しくない。

例題 3.1 直方体の水槽に水を入れてある。水深が h のとき，幅 B の側面に作用する全水圧の大きさ P と作用点の水深 z_C を求めよ（図−3.4）。水の単位体積重量を γ とする。

[解答] 水圧が加わる側面の面積は $B \cdot h$。その重心の深さ z_G は $h/2$。したがって，全水圧 P は

$$P = p_G \cdot A = (\gamma \cdot h/2) \cdot (B \cdot h) = \gamma \cdot B \cdot h^2/2$$

重心を通る水平な軸に関する断面二次モーメント I_0 は $B \cdot h^3/12$。したがって，

$$z_C = I_0/(A \cdot z_G) + z_G$$
$$= (B \cdot h^3/12)/[(B \cdot h) \cdot (h/2)] + h/2 = 2h/3$$

つまり，一辺が水面にある長方形の場合，全水圧の作用点は水面から 2/3 の深さにある。

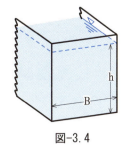

図-3.4

問題 3.1 図−3.5(a), (b)に示す鉛直な平面図形に作用する静水圧の全水圧の大きさ P とその作用線の深さ z_C を求めよ。半径 r の円の断面二次モー

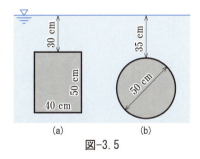

図-3.5

第 3 章　全水圧

＊長方形の断面二次モーメント $I_0 = bh^3/12$ は必ず覚えておかねばならない。円の断面二次モーメントは余裕があれば覚えるのもいい。

メント I_0 は $\pi \cdot r^4/4$ である＊。

解答　**a**　重心の深さは $z_G = 30\,\text{cm} + 50\,\text{cm}/2 = 55\,\text{cm}$ 。
$$P = (1\,000\,\text{kgf/m}^3 \times 0.55\,\text{m}) \times (0.4\,\text{m} \times 0.5\,\text{m}) = 110\,\text{kgf}\ (= 1.08\,\text{kN})$$
長方形の幅を b，高さを h とすると，
$$I_0/(A \cdot z_G) = (b \cdot h^3/12)/(b \cdot h \cdot z_G) = h^2/(12 \times z_G)\ \text{となるから}$$
$$z_C = I_0/(A \cdot z_G) + z_G = (50\,\text{cm})^2/(12 \times 55\,\text{cm}) + 55\,\text{cm} = 58.8\,\text{cm}$$
b　円の半径を $r(=25\,\text{cm})$ とおくと，
$$A = \pi \cdot r^2,\ z_G = 35\,\text{cm} + r = 60\,\text{cm},\ I_0 = \pi \cdot r^4/4。\text{これらを用いて}$$
$$P = (1\,000\,\text{kgf/m}^3 \times 0.6\,\text{m}) \times \pi \times (0.25\,\text{m})^2 = 118\,\text{kgf}\,(= 1.15\,\text{kN})$$
また，$I_0/(A \cdot z_G) = (\pi r^4/4)/(\pi \cdot r^2 \cdot z_G) = r^2/(4z_G)$ であるから
$$z_C = z_G + I_0/(A \cdot z_G) = 60\,\text{cm} + (25\,\text{cm})^2/(4 \times 60\,\text{cm}) = 62.6\,\text{cm}$$

例題 3.2　（図—3.6(a)）水槽の壁に，水路への出口となる長方形の穴があり，フタが取り付けられている。フタは上端がヒンジで固定され，水槽の内側に開くようになっている。穴の下端にはストッパー（シル）があって，フタが外に開かないようになっている。図のように水槽内に水が溜まっているとき，シルとヒンジにかかる力を求めよ。フタがシルとヒンジのみで支えられていると仮定して計算せよ。

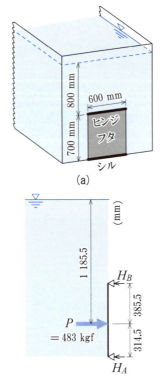
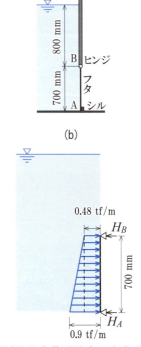

(c) 全水圧 P を用いて計算　　(d)（別解）分布荷重強度 q を求めて計算

図-3.6

[解答] まず，水槽側の全水圧 P とその作用点の深さ z_C を求める。
$z_G = 0.8$ m $+ 0.7$ m$/2 = 1.15$ m であるから

$P = (1\,000$ kgf/m$^3 \times 1.15$ m$) \times (0.6$ m $\times 0.7$ m$) = 483$ kgf

$z_C = 1.15$ m $+ (0.7$ m$)^2/(12 \times 1.15$ m$) = 1.1855$ m　　（問題 3.1 の解答参照）

上端のヒンジ，下端のストッパー（シル）とも力のモーメントなしで（回転を拘束せずに）フタを支える。すなわちフタを梁とみれば，単純梁になる。

図—3.6(c) はその単純梁に集中加重として全水圧 P が加わっているという表現方法をとっている。シル（Aとする）とヒンジ（Bとする）にかかる力の反作用が，反力 H_A，H_B であるから，この反力を求めればよい。

B点まわりの外力のモーメントの和がゼロという式から
$H_A = 483$ kgf $\times 0.3855$ m$/0.7$ m $= 266$ kgf $(= 2.61$ kN$)$

A点まわりの外力のモーメントの和がゼロという式から
$H_B = 483$ kgf $\times 0.3145$ m$/0.7$ m $= 217$ kgf $(= 2.13$ kN$)$

検算：$H_A + H_B = 483$ kgf $= P$

[別解] 上と同じくフタを梁と見る。図 -3.2(c) で説明したように，この荷重を深さ毎に梁の横断方向にまとめた「水圧×フタの幅」は，梁に作用する分布荷重の強さになる。今の場合，フタの幅 0.6 m は水深に関わらず一定であるから，水圧 $\gamma \cdot z$ に 0.6 m をかけたものが，z の位置における分布荷重の強さになる。これを示したのが，図—3.6(d) である。

台形の分布加重を三角形と長方形に分けて解く（2つの三角形に分けるやり方もある）。

三角形部分の合力は，大きさが $(0.9-0.48)$ tf/m $\times 0.7$ m$/2 = 0.147$ tf で梁の支点 A から 1/3 の位置にある。

長方形部分の合力は，大きさが 0.48 tf/m $\times 0.7$ m $= 0.336$ tf で梁の中央にある。

B点まわりの外力のモーメントの和がゼロという式から
$H_A = 0.147$ tf $\times (2/3) + 0.336$ tf $\times (1/2) = 0.266$ tf

A点まわりの外力のモーメントの和がゼロという式から
$H_B = 0.147$ tf $\times (1/3) + 0.336$ tf $\times (1/2) = 0.217$ tf

3.1.3　斜めの面に作用する全水圧

図 -3.7 のように，水平から θ だけ傾いた平面図形に作用する全水圧を求める。図は鉛直な平面図形に作用する全水圧を説明した図 -3.2 とよく似ているが，平面図形が傾いた平面上にあるので，計算するための座標 s をこの平面上に取ってある。図からすぐ分かるように，座標 s と水深 z には，

$z = s \cdot \sin\theta$

という関係がある。図のように s 座標を用いれば微少面積 dA は，

$dA = b(s) \cdot ds$

第3章 全水圧

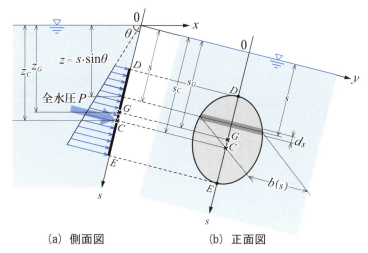

(a) 側面図　　　　(b) 正面図

図-3.7 斜めの面への全水圧

となるから，これらを用いて全水圧 P は

$$P=\int_A p\,dA=\int_A \gamma\cdot z\,dA=\int_A \gamma\cdot s\cdot\sin\theta\,dA=\gamma\cdot\sin\theta\int_A s\,dA$$

これを面が鉛直な場合の式(3.1)と比較してみると，積分の中の変数が z から s になっていること，全体に $\sin\theta$ がかかっていることの2点が異なるだけである。したがって，鉛直な場合と全く同様な変形が可能である。

y 軸に関する断面一次モーメントを S_y，重心の s 座標を s_G，重心の水深を z_G，重心位置における水圧を p_G とすると

$$P=\gamma\cdot\sin\theta\int_A s\,dA=\gamma\cdot\sin\theta\cdot S_y=\gamma\cdot s_G\cdot\sin\theta\cdot A=\gamma\cdot z_G\cdot A=p_G\cdot A \;{}^{*}$$

＊以下の関係を用いて変形
断面一次モーメント
$S_y=\int_A s\,dA$
鉛直な面のところで述べたのと同様に　$S_y=s_G\cdot A$
重心の水深　$z_G=s_G\cdot\sin\theta$
重心位置における水圧
$p_G=\gamma\cdot z_G$

すなわち，3.1.2で述べた，**全水圧＝［重心における水圧］×［面積］**が成り立つ。全水圧の作用点の位置も，鉛直な場合とほとんど同じ手順で導くことが出来る。

結果のみ示す。作用点の位置は，重心よりも

$$s_C-s_G=I_0/(A\cdot s_G)$$

だけ斜め下方にある。この式の形が鉛直な場合の式(3.6)と同じであることに留意せよ。重心の水深 $z_G=s_G\cdot\sin\theta$，作用点の水深 $z_C=s_C\cdot\sin\theta$ を用いて，これを水深で表現すると，

$$z_C-z_G=\sin^2\theta\cdot I_0/(A\cdot z_G)$$

となる。

3.1.4　パスカルの原理

＊Blaise Pascal, 1623–1662, フランス。単位 Pa はこの人に因む

17世紀の偉大な哲学者，数学者，科学者であるパスカル＊は，静止流体の圧力に関して，次のような重要な法則を発見した。

「密閉容器内にある静止流体のある1点で圧力を増加させると，その圧力増加は減じることなくその流体内のすべての点に伝わる。」*これを**パスカルの原理**（Pascal's law）と呼ぶ。

＊棒の両端をFという力で引っ張ると，棒のどの断面でも同じ力が発生する，という現象と似ている。

静止流体の圧力の計算法によって，パスカルの原理を確認してみよう。単位体積重量がγの流体中の任意の2点A，Bの圧力を，p_A, p_Bとし，点Aが点Bよりもhだけ高い位置にあるとすると，2点の圧力の間では

$p_B = p_A + \gamma \cdot h$

という関係が常に成り立つから，点Aの圧力p_AがΔpだけ大きくなると，別の点Bがどこにあろうとそこの圧力p_Bも同じΔpだけ大きくなる。

パスカルの原理は，現在広く用いられている「流体を用いた**力の増幅装置**」の可能性を明らかにした。1ヶ所で圧力を高めてやれば容器内のすべての点の圧力が高くなるので，大きな全圧力を容易に得ることができるのである。

図-3.8(a)の装置には断面積がそれぞれ$A_\text{大}$, $A_\text{小}$である2つのピストンが付いている。2つのピストン面が同じ高さにあり，ピストンの重さは無視できるとする。大きいピストンをFの力，小さいピストンをfの力で押してちょうど釣り合っている時のFとfの関係を見る。

大小のピストン面は同じ高さにあるので，圧力は同じである。これをpとする。大小2つのピストンに加わる全水圧$P_\text{大}$, $P_\text{小}$は，それぞれF, fと釣り合っているから，

$F = P_\text{大} = p \times A_\text{大}$, $f = P_\text{小} = p \times A_\text{小}$

したがって，

$F/f = A_\text{大}/A_\text{小}$ 　　　　　　　　　　　　・・・(3.7)

たとえば大ピストンの面積が小ピストンの100倍であれば，Fはfの100倍，つまり小ピストンを1 kgfの力で押せば，大ピストン上の100 kgの物体を支える，あるいはゆっくり押し上げることができるのである。

梃子（テコ），滑車，歯車（力のモーメントの増幅）など，力を増幅する方

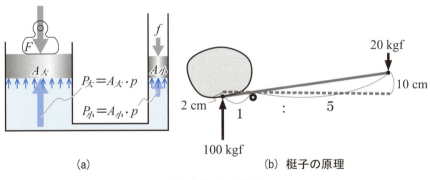

(a) 　　　　　　　　　　(b) 梃子の原理

図-3.8 力の増幅

法は他にも色々ある。これらの装置を用いると，力を大きくすることは簡単にできるのだが，そのとき，エネルギーは増えないことに注意しよう。たとえば，支点からの距離が 1：5 のテコを用いて，力を 5 倍にして石を持ち上げる場合を考える（図−3.8(b)）。テコに加える力が 20 kgf のとき，石に加わる力は 100 kgf である。棒を 10 cm 押し下げと，石は 2 cm 持ち上がる。仕事は，〔力〕×〔力の方向に進んだ距離〕で求まるから，棒が石にした仕事，つまり与えたエネルギーは，100 kgf × 2 cm = 200 kgf·cm であり，手の力が棒にした仕事 20 kgf × 10 cm = 200 kgf·cm と同じである。

これは液体を使った力の増幅装置でも同じである。図−3.8(a) の大ピストンに物体を載せてゆっくり押し上げているとしよう。非圧縮性を仮定すれば，小ピストンから押し出された液体の量は，そのまま大ピストンが移動した後方の体積を満たすから，小ピストンの進んだ距離を $d_小$，大ピストンの進んだ距離を $d_大$ とすると，

$$d_小 \times A_小 = d_大 \times A_大$$

これと式(3.7)から，

$$f \times d_小 = f \times (d_大 \times A_大 / A_小) = (f \times A_大 / A_小) \times d_大 = F \times d_大$$

〔f が小ピストンにした仕事〕は〔$P_大 = F$ が物体にした仕事〕に等しい*。

＊2つのピストン面の高さが違う場合は，液体の位置エネルギーの変化量を計算に入れる必要がある。

3.2 曲面図形に作用する全水圧

3.2.1 水圧ベクトルの図示

最初に，曲面に作用する静水圧をできるだけ正確に図示する練習を行う。図の扱いはすべて二次元的である。

図−3.9 を用いて静水圧ベクトルの矢印を描くための作図を説明しよう。まず，静水圧の二つの性質を思い出してもらいたい。

Ⅰ　静水圧は，水深に比例した強さを持ち，

Ⅱ　作用する面を垂直に押す。

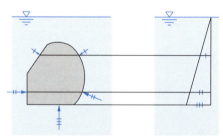
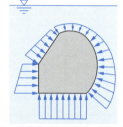

(a) 水圧を表す矢印の例　(b) 水深に比例する長さを作って図aに持っていく　(c) 適当な数の矢印を描き，始点を線で結ぶ

図-3.9 水圧の作図

性質Ⅰを表すため，矢印の長さを水深に比例させる。それには，水深に比例した長さを作り（図 (b)），この長さを，図 (a) の同じ深さの点に持って行けば良い。性質Ⅱから，面に垂直に矢印の方向を取り，面に向かう矢印を描く。図 (a)，(b) に 5 つの点の例を示す。これを適当な間隔で描いたのが図 (c) である。矢印の始点を線でつないで見やすくしてある。

3.2.2 全水圧の計算

準備が出来たところで，曲面に作用する全水圧の計算について考えよう。

図 −3.10(a) の水槽の，手前の壁に作用する全水圧を考える。同図 (b) は水槽の壁と底にかかる静水圧（ベクトル）を矢印で描いた図である。矢印の長さは水圧の強さに比例している。このうち壁の部分を取り出した同図 (c) には，壁への全水圧 P を記入してある。いま求めたいのはこの全水圧である*。

全水圧を計算で求めるには，同図 (d) で濃く示した水の塊に作用する外力の釣り合いを考えればよい*。この水塊に作用する外力は，①左の水から受ける全水圧 H，②自分の重さ W，③曲面（水槽の壁）への全水圧の反作用，の 3 つである。

①は，作用する面が長方形であるから，簡単に計算することができる。
②は，考えている水塊の体積が計算できれば求まる。
③は，いま求めようとしている「水が曲面（壁）に加える全水圧」の反作用である。作用と反作用は，向きが逆なだけであるから，これをそのまま曲面に作用する静水圧の全水圧と同じ P で表現してある。

さて③を求めるのに，これを x 方向，z 方向の 2 成分 P_x，P_z に分けて表示したのが同図 (e) である。$P_x=H$，$P_z=W$ となるのは，この図から一目瞭然である。結局①と②が分かれば P を求めることができる。①の H は簡単

*静水圧の分布を表す矢印を見ながら，その合計となる矢印を直感で描けば，当たらずといえども遠からぬ全水圧（ベクトル）の矢印を描くことが出来る。人間の感覚はかなり正確なので，全水圧の位置や方向が計算できる場合には，その計算のチェックに使える。

*水塊は計算に都合がいいように取る。水塊の左面を鉛直に取れば，この面に作用する隣の水からの外力は水平になり鉛直成分を含まない。

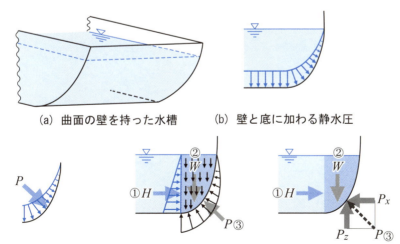

(a) 曲面の壁を持った水槽　(b) 壁と底に加わる静水圧

(c) 壁に加わる静水圧とその合力（全水圧）P　(d) 濃く塗った水塊への外力　(e) P を P_x，P_z に分ける

図-3.10　曲面への全水圧

に求まる。②の W については曲面形が関数で与えられれば，W とその作用線の位置は積分で表示できる。積分が実行できれば，W が，したがって P とその作用線の位置が求まる。

3.2.3 ラジアルゲート

ダムや取水堰などで放流量を調節する施設がゲート(gate)である。ゲートには上下にスライドするもの，ヒンジで回転するものなどがある。ここでは，水を止める面(扉体)が円筒の一部からなる，回転式のラジアルゲート(radial gate，テンターゲート Tainter gate)について調べる(写真−3.1)*。

* Jeremiah B. Tainter (1836−1920, アメリカ) この形式のゲートの発明者。

ラジアルゲートは，ゲート面である円筒の中心軸回りの回転によって開閉を行う(図−3.11)。

静水圧は作用面に垂直に作用し，円弧への垂線は円の中心を通るから，静水圧のベクトルはすべて，円の中心(すなわち回転軸)を通る。したがって，ラジアルゲートの全水圧の作用線は回転軸を通る*。

写真-3.1 ラジアルゲート

* 2つの力の作用線が交わる点を，その合力の作用線も通る(図−3.12)。これを繰り返すと，たくさんの力の作用線が1点で交わるとき，その合力の作用線もその点を通ることが分かる。

そのため全水圧による回転軸回りのモーメントはいつでもゼロである。つまり水位に関わらず，いつでも全水圧はゲートを開閉させるようなモーメントを発生しない。これは操作上便利な性質である。ラジアルゲートは自重で閉まり，開くにはゲートの重さ分だけの力で引き上げてやればよい。

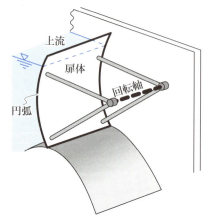

図-3.11 ラジアルゲート

例題 3.3 図−3.13(a)に示すラジアルゲート(直径 4 m，幅 3 m)に作用する全水圧の大きさ P と，ゲート面上の作用点の水深 z_C を求めよ。

解答 ゲートに作用する全水圧を直接求めるのではなく，その反作用，すなわちゲートが水に加える力を計算する。図(b)で濃く塗った水塊に作用する外力の釣り合いを考える。

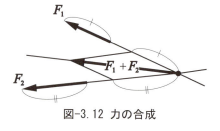

図-3.12 力の合成

●この水塊に作用する外力は前と同様に，①左の水から受ける全水圧 H，②自分の重さ W，③ラジアルゲートから受ける力 P，の3つである。ラジア

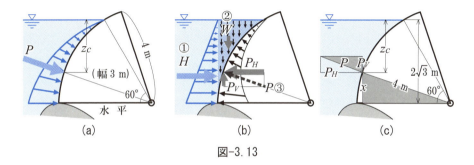

図-3.13

ルゲートからの力を水平方向成分 P_H, 鉛直方向成分 P_V に分けると, $P_H = H$, $P_V = W$ であるから, H と W を求めればいい.

$H = [(2\sqrt{3}\,\text{m}/2) \times 1\,\text{tf/m}^3] \times (2\sqrt{3}\,\text{m} \times 3\,\text{m}) = 18\,\text{tf} = 176\,\text{kN}^*$

$W = [(2\,\text{m} + 4\,\text{m}) \times 2\sqrt{3}\,\text{m}/2 - \pi \times (4\,\text{m})^2 \times 60°/360°] \times 3\,\text{m} \times 1\,\text{tf/m}^3$
$= 6.044\,\text{tf} = 59.2\,\text{kN}^*$

$P = \sqrt{(P_H^2 + P_V^2)} = \sqrt{(H^2 + W^2)} = 18.99\,\text{tf} = 186\,\text{kN}$

●図(c)でグレーに塗った二つの直角三角形—片方はゲートの半径を含む幾何学的な三角形, もう一方は力の三角形—は, 相似である. したがって, $x/4\,\text{m} = P_V/P$. 作用点の水深 z_C は $2\sqrt{3}\,\text{m} - x$ だから,

$z_C = 2\sqrt{3}\,\text{m} - 4\,\text{m} \times (6.044\,\text{tf}/18.99\,\text{tf}) = 2.19\,\text{m}$

例題 3.4 図-3.14(a)のラジアルゲートに作用する全水圧の大きさ P と, ゲート面上の作用点の水深 z_C を求めよ*.

解答 濃く塗った水塊に作用する外力の釣り合いを考える. 水塊に作用する外力が前題よりも一つ多いことに注意せよ*. 前題と同様に, ゲートに作用する全水圧の反作用, すなわちゲートが水に加える力を求める. H と W は前題と同じ, $P_H = H$ となることも同じである. 異なるのは, $P_V = -W$ ではなく, $P_V = -W + P_底$ となる点である.

底の水深が $2\sqrt{3}\,\text{m}$, 面積は $2\,\text{m} \times 3\,\text{m}$ だから

$P_V = -W + P_底 = -6.044\,\text{tf} + (2\sqrt{3}\,\text{m} \times 1\,\text{tf/m}^3 \times 2\,\text{m} \times 3\,\text{m}) = 14.74\,\text{tf}$
$= 144\,\text{kN}$

$P = \sqrt{(P_H^2 + P_V^2)} = 23.27\,\text{tf} = 228\,\text{kN}$

* $2\sqrt{3}\,\text{m}$ は左の境界をなす長方形の高さ. $2\sqrt{3}\,\text{m}/2$ はその長方形の重心の深さ. それに $\gamma = 1\,\text{tf/m}^3$ をかけて, [ ] 内は重心位置の圧力. さらに面積 $2\sqrt{3}\,\text{m} \times 3\,\text{m}$ をかけると全水圧.

* [ ] 内は水塊の側面の面積 (台形の面積 − 扇形の面積). それに幅 $3\,\text{m}$ をかけて水塊の体積, それに γ をかけると水塊の重さ.

* 二つの例題は, 簡単のため, ゲート面の鉛直部がちょうど計算の最上部または最下部になるように取ってある.

* 前題の外力が1つ少ないのは, 水面の圧力がゼロだからである.

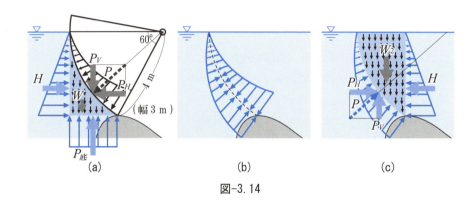

図-3.14

$z_C = 4\,\text{m} \times (14.74\,\text{tf}/23.27\,\text{tf}) = 2.53\,\text{m}$

[別解] 図(a)と(b)を較べる。図(b)は仮想的にゲートを取り払い，水が続いていると仮定した状況を示している。この図ではゲートのあった位置を点線で示し，点線の左右の水が点線の反対側の水に加える圧力を図示してある。左の水が右側の仮想の水に加える圧力は，図(a)で，左の水がゲート面に加える圧力（図には描いてない）とまったく同じである。**静水圧は水深と面の向きで決まり，相手がどのような物体であるかによらない**からである。したがって，図(c)で濃く塗った仮想の水塊に作用する外力の釣り合いから，ゲートに加わる全水圧 P を求めることができる。こうすると，前の例題と同様に水塊に加わる3つの力の釣り合いを考えればよい。

$P_H = H$ は先程と同じである。

$P_V = W_2 = \{\pi \times (4\,\text{m})^2 \times 60°/360° - 2\,\text{m} \times 2\sqrt{3}\,\text{m}/2\} \times 3\,\text{m} \times 1\,\text{tf}/\text{m}^3$
$= 14.74\,\text{tf} = 144\,\text{kN}\,^*$

*60°の扇形から，右の三角形をひいた面積にゲート幅をかけて水塊の体積を求めている。

3.3 浮　　力

王冠を疵付けずに，それが純金であるかどうかを調べるよう，王様に頼まれたアルキメデス（Archimedes ギリシャ，前287-212）が，公衆浴場で湯船に入ったときにその方法を思いつき裸で町に飛び出したという言い伝えはあまりにも有名である。そのときアルキメデスが思いついたのが，浮力を利用した測定法であったという。

3.3.1 アルキメデスの原理

「流体中にある物体には，その物体が押しのけた流体の重さに等しい**浮力**（buoyancy）が働く」ことを，**アルキメデスの原理**という。

アルキメデスの原理は水のみでなく，全ての流体（液体と気体）で成り立つ。たとえば，空気中にある物体はその物体と同体積の空気の重さに等しい浮力を受ける。我々が受ける空気の浮力は，自分の重さの千分の一ていどしかないので実感出来ないが，風船や飛行船は空気の浮力によって浮く。

アルキメデスの原理を，前項の最後例題3.4の別解で説明した考え方「静水圧は水深と面の向きで決まり，相手がどのような物体であるかによらない」を用いて説明しよう。

図-3.15(a)に，水中の物体，および水に浮かんだ物体に作用している静水圧，およびその合力（全水圧）を示している。

同図(b)は，物体が置かれる前に戻って，物体に押しのけられた水塊を濃く塗りつぶして示し，その水塊に作用している，回りの水からの静水圧を示し

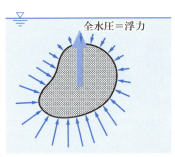
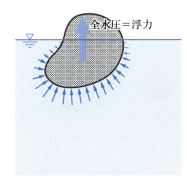

(a) 水中の物体に作用する水圧の合力

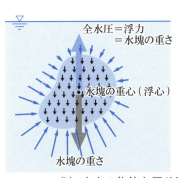
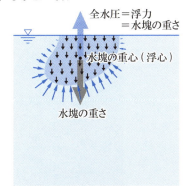

(b) 水中の物体と同じ形状の水塊に作用する浮力と重力

図-3.15 アルキメデスの原理

ている。
静水圧は水圧を加える相手によらないから，(a), (b)両図で全く同じである。

図(b)の濃く塗った水塊に作用している外力は，静水圧と水塊自身の重力のみである。水塊は静止しているので，全水圧は水塊の重力と釣り合っている。すなわち，全水圧は鉛直上方を向き，大きさは水塊の重さと同じ，その作用線は水塊の重心を通る。これがこの水塊に作用している浮力である。図(a)と図(b)の静水圧は全く同じ，すなわち水塊への浮力と物体への浮力は同じであるから，上記アルキメデスの原理が成り立つことが分かる。

水の**浮力は静水圧の合力であり，その大きさは物体の水面下体積分の水の重さと等しく，その作用線は水面下部分の立体の幾何学的重心（図心）を通る。**
物体の水面下部分の幾何学的重心を**浮心**と呼ぶ。

3.3.2 浮体の安定

> **安定性の概念**
>
> ある平衡状態は，それが少しだけ乱されたとき，乱れが自然に収まれば安定，乱れが増大していけば不安定であるという。自然界には必ず乱れがあることを忘れてはならない。
>
> 図－3.16(a)，(b)はいずれもボールに作用する外力（重力と床の抗力）が釣り合って静止している，つまり平衡状態にあるが，(a)は安定，(b)は不安定であることは一目瞭然である。
> もうひとつ例を挙げておこう。天気予報で大気が不安定であるというのは，地上付近の空気塊が何らか

のきっかけで少し持ち上げられたとき，この空気塊がどんどん上昇し続けるような大気の温度分布になっていることを指す。

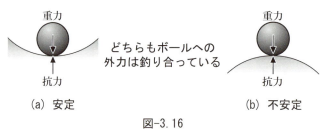

図-3.16

なぜ土木で船なのか

たとえば橋脚を水中に建てるときの基礎に用いるケーソン（caisson, 鋼あるいはコンクリート製の函）を陸上やドックで造り，水に浮かべて所定の場所まで曳航して行って沈める方法がある（写真-3.2）。また，海上で使う工事用の浮体もある。船そのものではなくても，浮体を土木工事で使うことがあるので，その安定性が水理学のテーマになる。

写真-3.2　曳航される南備讃瀬戸大橋アンカレッジのケーソン

図-3.17(a) に示す左右対称の船について考えよう。図の太線は船体が水面に接している喫水線で，これに囲まれた面を**水線面**という。水線面の重心（浮面心と呼ぶ）を原点 O に取り，xyz 座標を図のように取る。この座標は

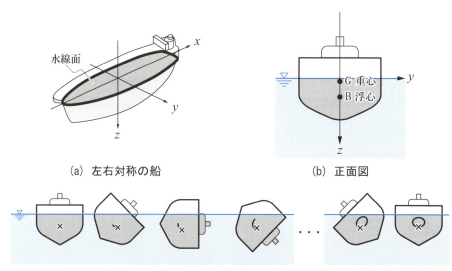

(a) 左右対称の船　　(b) 正面図

(c) 船が一回転した時の浮心の軌跡

図-3.17　浮心

船に固定されている。船の正面図（図b）には，船の力学的な重心Gと浮心Bを示してある*。船が直立しているとき，船に作用している二つの外力，重力と浮力は大きさが同じで同一作用線上にあり，釣り合っている。

船が傾くと浮心が移動する。完全に密封した船を図-3.17(c)のように横方向に360°回転させたと考える。排水容量（水面下部分の体積）は変化しないが，水面下部分の位置は，図のように船の中を移動し，それに伴って浮心（水面下部分の幾何学的重心）も移動する。正面から見た浮心は，船の中で楕円に似た形の軌跡を描く。これを**浮心軌跡**という。さらに，前後・左右・斜めと，すべての可能な方向に船を傾けたときの浮心を集めると，卵に似た形の閉じた曲面 — 浮心曲面 — ができる。浮心と重心の位置関係で安定性が決まる。

船が傾いたとき，浮力と重力は大きさが同じで向きが逆，作用線が異なる二つの力，すなわち船を回転させる偶力を構成する。この偶力のモーメントの向きを調べて船の安定性を判別する。

まず，重心Gが浮心Bよりも下にあるときは，計算するまでもなく安定である。自分で図を描いて確認してみるとよい。

多くの場合，船の重心は浮心よりも上にあるので安定性の計算が必要になる。微小角θだけ傾いたときの浮心をB'，傾いたときの浮力の作用線（B'を通る鉛直線）が船の中心線と交わる点をMとする*。Mを**メタセンタ**（あるいは**傾心**）と呼ぶ。

図-3.18(a)，(b)で分かるように，力学的重心GがメタセンタMより下にあれば，偶力のモーメントは船を元に戻そうとするから（正の復原モーメント）安定であり，逆なら傾きをさらに大きくしようとするから不安定である。

浮心は水面下の立体図形の重心（図心）である。平面図形の場合と同様に，〔体積の一次モーメント〕＝〔体積〕×〔幾何学的重心の座標〕という関係があるので，これを用いて浮心の座標を求める*。重心の座標も，一次モーメントも三次元ベクトルであるが，ここではy成分について調べる。これは，船

*これまで「重心」という用語を幾何学的な「図心」の意味で用いてきた。ここの重心Gだけは，元々力学的な意味で用いているので注意せよ。均一な物体なら，幾何学的な重心（図心）と力学的な意味での重心（重力の中心）は一致する。船は鉄の部分，木の部分，空洞（空気）などから構成されており，船内の密度が一様でないため，力学的な重心と幾何学的な重心（図心）は一般に異なる。

*安定性の検討は，まず小さな乱れに対して行う。微小な角度で安定性を確かめた後，大きく傾いたときの安定性が問題になるが，ここでは扱わない。

*構造力学で学んだ，梁の断面一次モーメントと断面の重心の関係と同じである。

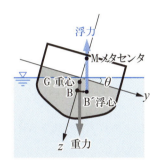   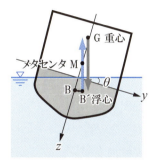

(a) 安定：メタセンタMが重心Gより上　　(b) 不安定：メタセンタMが重心Gより下

図-3.18 メタセンタ

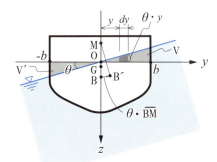

のx軸（前後軸）まわりの回転を考えていること*，またθが微小なので浮心のy座標のみが船を回転させる力のモーメントに関わるためである。

*排水容積一定のまま，船が微少角だけ傾くとき，浮面心Oを通る軸（この場合x軸）が回転の中心になることが分かっている（オイラーの定理）。

船が傾くとV'が水面下から消え，代わりに同じ体積のVが水面下に加わる（図−3.19）。
水面下部分の体積の，原点に関する一次モーメントのy成分をM_yとする。水面下に付け加わった体積Vのうち，$y \sim y+dy$部分の微少体積は
$l(y) \times \theta \cdot y \times dy$である。
この微少体積のOに関する一次モーメントのy成分は，

$y \times (l(y) \times \theta \cdot y \times dy)$
$= \theta \times l(y) \times y^2 \times dy$

となる。これが，この微少体積のM_yの増加への寄与量である。これを水線面の端から端まで（$y = -b \sim +b$）足し合わせてやると，傾いたことによるM_yの増加量が次式のように求まる*。

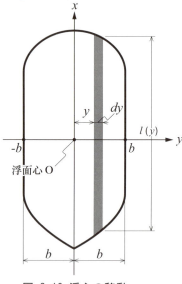

図-3.19 浮心の移動

*水面下から消えた部分V'については，$y<0$である。$y \times (l(y) \times \theta \cdot y \times dy)$の式の中の最初のyが負であることは，左側にある体積（V'部分）は一次モーメントを減らすことを意味し，二つ目のyが負であることは体積がマイナス，つまり体積が減少することを意味する。両者の積は正になって，結局左側で体積が減った分も，体積の一次モーメントの増加になる。

$$\int_{-b}^{+b} \theta \cdot l(y) \cdot y^2 \cdot dy = \theta \cdot \int_{-b}^{+b} l(y) \cdot y^2 \, dy = \theta \cdot I_x$$

積分$\int_{-b}^{+b} l(y) \cdot y^2 \, dy$は，**水線面の$x$軸に関する断面二次モーメント$I_x$**である。

船が水平なとき，浮心はz軸上にあってそのy座標はゼロ，すなわち原点に関する体積の一次モーメントのy方向成分M_yはゼロであったから，上式で表される増加分が，そのまま傾いたときのM_yとなる。すなわち

$M_y = \theta \cdot I_x$

一方，浮心のy座標はほぼ$\overline{BB'}$であるから，V_Wを排水容積（水中体積，水面下部分の体積）とすると

$M_y \approx V_W \times \overline{BB'}$

また，図−3.19から

$\overline{BB'} \approx \theta \cdot \overline{BM}$

*このあと判定式に用いる断面二次モーメントI_xの軸が，傾きの回転軸（x軸）と同じであることに注意。

上の3つの式から，浮心Bから上向きに測ったメタセンタの高さ$\overline{BM}$は

$\overline{BM} = I_x / V_W$

浮心Bから上向きに測った力学的重心Gの高さ$\overline{BG}$をaと置くと，

$\overline{\mathrm{GM}} = \overline{\mathrm{BM}} - \overline{\mathrm{BG}}$ だから

$h = I_x/V_W - a$ で定義される h は，〔メタセンタの高さ〕−〔重心の高さ〕になる。

$h > 0$ ならメタセンタ M が重心 G よりも上にあって船は横回転に対して安定である。

判定式　$h = I_x/V_W - a$　　$h > 0$：安定　　$h < 0$：不安定
ただし，I_x：水線面の断面二次モーメント，V_W：水中体積， 　　　　a：浮体の重心高さ − 浮心高さ

*h が大きいほど，復原モーメントは大きくなり船の安定性は増す。ただし，大きな復原モーメントが乗り心地に良いとは限らない。

上記寸法の関係を，図−3.20 に改めて示す。

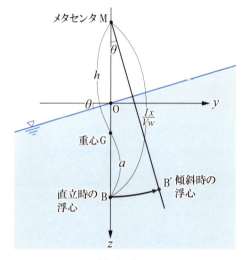

図-3.20　M, G, B の位置関係

横方向の傾きについて安定性を調べたのは，この方向がもっとも厳しいからである。常識的に考えても，公園の手漕ぎボートがひっくり返るのは横方向であって，前後方向にひっくり返ることを心配する人はいない。これを判定式で見ると以下のようになる。

判定式では，I が小さいと h が小さくなり，安定性が下がる。したがって，水線面上で，重心（図心）を通るすべての方向の軸に関する I のうちで最小のものについて調べねばならない。

断面二次モーメントはテンソルであって，断面内で軸を回転させたときの値の変化には法則性がある。対称軸を持つ断面については，対称軸とそれに垂直な軸に関する断面二次モーメントが最大と最小になることが分かっている。この場合 x 軸は対称軸であるから I_x, I_y のどちらかが最大，もう一つが最小になる。構造力学を勉強した人は直感的に I_x が I_y よりも小さいことが分かるであろう。つまり，I_x が最小の断面二次モーメントなのでこれを用いて安定性を調べたのである*。

*長方形断面の梁が，横にした方が縦に使うより大きく撓むのも，I の大きさの問題である。

[例題] 3.5　比重が 0.8 の均一な物質で，底面が 3 m × 8 m，高さが 4 m の

直方体の浮体を造った。この浮体を淡水に浮かべたときの安定性を判定せよ。

[解答] 比重が 0.8 なので，浮体の重さは自身の 0.8 倍の体積を持つ水の重さと同じである。つまり，水中体積 V_W は全体積の 0.8 倍である。

$$V_W = 3\,\text{m} \times 8\,\text{m} \times 4\,\text{m} \times 0.8 = 76.8\,\text{m}^3$$

直方体なので喫水の深さ（底から水面までの鉛直距離）が全高の 0.8 倍になるから，水中部分の幾何学的重心すなわち浮心は，底から
$4\,\text{m} \times 0.8/2 = 1.6\,\text{m}$ の高さになる。また，浮体は均一な物質で出来ているので，浮体全体の力学的重心の底からの高さは $4\,\text{m}/2 = 2\,\text{m}$ である。

$$a = 2\,\text{m} - 1.6\,\text{m} = 0.4\,\text{m}$$

水線面は $3\,\text{m} \times 8\,\text{m}$ の長方形であるから，最小の断面二次モーメント I_x は

$$I_x = 8\,\text{m} \times (3\,\text{m})^3/12 = 18\,\text{m}^4$$

$$\therefore\quad h = I_x/V_W - a = 18\,\text{m}^4/76.8\,\text{m}^3 - 0.4\,\text{m} = -0.166\,\text{m} < 0$$

h が負なので浮体は不安定である。

問題 3.2 底面が $5\,\text{m} \times 4\,\text{m}$，高さが $3\,\text{m}$ の直方体の浮体を造った。この浮体の重さは 50 tf で，質量分布は水平方向には一様であるが，上下方向には一様でない。重心の位置は底から $1.6\,\text{m}$ の高さにあった。この浮体を淡水に浮かべたときの安定性を判定せよ。

[解答] 浮体の重さが 50 tf だから，水面下体積は $50\,\text{m}^3$ である。これを底面積で割ると喫水の深さが得られる。$50\,\text{m}^3/(5\,\text{m} \times 4\,\text{m}) = 2.5\,\text{m}$。底から浮心までの高さはこの半分の $1.25\,\text{m}$。

$$a = 1.6\,\text{m} - 1.25\,\text{m} = 0.35\,\text{m}$$
$$I_x = 5\,\text{m} \times (4\,\text{m})^3/12 = 26.7\,\text{m}^4$$
$$\therefore\quad h = I_x/V_W - a = 26.7\,\text{m}^4/50\,\text{m}^3 - 0.35\,\text{m} = +0.183\,\text{m} > 0$$

h が正なので，この浮体は安定である。

第2編 動水力学の基本 —動く水の扱い—

第4章 流れの運動学

- 時間的に変化しない流れを**定常流**，変化する流れを非定常流という。

- 水は**非圧縮性**であるとする。したがって，圧力によって密度が変化しない。

- 水理学では，単位時間に断面を通過する体積を流量 Q とする(**体積流量**)。
  $Q = A \cdot V$　　　A：流水断面積，　V：平均流速

- ある瞬間の各点の流れの方向を連ねた線が**流線**である。定常流では水の粒子は流線上を流れる。
  ・流線で囲まれた管が**流管**である。流れは流管の壁を通過しない。

- **連続方程式**は流体の質量保存則を表す。定常流の連続方程式は，流れに沿って
  $A \cdot V =$ 一定

- これまでニュートンの運動方程式で用いてきた方法，粒子の位置を時間の関数として記述する方法は**ラグランジュ的**であると言う。これに対し，流体の運動は普通，「指定した時間に指定した位置を通過する粒子の速度」を変数とする**オイラー的**見方で記述する。
  　一次元の非定常流の速度は
  　$V = V(x, t)$
  ・局所加速度と移流加速度の和である全加速度 DV/Dt が，水の粒子の実際の加速度を表す。
  　$DV/Dt = \partial V/\partial t + V \cdot \partial V/\partial x$

- 水の要素の動きを，剛体的運動【①並進 + ②回転】と変形【③膨張 + ④ずれ】に分ける。
  　二次元定常流で
  　①並進速度：　各点の速度そのものである。
  　②回転の角速度：　　$(\partial v_y/\partial x - \partial v_x/\partial y)/2$
  　③体積ひずみ速度：　$(\partial v_x/\partial x) + (\partial v_y/\partial y)$・・・非圧縮性ならゼロ
  　④せん断ひずみ速度：$\partial v_y/\partial x + \partial v_x/\partial y$

- 角速度の2倍，$(\partial v_y/\partial x - \partial v_x/\partial y)$ を渦度という。渦度を持つ流れが**渦あり流れ**である。
  「水理学的に渦なし」の円運動や，「水理学的に渦あり」の直進運動が存在する。

第4章 流れの運動学

水理学で我々が学ぶのは、水の力学である。第2章、第3章で、静止した水についての力学（静力学、statics）を学んだ。さらに土木工学では水道や河川などを扱うため、第5章で動いている水の力学を学ぶ。

この章では、その準備として**運動学**（kinematics）について述べる。たとえば「時速5 km/hで2時間歩けば10 km進む」、あるいは「速度を時間で微分したものが加速度である」などは動く物体についての記述であるが、これらは力とは無関係な、運動そのものが持つ性質である。運動自体の性質について調べるのが運動学である。

諸君はニュートン力学で、最初に質点、つづいて剛体の運動について学んだ。質点は質量がある一点に集中して存在していると想定した物体であり、剛体は大きさと質量を持ち、かつ全く変形しないと想定した物体である。続いて、変形する物体 － 弾性体など － を考えた。このとき、まずは物体をマクロに見てその内部は連続的であるとした。つまり**連続体**として扱った。

共に「変形する連続体」であるが、水や空気など流体の変形と、鉄やコンクリートのような固体の変形とは決定的に異なる。固体の変形がそれほど大きくないのに対して、流体は限りなく変形するのである。流体は大変形する連続体である*。

*固体の場合、変形がある限界を超えると壊れる。あるいは、壊れたとみなされる。

4.1 基本事項

(1) 開水路と管路

流れには川のように水面がある流れと、水道管のように水面のない流れがある。

前者を**開水路**の流れ、後者を**管路**の流れという。

(2) 定常流と非定常流

流れを観測するとき、任意に場所を選び、そこを次々と通過していく水を観測することにする*。場所によって流れの状況が異なるかも知れないが、それぞれの場所では流れの状況 － 流速や水深 － が時間の経過によって変化しないとき、この流れを**定常流**または**定流**（steady flow）という。これに対し、ある場所での流れの状況が時間とともに変化する流れを、**非定常流**または**不定流**（unsteady flow）という。たとえば波は非定常流である。また、ふだんの川の流れは定常流として扱うが、急激な増水があった場合や、ゲート操作をした直後の下流などでは非定常流の扱いが必要になることがある*。

*この観測法については、後ほど4.3節で詳述する。

*本書では、非定常流はほとんど扱わない。

(3) 流れの一次元的扱い

川をじっと見ていると、流れは単純に上流から下流に向かうだけでな

く，渦を巻いたり潜ったり岸向きに流れたりしていることに気がつく。しかし，我々は上流から下流に向かう主たる流れ—**主流**—についてのみ扱うこととする*。扱う流れを主流の方向に限っても，断面内で流れの速さ — **流速**（flow velocity）— は必ずしも同じではない。そこでまずは，断面内の速さを平均した**平均流速**（mean velocity）を用いることにする。これで，水の流れを**一次元的**に扱うことが可能になる。

*主流に垂直な方向の流れを二次流とよぶ。

本書では原則として，ある点の流速を小文字の v で，平均流速を大文字の V で表す。

(4) 非圧縮性

我々は，圧力による水の体積変化を考えない。すなわち水は**非圧縮性流体**（incompressible fluid）であると仮定する。

流体の中で，気体と液体の大きな違いの一つが圧縮性である。ボイルの法則によると，温度一定で圧力が1気圧から2気圧になると空気の体積は半分になる*。これに対し，同じ1気圧から2気圧への圧力増加によって，常温の水の体積は2万分の1ほどしか減少しない。したがって，水理学では一般に水を非圧縮性，つまり密度が圧力によらず一定であると仮定する*。

*大気から水面下10 mまで潜ったときの圧力変化である。

*水の密度が $1\,000\text{ kg/m}^3$ であることは 2.2.3 (3) で説明した。

誤解のないように言っておくと，圧縮性とするか非圧縮性とするかは扱う問題による。あまり速くなければ空気の流れも圧縮性を考慮しなくていいし，水撃作用を調べる場合には水を圧縮性流体として扱う。

水力発電と水撃作用

音は圧縮波（疎密波）なので，水中の音は水の圧縮性によって伝わる。

水中の音速は $\sqrt{K/\rho} \fallingdotseq 1\,500\text{ m/s}$ で，空中の4.5倍ていどである（K：体積弾性率，ρ：密度）。

水力発電所で発電を急に止めると，管の中を流れてきた水が急停止させられる弁で水圧が急上昇する（**水撃圧**）。この水圧は管の中を音速に近い速さで伝わり，管の上流端，下流端（弁）で急変化して反射することを繰り返す。この水撃作用によって鉄管が破壊されるおそれがある。これを弁の操作とサージタンク（surge tank）で緩和する。前進を止められた水がサージタンクの中を上昇することによって大きな水圧上昇が回避される。川の上流域にある水力発電所の上方に長い円筒形のタンクが建っていたら，それはきっとサージタンクである（**写真 −4.1**）。

ちなみに，火力発電や原子力発電では，発電を開始するのに何時間，あるいは何日もかかるし，発電を止めると大きなエネルギーロスが生じる。瞬時に（数分で）エネルギーロスなしで発電の開始，停止ができる水力発電は，電力使用量の時間的変動に強い。水を下池と上池の間でやり取りすることによって，電気エネルギーを水の位置エネルギーとして蓄えることができる**揚水発電所**は，電力使用量の日変動（主に昼と夜の違い）に対応するために造られてきた。最近では，太陽光発電の変動に対応する運用も行われている。

写真 -4.1 矢作川の揚水発電所。2つのサージタンクが見える。（中部電力提供）

(5) 流量

ある断面を単位時間に通過する水の量を**流量**(rate of discharge)という。物体の量としては質量が本質的であるが，水理学で流量を表すときには質量でなく，体積を用いる。両者を区別するときには，それぞれ質量流量，体積流量と呼ぶ。

水理学で単に流量といえば，体積流量のことを指す。流量を Q で表す。

体積流量は，単位時間に面積 A の断面 A を通過する水の体積であるから，次のように計算できる(図 −4.1)*。

*断面は流れに垂直にとる。流れの断面積，流水断面積を流積と呼ぶ。

水の速さが断面内のどこでも同じ V であるとする(図(a))。短い時間 Δt の間に水は $V \cdot \Delta t$ だけ進む。つまり，$A \cdot V \cdot \Delta t$ の体積の水が断面を通過する。これを Δt で割った $A \cdot V$ が単位時間あたりに断面を通過する水の体積，すなわち流量になる。場所によって水の速さが異なる場合は，平均流速を用いればよい(図(b))。

$$Q = A \cdot V \qquad 〔流量〕=〔流水断面積〕×〔平均流速〕$$

〔平均流速〕を〔流量〕/〔流水断面積〕で定義する，としても良い。

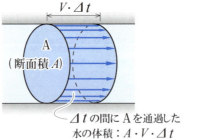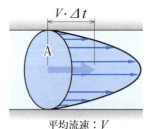

(a) 流速が断面内で一定　　(b) 流速が断面内で変化する場合

図-4.1　$Q = A \cdot V$

(6) 流線と流管

ある瞬間の流れの方向を連ねた線を**流線**(streamline)という(図 −4.2)*。流線は必ずしも一つの水の粒子の動きを表さない。一つの水の粒子の軌跡を表す線は**流跡線**(path line)と呼ばれる。

*別の言い方をすれば，各点の接線が，ある瞬間のそこの流れの方向になるような曲線が流線である。

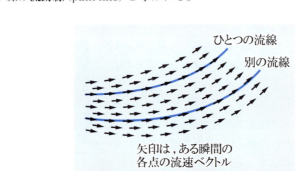

図-4.2 流線

非定常流では，流れが，したがって流線が時間と共に変化する。水の粒子は，ある瞬間にそのときの流線に沿って動くが，次の瞬間には変化した別の流線に沿って動くことになる。つまり，流線と流跡線は一般的に異なる。たとえば図−4.3は，非定常な流れである「波」の流線と流跡線である。

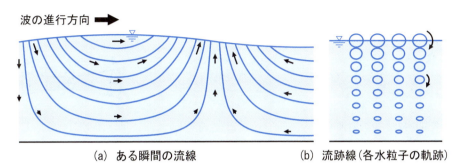

(a) ある瞬間の流線　　(b) 流跡線（各水粒子の軌跡）
図-4.3 非定常流の流線と流跡線（波の一例）

流れが時間的に変化しない**定常流**では，**流線と流跡線は一致**し，水の粒子は変化しない流線上を流れていく。

煙突から出た煙を撮った写真に写っている煙の線を，流脈線（streak line）という。ある決まった点（煙突の出口）を次々と通過する空気の粒子全体の，ある瞬間の位置をつないだ線である。流線，流跡線，流脈線は非定常流では一般に異なるが，定常流では一致する。

定常的な流れを調べるときに用いる**流管**（stream tube）という概念がある。流管とは，流れのある断面内に一つの閉曲線を描き，その閉曲線を通るすべての流線から作った仮想的な管である（図—4.4）。流管は水道管のように，中を水が流れる管だと思ってもいいが，断面の大きさ，形を自由に設定できる。実際の管壁も流管の一つであると言える。流管の重要な性質は，流管の壁を通って水が出入りしないことである。

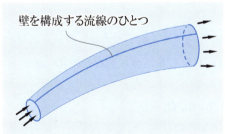

図-4.4 流管：壁が流線で作られた管

4.2 連続方程式

連続方程式（equation of continuity，連続の式）は，限りなく変形する連続

体である流体の量的整合性を保証するための式である。非常に重要な式であるが，内容は単純明快で，「ある空間に入ってくる水の量から，出て行く水の量を引くと，そこに貯まる水の量になる」という意味を持つ。これを単位時間あたりで表現すると，「ある空間に入る流量から出る流量を引くと，この空間内の水が増える速さになる」という意味の次式になる（図 −4.5(a)）。

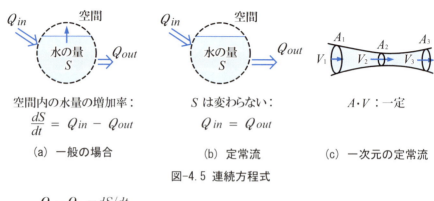

(a) 一般の場合　　　　(b) 定常流　　　　(c) 一次元の定常流

図-4.5 連続方程式

$Q_{in} - Q_{out} = dS/dt$

ただし，Q_{in}：空間に入る流量，Q_{out}：空間から出る流量，S：空間内の水量

三次元空間のある点における非圧縮性流体の一般的な連続方程式は，

$\partial v_x/\partial x + \partial v_y/\partial y + \partial v_z/\partial z = 0$ *

ただし，v_x：流速の x 方向成分など。

*この式の左辺は，4.4.2で説明する体積ひずみ速度であり，膨張の速さを示す。

連続方程式は，水が忽然と湧いてきたり無くなったり**しない**ことを表す，**質量の保存則**である。

固体の力学では，対象とする物体が増えたり減ったりしていないか心配する必要はなかった。流体の動力学では次々と来ては去っていく物体を対象にするので，勝手に増減していないことを連続方程式でチェックする。固体のときと同様に，流体の力学でもニュートンの運動方程式，またはそれに代わる式を用いて運動を記述するが，連続方程式はそれとセットで用いる。

もともと連続方程式は，考え方も式自体も簡単なのだが，特に定常流の場合，流れが時間的に変化しないから上の式の dS/dt がゼロとなり，連続方程式は

$Q_{in} - Q_{out} = 0$，あるいは $Q_{in} = Q_{out}$

となる。つまり，ある空間に入ってくる流量と出て行く流量は同じ，という式になる（図 −4.5(b)）。

一次元の定常流ならば，「どの断面でも流量は同じ」とすればよい（図 (c)）。各断面の流積を A，そこの平均流速を V として，

$A \cdot V = Q = $ 一定・・・一次元定常流の連続方程式

4.3 オイラー的な見方

4.3.1 二つの見方

川を流れる水を見ているとき，我々はどのような見方をしているだろうか。写真−4.2 の石を越える流れを例にとろう。

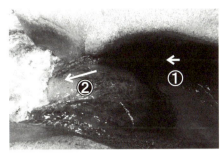

(a) オイラー的見方　　(b) ラグランジュ的見方

写真-4.2

Ⅰ．地点①の流れはゆっくりで，地点②の流れは速い（**写真（a）**）。

こう表現するとき，我々は場所を決めて（地点①あるいは②），そこを次々と通過する水を眺めている。特定の水粒子を意識していない。

Ⅱ．水に浮かんだ落ち葉は，地点①を通過したあと，加速して地点②を通って行く（**写真（b）**）。

こう言うとき，我々は葉っぱ（と一緒に動いている特定の水粒子）を追いかけて見ている。

落ち葉のように目を引くものがなければ，Ⅰのような見方の方が自然だろう。

じつは流体運動の記述方法についても，このような二つの見方に基づくものが考えられるのである。

● 見る場所を固定して，そこを次々と通過するたくさんの粒子を見ているⅠのような見方を**オイラー的**と言う*。一般に，流体力学ではオイラー的記述を用いる。流体運動の記述には，目で見るときと同様にこちらの方が自然であり，かつ簡単なのである。

*オイラーLeonhard Euler スイスの数学者1707−1783

● 個々の粒子を追いかけて行くⅡのような見方を**ラグランジュ的**と言う*。これは，我々が今まで固体の運動に対して用いてきた，つまりニュートンの運動方程式で用いる「普通の」方法である。

*ラグランジュJoseph−Louis Lagrange フランスの数学者・物理学者1736−1813

第4章 流れの運動学

固体の連続体の変形はラグランジュ的に記述するが，そのとき変数として各点の変位を取る*。

これに対し，流体の運動をオイラー的に記述するときに変数とするのは，変位ではなく速度である*。たとえば一次元流れなら，時刻 t に位置 x を通過する流体粒子の速度 $V(x, t)$ が変数になる。

> *たとえば梁の撓み $y(x)$ は，座標 x の点の変位 y を表す。振動などを扱う場合，撓みを時間の関数として $y(x,t)$ と書けば，これを時間で微分した $\partial y(x,t)/\partial t$ がその点の速度になる。

> *津波にさらわれた物体がどこに行くかを知りたいときなどは別として，流体では個々の粒子の変位（元の位置からどれだけ動いたか）は，ふつう興味の対象にならない。

4.3.2 オイラー的記述と実加速度

オイラー的記述法を用いる場合，速度を単純に時間で微分（偏微分）しても，ニュートンの運動方程式に必要な，実際の質点の加速度にならない。その求め方をここで説明する。

まず次のことに注意しておこう。ラグランジュ的記述では、質点の位置を表す $x(t)$ を時間で2回微分すると質点の加速度が得られた。しかしオイラー的記述では、位置を示す変数 x は質点とは無関係な「独立変数」である。質点の加速度は「各点、各時間における速度」を用いて求めることになる。

一次元の流れを考え，時刻 t，位置 x における流速を $V(x, t)$ で表す。2つの単純なケースから一般論を推しはかろう。

(1) 局所加速度

流れ方向に断面が変化しない管路を考える（図 −4.6）。断面積 A が x 方向に一定なので流速 V は x 方向に変化しない*。すなわち，$\partial V(x, t)/\partial x = 0$*。

流れが**非定常**で，Δt 時間のあいだに流量が ΔQ だけ増えると，流速 V が上流から下流までいっせいに $\Delta V = \Delta Q/A$ だけ増加する。

このときの水の個々の粒子は，上流から下流に移動しながら Δt の間に ΔV だけ速くなるから，ひとつの**水粒子の実際の加速度** a は，$a = \Delta V/\Delta t$ である。

位置 x を固定して，そこを次々と通過する水粒子の Δt 時間内の速度変化も ΔV であるから，x における見かけの加速度も $\Delta V/\Delta t$ である*。すなわちこの場合，ひとつの水粒子の加速度 a は，オイラー的記述法による速度 $V(x, t)$ の，時間による偏微分 $\partial V(x, t)/\partial t$ と同じになる*。

$a = \partial V(x, t)/\partial t$

> *水が管いっぱいになっていれば，非定常でも連続の方程式は $Q = A \cdot V =$ 一定。

> *$\partial V(x,t)/\partial x$ は，時間 t を固定した，速度 V の位置 x に対する変化率。

> *ひとつの水粒子の実際の速度変化ではなく，その場所を通過する異なる水の粒子の速度差を用いて計算しているので「見かけ」と書いた。

> *位置 x を固定した，時間に対する速度の変化率 $\lim_{\Delta t \to 0}(\Delta V/\Delta t)$ は，偏微分 $\partial V(x,t)/\partial t$ である。

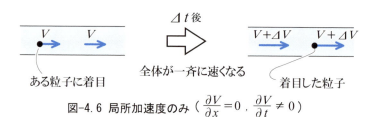

図-4.6 局所加速度のみ（$\dfrac{\partial V}{\partial x}=0$，$\dfrac{\partial V}{\partial t}\neq 0$）

(2) 移流加速度

定常流では，どこであれ場所を決めて観測すれば，流速は変化しない。しかし，それでも水粒子の加速度があり得ることを見てみよう。

太さが変化する管を流れる**定常流**を考える（図-4.7）。下流に行くと断面積が小さくなるので，流速が増す。定常流であるから流量 Q は変化せず，$x=x_1$ で見ている流速 $V_1=Q/A_1$ にも時間的変化はない。しかし，$x=x_1$ を通過した一つの水粒子は，短い時間 Δt 後に短い区間 Δx を流れて $x=x_2$ に到達し，流速 $V_2=Q/A_2$ となる。この水粒子の速度の増加 V_2-V_1 を ΔV とおく。Δt 時間内のこの水粒子の平均加速度 $\tilde{a}$ は以下のようになる。

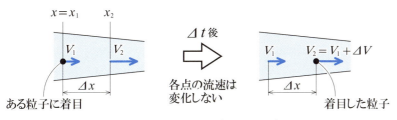

図-4.7 移流加速度のみ（$\frac{\partial V}{\partial x} \neq 0,\ \frac{\partial V}{\partial t} = 0$）

$\tilde{a} = \Delta V/\Delta t \fallingdotseq \Delta V/(\Delta x/V_1) = V_1 \times (\Delta V/\Delta x)$ *

この $\Delta t \to 0$ の極限が，着目している水粒子の加速度 a になる。そのとき同時に $\Delta x \to 0$ であるから，

$a = \lim_{\Delta t \to 0}(\Delta V/\Delta t) = \lim_{\Delta x \to 0}[V_1 \times (\Delta V/\Delta x)] = \lim_{\Delta x \to 0}(V_1) \times \lim_{\Delta x \to 0}(\Delta V/\Delta x)$
$= V \cdot \partial V(x, t)/\partial x$ *

となる。

＊ $V_1 \times \Delta t \fallingdotseq \Delta x$ から
$\Delta t \fallingdotseq \Delta x/V_1$
$(V_1+V_2) \times \Delta t/2 \fallingdotseq \Delta x$ とした方が精度が高いが，$\Delta t \to 0$ の極限を取ると同じ。

＊ $\Delta x \to 0$ で $V_2 \to V_1$ となるから $\lim_{\Delta x \to 0}(V_1)$ を一般の V とした。

流れが時間的に変化することによる(1)のタイプの加速度 $\partial V/\partial t$ を**局所加速度**，

流れが場所的に変化することによる(2)のタイプの加速度 $V \cdot \partial V/\partial x$ を**移流加速度**と呼ぶ。定常流では移流加速度のみ生じる。

局所加速度と移流加速度の和を**全加速度**と呼び，DV/Dt で表わす。

$DV/Dt = \partial V/\partial t + V \cdot \partial V/\partial x$

全加速度 DV/Dt が，一般的な非定常流における**実際の水粒子の加速度**である*。

オイラー的記述法における D/Dt のタイプの微分を**実質微分**という。実質微分は，速度だけでなく他の物理量についても用いられる。

＊空間が三次元の場合，速度の x 方向成分を v_x のように書くと，全加速度の x 方向成分は次のようになる。なお，丁寧に書けば $v_x = v_x(x, y, z, t),\ \cdots$ である。
$Dv_x/Dt = \partial v_x/\partial t$
$+ v_x \cdot \partial v_x/\partial x + v_y \cdot \partial v_x/\partial y$
$+ v_z \cdot \partial v_x/\partial z$
$Dv_y/Dt,\ Dv_z/Dt$ も同様。
（**たいていの教科書では，$v_x,\ v_y,\ v_z$ を $u,\ v,\ w$ で表している。**）

第4章　流れの運動学

> **偏微分**
>
> 　この教科書は，微分積分を習ったことがある学生を対象にしている。そのような諸君でも，この章で多く出てくる偏微分 $\partial z/\partial x$（「ラウンド z ラウンド x」と読めばいい）には戸惑うかも知れない。しかし，我々が扱う範囲では，偏微分はちっとも難しくない。それを説明する。
>
> 　東西に真っ直ぐな道がある。ある場所を原点として，そこから道を東方向に x だけ行った点の標高を $z(x)$ とする。道の勾配は微分係数 dz/dx で表される。諸君がよく知っているこの微分は，次の偏微分と対比させて**常微分**と呼ばれることがある。
>
> 　問題を x, z の2次元から，x, y, z の3次元に拡げよう。
> 丘陵地帯の1枚の地図を考える。地図の左下を原点として，東に x，北に y だけ行った点の標高を $z(x, y)$ とする。さて，山の斜面が急過ぎるときは斜めに登れば楽なことを我々は知っている。つまり，地面の傾きは方向によって異なるのである。そこで，面の勾配を求めるには方向を指定する必要がある。東（x 方向）に向かった時の勾配が偏微分係数 $\partial z(x, y)/\partial x$，これを求める計算が**偏微分**である。$\partial z(x, y)/\partial x$ はどう求めるのか。簡単である。この点を通る東西方向の道を造ればいい。すると $\partial z(x, y)/\partial x$ を求める問題は，最初の dz/dx を求める問題と同じになる。
> 　東西方向の道はどこでも x 軸から北向きに計った距離が同じなので y の値は変わらない。つまり，偏微分係数 $\partial z(x, y)/\partial x$ は，**y を定数と考えて z を x で微分**すれば得られる。
>
> 　具体的な関数でやってみよう。
> 　　$z(x, y) = x^2 + 3xy + 2y^2$ のとき，$\partial z(x, y)/\partial x = 2x + 3y$
> y を定数と見て行ったこの計算を，高校で習った次の微分と比べてみよ。
> 　　$z(x) = x^2 + 3ax + 2a^2$ のとき，$dz(x)/dx = 2x + 3a$
>
> 以下の2点を理解して偏微分に馴染んでもらいたい。
> ①偏微分は，特定の方向の勾配（変化率）を求める計算である。
> ②求める方向以外の独立変数を定数と考えて，普通に微分すればいい。

4.4　移動と変形

　基本的には我々は流れを一次元的に扱うのだが，後で少しだけ，回転など一次元流にはない概念が出てくる。それに関連してここでは，二次元空間で大変形しながら移動する流体の動きをどう表現するか，について説明する。

*この項は4.4.2の準備である。

4.4.1　線分要素の移動と変形*

　二次元の定常運動を考える。$x-y$ 平面上の点 (x, y) における流速ベクトル $\boldsymbol{v}(x, y)$ の x 方向成分を $v_x(x, y)$，y 方向成分を $v_y(x, y)$ とする（省略して v_x, v_y と書く）。

　図$-4.8(a)$ に示す長さ Δx の短い線分 **AB** が，短い時間 Δt 後に **A´B´** になったとする。後で長方形の説明に用いるので，線分 **AB** を「辺 **AB**」と呼

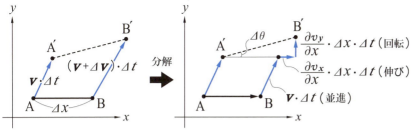

(a) 短い辺ABの短い時間(Δt)間の動き　　(b) 点Bの動きを並進とそれ以外に分ける

伸びのひずみ速度：　$\dfrac{\dfrac{\dfrac{\partial v_x}{\partial x}\cdot \Delta x \cdot \Delta t}{\Delta x}}{\Delta t} = \dfrac{\partial v_x}{\partial x}$

角速度：　$\omega = \dfrac{\Delta\theta}{\Delta t} \fallingdotseq \dfrac{\dfrac{\dfrac{\partial v_y}{\partial x}\cdot \Delta x \cdot \Delta t}{\Delta x}}{\Delta t} = \dfrac{\partial v_y}{\partial x}$

図-4.8　ひずみ速度と角速度

ぶことにしよう。

辺ABの動きを，並進，伸び，および回転に分けて考える（**同図(b)**）。

まず，辺ABの伸びについて考える。

点Aと点Bの速度のx方向成分v_xの差は，$(\partial v_x/\partial x)\times \Delta x$ *

これに時間Δtをかけた$(\partial v_x/\partial x)\times \Delta x \times \Delta t$が，辺ABの$x$方向への伸び。

伸びを元の長さΔxで割って，$(\partial v_x/\partial x)\times \Delta t$が，辺ABが受けた伸びひずみ。

ひずみを，それが生じるのにかかった時間Δtで割って，

辺ABの伸びのひずみ速度は$\partial v_x/\partial x$。

同様にして，y軸に平行な辺の，伸びのひずみ速度は$\partial v_y/\partial y$である。

次に，辺ABの回転について考える。

AとBの速度のy方向成分v_yの差は，$(\partial v_y/\partial x)\times \Delta x$であるから，

短い時間Δtの間に，点Bは点Aよりも$(\partial v_y/\partial x)\cdot \Delta x \cdot \Delta t$だけ上（$y$の正の向き）に来る。

右側にある点Bの方が上に移動するので，辺ABの回転は左回りである*。

点Bの上方への移動量をABの長さΔxで割って，Δtの間の辺ABの回転角$\Delta\theta$は，

$\Delta\theta = (\partial v_y/\partial x)\cdot \Delta x \cdot \Delta t/\Delta x = (\partial v_y/\partial x)\cdot \Delta t$ *

となる。これを回転にかかった時間Δtで割って

$\omega = \Delta\theta/\Delta t = \partial v_y/\partial x$

が辺ABの回転の角速度である。

* 「v_xのx方向の変化率」$\partial v_x/\partial x$に，「x方向の長さ」Δxをかけた。

* $\partial v_y/\partial x < 0$ならば，回転は【マイナス左回り】＝【右回り】である。

* この式の分母にあるΔxは，Δtの間のABの伸びまで考慮すると，$\{\Delta x + (\partial v_x/\partial x)\Delta x \Delta t\} = \{1 + (\partial v_x/\partial x)\cdot \Delta t\}\cdot \Delta x$となるが，この式の{ }の中は$\Delta t$を限りなく小さくすると，いくらでも1に近づいて分母はΔxとなる。

> 角速度は回転の速さを表す。たとえば 2 秒間に 3 回転すれば，角速度は，$3 × 360°/2\text{s} = 540°/\text{s} = 3\pi\,\text{rad/s} ≒ 9.42\,\text{rad/s}$ である。地球は 1 日に約 361°回転するから（1 回転＋公転分の約 1°），自転の角速度は，$361°/\text{day} ≒ 7.29 × 10^{-5}\,\text{rad/s}$ とかなり小さい。しかし大気のように長距離を移動する流れには強い影響を与える（コリオリの力）。北半球で高気圧から吹き出す風が右回り，低気圧に吹き込む風が左回りなのはこのためである。

y 軸に平行な辺についても同様にして，回転の角速度は $\partial v_x/\partial y$ となる。ただし，$\partial v_x/\partial y > 0$ ならば，回転は右回りである。

4.4.2 長方形要素の移動と変形

さて，本論に入る。図 −4.9(a) は流体中の微小な長方形要素 ABCD が，短い時間 Δt の間に変形しながら動いて A´B´C´D´ になったことを示す。

この動きを次のように，2 種類の剛体的運動と 2 種類の変形に分解して考える（同図(b)）。

剛体的運動【①並進 ＋ ②回転】 ＋ 変形【③膨張 ＋ ④ずれ】

まず，剛体的運動は次の二つから成る。

① **並進**：要素全体の移動である。並進速度を A 点の速度で代表すれば，残りの②，③，④の動きは A 点を固定して考えればいい。
② **回転**：要素全体の回転である。剛体ならば $\partial v_y/\partial x$（辺 AB の角速度）$= -\partial v_x/\partial y$（辺 AD の角速度）が回転の角速度である（4.4.1 参照）。

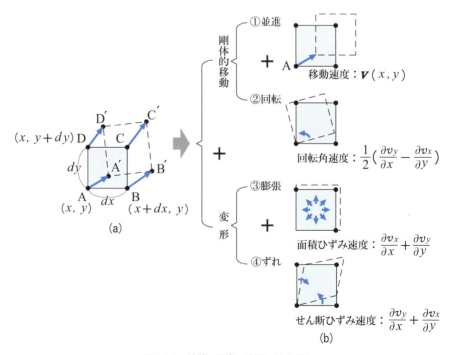

図-4.9 並進, 回転, 膨張, せん断

変形する流体では両者の平均を取り，左まわりを正として

回転の角速度：$(\partial v_y/\partial x - \partial v_x/\partial y)/2$

つぎに，変形である。

③ **膨張**：短い時間 Δt 後の面積増加量は，

$[\Delta x + (\partial v_x/\partial x) \cdot \Delta x \cdot \Delta t] \times [\Delta y + (\partial v_y/\partial y) \cdot \Delta y \cdot \Delta t] - \Delta x \cdot \Delta y$
$= \Delta x \cdot \Delta y \cdot \Delta t \{(\partial v_x/\partial x) + (\partial v_y/\partial y)\}$ *

これを元の面積 $\Delta x \cdot \Delta y$ で割って面積ひずみ，さらにかかった時間 Δt で割れば面積のひずみ速度になる。二次元的に見ているから奥行き一定で，これはそのまま体積ひずみ速度である。

体積ひずみ速度：$(\partial v_x/\partial x) + (\partial v_y/\partial y)$

水の非圧縮性を仮定すれば，体積ひずみ速度はゼロになる＊。

④ **ずれ**（せん断変形）：図−4.10(a) は流れの流速分布の一例である。この図の中の小さな長方形は，上辺と下辺の速さの違いにより，同図(b) のように平行四辺形になっていく。上辺と下辺の「ずれ Δs」を，単位長さ当たりどれだけずれるか，すなわち「せん断ひずみ $= \Delta s / \Delta y$」で表す。これは，辺 **AD** の回転角 $\Delta \theta$ と同じである。したがって，せん断ひずみ速度は角速度と同じ $-\partial v_x/\partial y$ で表されるが，対角線 **AC** が長くなるようなせん断変形を正とし，符号を変えて $\partial v_x/\partial y$ とする。

さらに，一般の場合は辺 **AB** の回転も加わる。これも対角線 **AC** が長くなる変形を正とすると $\partial v_y/\partial x$ であるから，両者を加えて（図−4.9(b)）

せん断ひずみ速度：$\partial v_y/\partial x + \partial v_x/\partial y$

回転角速度との違いは，第二項の符号が異なることと，1/2 がかかっていないことである。

以上，流体の移動と変形の表現について見て来たが，すべて速度で表していることをもう一度確認しておこう。我々は，有限の時間の後に，小さな水塊がどこに到達するのか，あるいは初め長方形だった水塊がどういう形になるのかに**関心を持っていない**。関心があるのは，ある瞬間に目の前の水塊がどんな速さで動き，回転しているのか，ある瞬間に目の前の長方形がどんな速さで形を変えつつあるのか，なのである。

＊かけ算を展開した最後の項：$(\partial v_x/\partial x) \cdot (\partial v_y/\partial y) \cdot \Delta x \cdot \Delta t \cdot \Delta y \cdot \Delta t$ は，無限に小さくなる因数が他の項よりも一つ多いので，いずれ消える。

＊ 三次元で非圧縮性ならば，$(\partial v_x/\partial x) + (\partial v_y/\partial y) + (\partial v_z/\partial z) = 0$。これは，4.2 節で示した連続方程式である。

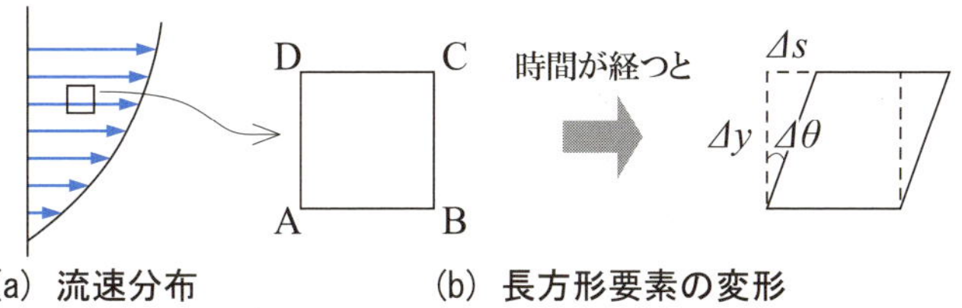

(a) 流速分布　　(b) 長方形要素の変形

図-4.10 せん断変形

4.5　渦ありと渦なし

　流体力学において，渦は非常に重要な意味を持つ回転運動であり，流れのエネルギー損失に深く関わる。日常生活においても，竜巻や台風，風呂の栓を抜いたときの流れなど，流体が渦をまく運動は馴染み深い。渦が回転運動であることは誰でも知っているが，流体力学で定義する渦と日常会話の渦は微妙に異なるため，「渦なしの渦」という奇妙な呼び方をされる渦もある。

　流体力学で定義する**渦**（vortex）は，水の要素が，先に説明した「剛体的運動②回転運動」を行うことを指す。回転を表す $(\partial v_y/\partial x - \partial v_x/\partial y)$ を渦度（うずど，かど，vorticity）と呼ぶ*。渦度のある流れが**渦あり流れ（回転流）**である。

*渦度は回転角速度の2倍になっている。

(1)　強制渦

　同心円運動をする水の流速が，中心からの距離に比例しているとき，水相互の位置関係が変わらずに回転する（図-4.11(a)）。図中の小舟のような矢印は，水の粒子の向きを表しているとしよう。この小舟マークは「公転」と同じ角速度で「自転」している。水全体が一体となって剛体のような回転をしているこのタイプの渦は**強制渦**（forced vortex）と呼ばれる。

(2)　自由渦

　図-4.11(b)は，流速が中心からの距離に反比例する回転運動を示す。小舟マークが向きを変えずに回転していることに注目してほしい。水の要素は「公転」しているのに，「自転」していないのである。この運動は，渦度がゼロであり，水理学的には渦なしの運動である。この流れの全体は確かに回転しており，**自由渦**（free vortex，**渦なしの渦**，非回転の渦）と呼ばれる*。

*渦度は全て中心（特異点）に集まっていると考えればよい。渦の中心を三次元的に見ると線になるが，このように渦度が集まった中心の線を渦糸と呼ぶ。

　ある大きさの円を境に，中心側が強制渦，外側が自由渦になっている渦は**ランキン渦**と呼ばれる。これに近い渦が自然界に多く見られる*。

*ランキン William John Macquorn Rankine，1820-1872，スコットランド，工学者。

 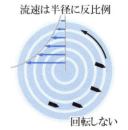

(a)　強制渦　　　　(b)　自由渦（渦なしの渦）

図-4.11　2種類の渦

(3) 渦ありの平行流

図−4.12は，流速分布が異なる2つの平行流を示す。横方向の速度勾配がゼロの流れ（図(a)）では小舟マークの向きは変わらず，水の要素は回転していない。

一方，横方向に速度勾配があると，小舟マークは回転し，流れは渦ありである（図(b)）。

平行な直線流れでも，隣り合う流れの速さが異なると，渦あり流れ（回転流）である＊。

＊粘性のある流体（実在流体）は，壁近くでこのように流れる。

第7章で示すように，流れが「渦あり（回転）」か「渦なし（非回転）」かによって解析上大きな差が生じる。渦があるように見えなくても，水理学的に渦ありの流れがあることを覚えておいてもらいたい。

(a) 流速一様

(b) 流速勾配あり

図-4.12 2種類の平行流

問題 4.1 $x-y$ 平面上の運動を考える。K を定数として，下の各流れの渦度を求めよ。

1) $v_x = -K \cdot y$, $v_y = K \cdot x$
2) $v_x = -K \cdot y/(x^2+y^2)$, $v_y = K \cdot x/(x^2+y^2)$
3) $v_x = K \cdot y$, $v_y = 0$

解答

1) $\partial v_y/\partial x - \partial v_x/\partial y = K - (-K) = 2K$

この流速は半径に比例した円運動になっており，強制渦の式である。
水要素の回転の角速度（= 渦度/2）は，どの場所でも K である。

2) $\partial v_y/\partial x - \partial v_x/\partial y = K(y^2-x^2)/(x^2+y^2)^2 - [-K(x^2-y^2)/(x^2+y^2)^2] = 0$

この流速は半径に反比例した円運動になっており，自由渦の式である。
回転の角速度は，どの場所でもゼロであり，水の要素が回転していないことを示す。

3) $\partial v_y/\partial x - \partial v_x/\partial y = 0 - (K) = -K$

この流速は y 方向成分がゼロ，x 方向成分が y 座標に比例して増加している。直線的な速度勾配を持つ右向きの平行流の式である。水の要素はどこでも，角速度 $K/2$ で右回りに回っている。
平行な流れであるが，水の要素が回転している「渦あり」の流れである。

第5章 流れの力学

●基本の方程式
　・運動方程式
　　　ナビエ・ストークスの方程式・・・粘性力を考える実在流体の運動方程式
　　　オイラーの運動方程式・・・粘性力を考えない完全流体の運動方程式
　・連続方程式

●運動量方程式
　　$\rho \cdot Q \cdot [(V_2)_x - (V_1)_x] = \Sigma F_x$　　　(y, z 方向についても同様)
　　　　　　　　　　　　　　　　　　(運動量補正係数 $\beta = 1$ とした)

●水が単位重量あたり持つエネルギーを**水頭**という。
　　〔全水頭〕$= p/\gamma \ + \ z \ + \ v^2/(2g)$
　　　　　　　圧力水頭　位置水頭　速度水頭
　　　　　　　　　ピエゾ水頭

●**ベルヌーイの定理**(力学的エネルギー保存)
　　定常流の流線上で，全水頭一定。　　　$p/\gamma + z + v^2/(2g) =$ 一定
　　流れ全体に対して，平均流速を用いると　$p/\gamma + z + \alpha \cdot V^2/(2g) =$ 一定
　　　　　　　　　　　　　　　　　(多くの場合，運動エネルギー補正係数 $\alpha \fallingdotseq 1$)

　・ベルヌーイの定理を利用した測定装置
　　　ピトー管(流速)
　　　ベンチュリ管(管路の流量)

　　　トリチェリの定理 $v = \sqrt{2gh}$

●長波の伝播速度 $c = \sqrt{gh}$

いよいよ水理学の中心課題である，動いている水の力学，すなわち**水の動力学**に入る。

5.1 基本になる方程式

流体力学の基本になる運動方程式と連続方程式について，式のみを簡単に紹介する。我々がこれらの方程式をそのままの形で用いることはあまりないが，こういうものがあるということを認識しておいてもらいたい。

> *ナビエ Claude Louis Marie Henri Navier，フランスの数学者，物理学者 1785−1836
> ストークス Sir George Gabriel Stokes，アイルランドの数学者，物理学者 1819−1903

(1) 運動方程式 その1 〔ナビエ・ストークスの方程式〕*

流体は非圧縮性とし，作用する力として体積力，圧力，粘性力を考えると，

$$\partial v_x/\partial t + v_x \partial v_x/\partial x + v_y \partial v_x/\partial y + v_z \partial v_x/\partial z$$
$$= F_x - (1/\rho)\partial p/\partial x + \nu(\partial^2 v_x/\partial x^2 + \partial^2 v_x/\partial y^2 + \partial^2 v_x/\partial z^2)$$

（y方向，z方向についても同様）*

> *4.3.2(2)でも述べたが，多くの教科書では，v_x, v_y, v_zをu, v, wで表す。

ただし，F_x：質量当たり体積力のx方向成分，ν：動粘性係数*。
粘性力を考える流体を**実在流体**と言う。

> *体積力が重力のみの場合，$F_x=F_y=0, F_z=-g$（z軸は上向きとする）。

(2) 運動方程式 その2 〔オイラーの運動方程式〕

ナビエ・ストークスの方程式から，粘性力の項を除いた式である。

$$\partial v_x/\partial t + v_x \partial v_x/\partial x + v_y \partial v_x/\partial y + v_z \partial v_x/\partial z = F_x - (1/\rho)\partial p/\partial x$$

（y方向，z方向についても同様）

粘性力を無視できる流体を**完全流体**（perfect fluid）と言う。水理学では，水を完全流体として扱うことの出来る場面が少なくない。

(3) 連続の方程式

連続方程式については 4.2 節で述べた。三次元，非圧縮性の場合を再掲すると，

$$(\partial v_x/\partial x) + (\partial v_y/\partial y) + (\partial v_z/\partial z) = 0$$

5.2 運動量方程式　水の運動を記述する式 − その1

固体の力学でもニュートンの運動方程式 $m \cdot a = f$ を直接用いずに，運動量やエネルギーの式を用いることがあった。水理学において我々が水の運動を記述するとき，ニュートンの運動方程式に直接つながるナビエ・ストークスの方程式やオイラーの方程式でなく，本節の運動量方程式，および次節のベルヌーイの定理を用いるのが普通である。

5.2.1 運動量

質量 m の物体の速度 $d\boldsymbol{x}/dt$ を $\boldsymbol{v}$ とすると，**運動量**（momentum）$\boldsymbol{M}$ は，$\boldsymbol{M}=m\cdot\boldsymbol{v}$ で定義される[*]。言葉で書くと〔運動量〕＝〔質量〕×〔速度〕である。太字はベクトルを表す[*]。ベクトルは，座標軸方向の成分で表現することができる。ここでは，運動量方程式を成分ごとに作る。

物体の質量を m，加わっている外力を $\boldsymbol{f}$，加速度を $\boldsymbol{a}$ として，ニュートンの運動方程式は

$$m\cdot\boldsymbol{a}=\boldsymbol{f}$$

$\boldsymbol{a}=d\boldsymbol{v}/dt$ であるから，$m\cdot\boldsymbol{a}=m\cdot d\boldsymbol{v}/dt=d(m\cdot\boldsymbol{v})/dt=d\boldsymbol{M}/dt$。
したがって，運動量 $\boldsymbol{M}$ を使って，運動方程式を

$$d\boldsymbol{M}/dt=\boldsymbol{f} \qquad \cdots(5.1)$$

と書くことができる。この式を言葉で表現すると，
「ある物体の**運動量の時間に対する変化率は**，その物体に加えられる**外力に等しい。**」[*]

[*] 質量の大きい物ほど，そして速く動いている物ほど止めるのが大変だという意味で，両者を掛け合わせた「運動量」は，その名のとおり物体の運動の量ないしは強さのようなものを表現している。

[*] 質量 m はスカラー，速度 $\boldsymbol{v}$ と運動量 $\boldsymbol{M}$ はベクトルである。

[*] 高校で運動量を習う最初の形は，短い時間 Δt の間 $\boldsymbol{f}$ が一定であるとして式(5.1)を定積分した形，$\boldsymbol{M}_2-\boldsymbol{M}_1=\boldsymbol{f}\cdot\Delta t$ であった。$\boldsymbol{f}\cdot\Delta t$ を力積と呼ぶ。言葉で表現すると「運動量の変化は力積に等しい」。

5.2.2 運動量方程式

式(5.1)を水の流れで具体的に使えるようにする。そのために，**検査領域**（control volume，**コントロール・ボリューム**）という概念を用いる。検査領域は，位置が固定されているオイラー的見方の領域で，そこに出入りする水について運動量やエネルギーの収支を計算する（図−5.1）[*]。

[*] 検査領域を囲む面を**検査面**（control surface）という。

空間に固定された検査領域を水が通過する。
図-5.1 検査領域

流れが時間的に変化しない定常流について，「検査領域内の水が持つ運動量が時間的に変化しない（運動量の増加率がゼロ）」という式を作る。

検査領域として，図−5.2 に示す管内の流れの一区間を考えよう。断面積を A，流速を V とし，添字をつけて断面1，2を表す。短い時間 Δt の間に，断面1を通って $A_1\cdot V_1\cdot\Delta t$ の量の水が検査領域に入ってくる。同様に断面2を通って $A_2\cdot V_2\cdot\Delta t$ の量の水が検査領域から出て行く。連続方程式は $A_1\cdot V_1=A_2\cdot V_2$ である。これは流量であるから Q とおくと，Δt の間に断面1，2を通って出入りする水の量は，それぞれ $Q\cdot\Delta t$ である。

検査領域内の水の運動量を変化させる要因は二つある。それぞれ見ていこう。

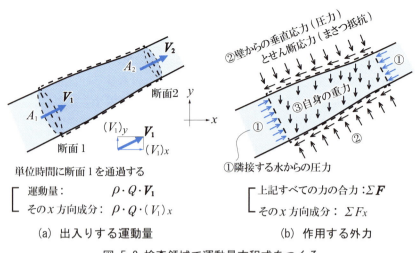

(a) 出入りする運動量　　(b) 作用する外力

図-5.2 検査領域で運動量方程式をつくる

Ⅰ．まず，出入りする水が運ぶ，自身の運動量（携帯運動量）による変化である。

　外力 f（あるいは F），流速 V，運動量 M はいずれもベクトルであるから，これらの x 方向成分について考える。添字 x で x 方向成分を表す。断面1における流速 V_1 の x 方向成分を $(V_1)_x$ のように書く*。

*V は流速ベクトル，V はその大きさを表す。V_1 は断面1における流速の大きさである。

　密度を ρ とすると，短い時間 Δt の間に断面1を通って入って来る水の質量は $\rho \cdot Q \cdot \Delta t$，速度の x 方向成分は $(V_1)_x$ であるから，持ち込む運動量の x 方向成分は $\rho \cdot Q \cdot (V_1)_x \cdot \Delta t$ である。これを Δt で割って時間当たりにした $\rho \cdot Q \cdot (V_1)_x$ が，流入による運動量の x 方向成分の増加率である（図 －5.2(a)）。

　同様にして断面2から出て行く水が持ち出す運動量成分の時間率は $\rho \cdot Q \cdot (V_2)_x$ である。差し引き，検査領域内の水が持つ運動量の x 方向成分の増加率は次のようになる。

　$\rho \cdot Q \cdot (V_1)_x - \rho \cdot Q \cdot (V_2)_x$

Ⅱ．つぎに，外力による変化である。

　検査領域内の水に加わる外力の合力を ΣF とする。具体的には断面1，2で隣接する水から受ける①**全水圧**，壁面から受ける②**全圧力**と**せん断力**，および自身の③**重さ**から構成される（図 －5.2(b)）。

外力 ΣF による検査領域内の水の運動量 M の x 方向成分 M_x の増加率は，ΣF の x 方向成分 ΣF_x である。

　ⅠとⅡの運動量増加率の合計がゼロになる，と置くと定常流の運動量方程式が得られる。

　$\rho \cdot Q \cdot (V_1)_x - \rho \cdot Q \cdot (V_2)_x + \Sigma F_x = 0$

　運動量方程式を次の形でまとめておく。この式は記憶してもらいたい。

> 運動量方程式（定常流）
> $\rho \cdot Q \cdot [(V_2)_x - (V_1)_x] = \Sigma F_x$ （y, z 方向についても同様）・・・(5.2)*

*体積流量に密度をかけた $\rho \cdot Q$ は，質量流量である。

この運動量方程式は断面の平均流速を用いているが，これには若干の問題がある。流入する水が持ち込む運動量に誤差が生じるのである。簡単な例で説明しよう。

面積がいずれも $1\,\text{m}^2$，流速がそれぞれ $2\,\text{m/s}$, $3\,\text{m/s}$ の2つの部分から断面が構成されているとして（図-5.3），単位時間当たりに断面を通過する運動量を計算したのが表-5.1 である。平均流速を用いると，最後の計算で誤差が発生するのが分かる*。

*誤差が発生するのは，運動量の流入(出)量が v の二乗の形を持つ，つまり非線形であるためである。

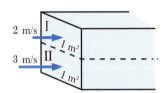

図-5.3 平均流速使用による誤差

表-5.1 平均流速を用いることによる誤差

	断面積	流速	流量	質量流量	流速の x 成分	時間当たり運動量
	A	v	$Q=A\cdot v$	$\rho\cdot Q$	v_x	$\rho\cdot Q\cdot v_x$
断面1	$1\,\text{m}^2$	$2\,\text{m/s}$	$2\,\text{m}^3/\text{s}$	$2\,\text{t/s}$	$2\,\text{m/s}$	$4\,\text{t}\cdot\text{m/s}^2$
断面2	$1\,\text{m}^2$	$3\,\text{m/s}$	$3\,\text{m}^3/\text{s}$	$3\,\text{t/s}$	$3\,\text{m/s}$	$9\,\text{t}\cdot\text{m/s}^2$
合計	$2\,\text{m}^2$		$5\,\text{m}^3/\text{s}$	$5\,\text{t/s}$		$13\,\text{t}\cdot\text{m/s}^2$
平均流速 V を用いた計算						
全断面	$2\,\text{m}^2$	$2.5\,\text{m/s}$	$5\,\text{m}^3/\text{s}$	$5\,\text{t/s}$	$2.5\,\text{m/s}$	$12.5\,\text{t}\cdot\text{m/s}^2$

この誤差をなくすには，断面流速分布に基づく**運動量補正係数 β** を導入した以下の式を用いる。

$\rho \cdot Q \cdot (\beta_2 \cdot (V_2)_x - \beta_1 \cdot (V_1)_x) = \Sigma F_x$*

通常，平均流速を用いることによる誤差は小さいため，$\beta=1$ とすることが多い。

本書でも $\beta=1$ とする*。

*断面内の流速分布が分かれば，たとえば x 方向の補正係数は，
$\beta = (1/A)$
$\times \int (v/V)(v_x/V_x)\,dA$。
ただし，A：断面積，
v：断面内各点の流速，
V：平均流速。
平行流であれば
$\beta = A\int_A v^2 dA / [\int_A v dA]^2$

*$\beta \geq 1$ である。たとえば円形の管路の層流で流速が放物線分布する場合 $\beta \fallingdotseq 1.33$ になるが，土木で通常扱う流れ(乱流)では $\beta \fallingdotseq 1$ としてよいことが多い。(層流，乱流は後出)

5.2.3 課題への適用

運動量方程式を用いて解ける問題を挙げておく。

例題 5.1 （図-5.4）

空気中を速さ V で飛んできた，断面積 A の噴流が板に垂直にぶつかり，そのまま板の表面に沿いながら360°全方向に拡がって行く*。この噴流が板に与える力を求めよ。重力の影響は考えない。

*噴流とはホースから飛び出しているような水を考えればよい。

第 5 章 流れの力学

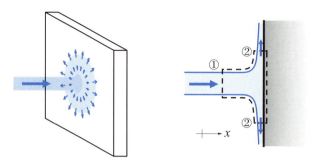

図-5.4 板にぶつかる噴流

[解答]

x 軸を図のように取り，検査領域を図中の破線のようにとる。領域出口の断面②は，板上の流れのまわりをぐるりと取り囲んでいる。水が板に与える力は明らかに x 方向のみである。噴流が板に加える力を F とする。板が噴流に加える力を F' とすると，$F=-F'$。空気中なので圧力はゼロ。従って検査領域内の水に加わる力は，板によるものだけである。板にぶつかった後の流れは x 方向成分を持たない。流量 $Q=A\cdot V$ であるから，x 方向の運動量方程式は

$\rho \cdot Q \cdot (0-V) = F'$

噴流が板に加える力 F は，$F=-F'=\rho \cdot Q \cdot V = \rho \cdot A \cdot V^2$

問題 5.1

例題と同じ図 −5.4 を用いる。空気中を水平に 3 m/s で飛んできた直径 2 cm の噴流が壁に垂直にぶつかっている。噴流が壁に与える力 F を求めよ。

[解答] $V=3$ m/s, $\rho=1\,000$ kg/m³, $Q=(3 \text{ m/s}) \times \pi \times (2 \text{ cm})^2 / 4$
$= 9.425 \times 10^{-4}$ m³/s を例題の答に代入して，
$F = (1\,000 \text{ kg/m}^3) \times (9.425 \times 10^{-4} \text{ m}^3/\text{s}) \times (3 \text{ m/s}) = 2.83$ kg·m/s² $= 2.83$ N
($= 0.289$ kgf)

問題 5.2 （図 −5.5）

断面積 0.5 cm²，流速 3 m/s の噴流がで空中を右向きに飛んできて，カッ

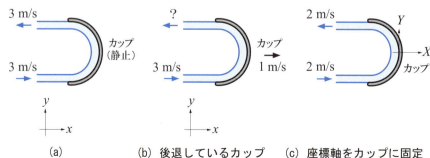

(a)　　　(b) 後退しているカップ　(c) 座標軸をカップに固定

図-5.5 カップで向きを変える噴流

プに当たって180°向きを変える。重力は無視して
1) カップが静止しているとき，カップに加わる力 F_a を求めよ。(図(a))
2) カップが右向きに1 m/sで動いているとき，カップに加わる力 F_b を求めよ。このとき，カップから出てくる噴流の流速はいくらか。(図(b))

[解答] 1) カップが噴流に加える力を F_a' とする。

$F_a' = -F_a$。$Q = 0.5\ \mathrm{cm^2} \times 3\ \mathrm{m/s} = 1.5 \times 10^{-4}\ \mathrm{m^3/s}$，$V_1 = 3\ \mathrm{m/s}$，$V_2 = -3\ \mathrm{m/s}$。$F_a'$ 以外に噴流に加わる力はないから，運動量方程式は，

$(1\,000\ \mathrm{kg/m^3}) \times (1.5 \times 10^{-4}\ \mathrm{m^3/s}) \times [(-3\ \mathrm{m/s}) - (3\ \mathrm{m/s})] = F_a'$

$F_a' = -0.9\ \mathrm{kg \cdot m/s^2} = -0.9\ \mathrm{N}$　よって $F_a = -F_a' = 0.9\ \mathrm{N}\ (= 91.7\ \mathrm{gf})$

2) 上と同様 $F_b' = -F_b$ とする。図(c)のようにカップに固定された $X-Y$ 座標で考えると，噴流はカップで向きを変えるだけであるから，カップに入る速度 V_{1X}，出る速度 V_{2X} は右向きを正として，$V_{1X} = 3\ \mathrm{m/s} - 1\ \mathrm{m/s} = 2\ \mathrm{m/s}$，$V_{2X} = -2\ \mathrm{m/s}$。したがって，$Q = 0.5\ \mathrm{cm^2} \times 2\ \mathrm{m/s} = 1 \times 10^{-4}\ \mathrm{m^3/s}$ となり，運動量方程式は

$(1\,000\ \mathrm{kg/m^3}) \times (1 \times 10^{-4}\ \mathrm{m^3/s}) \times [(-2\ \mathrm{m/s}) - (2\ \mathrm{m/s})] = F_b'$

$F_b' = -0.4\ \mathrm{N}$　よって $F_b = -F_b' = 0.4\ \mathrm{N}\ (= 40.8\ \mathrm{gf})$

カップから出てくる噴流の速さは，静止座標に戻して

$(-2\ \mathrm{m/s}) + (1\ \mathrm{m/s}) = -1\ \mathrm{m/s}$（左向きに1 m/s）である。

[例題] 5.2 (図 -5.6)

水平面内で直角に曲がっている断面積 $40\ \mathrm{cm^2}$ の管がある。
1) 管内の圧力が 2 kPa で水が静止しているとき，水が管の屈曲部（エルボ）に加える力の成分 F_{0x}，F_{0y} を求めよ*。
2) 屈曲前後の管内の圧力がゼロで，水が 0.5 m/s の流速で流れているとき，水が管の屈曲部に加える力の成分 F_{1x}，F_{1y} を求めよ。摩擦は考えない（以下同様）。
3) 屈曲前後の管内の圧力が 2 kPa，流速が 0.5 m/s のとき，水が管の屈曲部に加える力の成分 F_x，F_y を求めよ。力の成分はすべて，座標軸の正の方向を向いているときに正とする。

*エルボ＜elbow(肘)。

[解答]
- 水が管の屈曲部に加える力の反作用，すなわち管の屈曲部が水に加える力を「′」をつけて表す。作用反作用の関係から，$F_{0x} = -F_{0x}'$ など。
- $x-y$ 平面は水平面内にあるから重力は考えなくてよい。
- 摩擦力を考えないので，水が管に加える力は圧力の合力（全水圧）のみである。管がまっすぐな区間では，水が管を押す圧力の全体は釣り合って全水圧はゼロである。そこで，屈曲部全体を含む適当な長さの管の区間を検査領域とし，そこの水について考える。

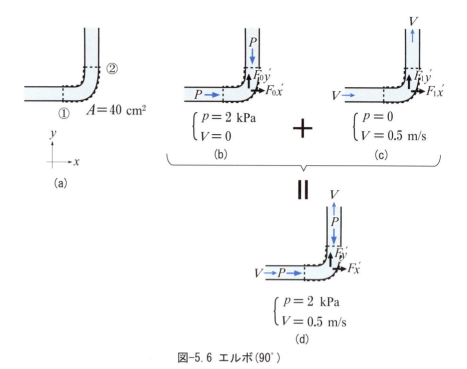

図-5.6 エルボ(90°)

1) 検査領域内の水が静止しているので，これに加わる外力は釣り合っている。図-5.6(b)に示す二つのPは断面①，②でそれぞれ隣接する水から受ける全水圧である。

$$P = 2\text{ kPa} \times 40\text{ cm}^2 = 8\text{ N}$$

F_{0x}', F_{0y}'はそれぞれ屈曲部の管壁が水に加える全水圧のx, y方向成分である*。x, y方向の力の釣り合い式は，

$$F_{0x}' + P = 0, \quad F_{0y}' - P = 0$$

これから，$F_{0x} = 8\text{ N}$, $F_{0y} = -8\text{ N}$*

*未知の力は正の方向の矢印で描き，それを見ながら釣り合いの式を立てる。実際の力が反対方向を向いていれば，負の答えが得られる。

*$F_{0x} > 0$, $F_{0y} < 0$なので，水は管の屈曲部をxのプラスの方向(右向き)およびyのマイナスの方向(下向き)に押している。

2) 屈曲部前後の圧力がゼロであり，重力は考えなくてよいから，検査領域内の水に加わる力は，F_{1x}', F_{1y}'のみである(図(c))。

$Q = 0.5\text{ m/s} \times 40\text{ cm}^2 = 2 \times 10^{-3}\text{ m}^3/\text{s}$であるから，$x$方向，$y$方向の運動量方程式は

$$(1\,000\text{ kg/m}^3) \times (2 \times 10^{-3}\text{ m}^3/\text{s}) \times (0 - 0.5\text{ m/s}) = F_{1x}'$$
$$(1\,000\text{ kg/m}^3) \times (2 \times 10^{-3}\text{ m}^3/\text{s}) \times (0.5\text{ m/s} - 0) = F_{1y}'$$

水が管の屈曲部に加える力は，$F_{1x} = -F_{1x}' = 1\text{ N}$, $F_{1y} = -F_{1y}' = -1\text{ N}$

3) (図(d)) 検査領域内の水が，断面①，および②で隣接する水から受ける全水圧の大きさはいずれも1)と同様に$P = 8\text{ N}$である。また，水の動きは2)と同じであるから，x方向の運動量方程式は

$$(1\,000\text{ kg/m}^3) \times (2 \times 10^{-3}\text{ m}^3/\text{s}) \times (0 - 0.5\text{ m/s}) = F_x' + P$$

$$F_x' + P = -1\text{ N}, \quad F_x' = -8\text{ N} - 1\text{ N} = -9\text{ N}, \quad F_x = 9\text{ N}$$

同様に $F_y' - P = 1\text{ N}$, $F_y' = 8\text{ N} + 1\text{ N} = 9\text{ N}$, $F_y = -9\text{ N}$*

*3) の答は，1) の答と2) の答を加えたものになる。

問題 5.3 （図−5.7）

水平面内で向きを変える内径 20 cm の管がある。

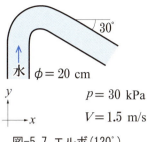

図-5.7 エルボ（120°）

1) 水が矢印の方向に流れている。屈曲部前後の管内の圧力が 30 kPa，流速が 1.5 m/s のとき，水が管の屈曲部に加える力の成分 F_x，F_y を求めよ。摩擦は考えない。

2) 水が矢印と反対の向きに流れているとき，F_x，F_y はどうなるか。

解答

1)

$(V_1)_x = 0$，$(V_1)_y = 1.5$ m/s

$(V_2)_x = 1.5$ m/s $\times \cos 30° = 1.299$ m/s

$(V_2)_y = -1.5$ m/s $\times \sin 30° = -0.75$ m/s

$Q = 1.5$ m/s $\times 100\pi$ cm$^2 = 4.712 \times 10^{-2}$ m^3/s

$P = 30$ kPa $\times 100\pi$ cm$^2 = 942.5$ N。

運動量方程式は次のようになる。

$(1000$ kg/m$^3) \times (4.712 \times 10^{-2}$ m^3/s$) \times [(1.299$ m/s$)-0] = F'_x - P \times \cos 30°$

$(1000$ kg/m$^3) \times (4.712 \times 10^{-2}$ m^3/s$) \times [(-0.75$ m/s$)-1.5$ m/s$]$
$= F'_y + P + P \cdot \sin 30°$

これを計算して $F'_x - P \times \cos 30° = 61.21$ N，$F_x = -F'_x = -877.4$ N

$F'_y + P + P \cdot \sin 30° = -106.0$ N，$F_y = -F'_y = 1520$ N

2) 水が逆向きに流れると，それぞれの断面での流速成分の符号が変わる。同時に断面 1 と断面 2 が入れ替わるので，運動量方程式の引き算の減数と被減数が入れ替わる。結局運動量方程式は同じになるから，逆向きに流れても，F_x，F_y は符号（力の向き）を含めて変わらない。

例題 5.3 （図−5.8）

静止している水深 h の水平な水路内で，水の左部分が何らかの理由で Δh だけ高くなったとする。水面は水平を保とうとして高い部分が右の方に伝わっていく。Δh は充分小さいとして，段差の伝わる速さ c を求めよ。

解答

まず，この問題の水の動きは定常ではないので，この章で紹介した運動量方程式をそのままの形では使えない*。

定常流では，質量，運動量などについて

*ある場所で見ていると，そこを段差が通過したときに水深，流速が変化するから非定常流である。

第 5 章 流れの力学

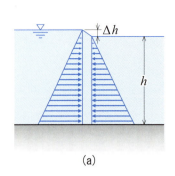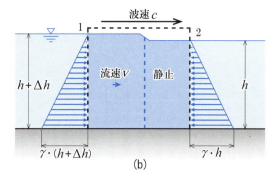

図-5.8 段波の波速

〔入ってくる量〕−〔出て行く量〕=0 である．これに対してここでは，
〔入ってくる量〕−〔出て行く量〕=〔検査領域内の量の増加分〕という式を使う．

段差部分の水に働く水圧は左右で大きさが違うから，段差部分の水は右向きに押されて動き始める．つまり，段差よりも右側の水は静止しているが，段差よりも左側の水は右向きに流れている．その流速を V とする*．
ここで，図 (b) に示す断面 1〜2 間の検査領域を考える．検査領域の幅を 1 とする．

＊圧力差が上から下まで同じであるから加速度は同じ，流速 V も上から下まで同じになる．

まず連続の方程式を考える．断面 1 から入る水の流量は $V \cdot (h+\Delta h)$ であり，断面 2 から出ていく水はゼロであるから，$V \cdot (h+\Delta h) \fallingdotseq V \cdot h$ が，差し引き検査領域に入ってくる流量である．
段差が右に速さ c で伝わっていくと，検査領域内の水は単位時間あたり $c \cdot \Delta h$ の割合で増加していることになる．これは入ってくる流量と同じはずだから

$$V \cdot h = c \cdot \Delta h \quad \text{したがって} \quad V = (\Delta h/h) \cdot c \qquad \cdots (5.3)$$

次に，運動量の流入率が検査領域内の運動量増加率に等しいことを述べればよい．

Ⅰ．入ってくる水が持ち込む運動量の流入率は
$$\rho \cdot V \cdot (h+\Delta h) \times V \fallingdotseq \rho \cdot h \cdot V^2$$

Ⅱ．断面 1，2 の全水圧の差（外力の合計）も運動量の流入率になる．
$$[\gamma \cdot (h+\Delta h)^2/2] - (\gamma \cdot h^2/2) \fallingdotseq \gamma \cdot h \cdot \Delta h *$$

＊$[\gamma \cdot (h+\Delta h)^2/2] - (\gamma \cdot h^2/2)$
$= \gamma \cdot (2h+\Delta h) \cdot \Delta h/2$
$\fallingdotseq \gamma \cdot h \cdot \Delta h$
（Δh は h に比べて小さいので省略して，$2h+\Delta h \fallingdotseq 2h$）

一方，水が動き始めることによる検査領域内の運動量の増加率は
$$\rho \cdot c \cdot (h+\Delta h) \times V \fallingdotseq \rho \cdot h \cdot V \cdot c *$$

＊短い時間 Δt の間に $c \cdot \Delta t \times (h+\Delta h)$ の体積の水が流速 V になる．体積に密度をかけて質量，それに V をかけた $\rho \cdot c \cdot \Delta t \cdot (h+\Delta h) \times V$ が，Δt の間に増加した運動量．これを Δt で割ると単位時間あたりの運動量の増加量，すなわち運動量の増加率になる．

これが運動量流入率Ⅰ，Ⅱの合計に等しいと置くと，
$$\rho \cdot h \cdot V \cdot c = \rho \cdot h \cdot V^2 + \gamma \cdot h \cdot \Delta h$$
これに式 (5.3) を代入して整理する．$\gamma = \rho \cdot g$ だから

$$g \cdot h^2 = c^2 \cdot (h - \Delta h) \fallingdotseq c^2 \cdot h$$

したがって，段差の伝わる波さ c は次のようになる。

$$c = \sqrt{gh}$$

5.2.4 長波の伝播速度

例題 5.3 で得られた段差が伝わる速さ $c = \sqrt{gh}$ は重要なので，少し解説しておく。

例題のような水面の段差が伝わっていく現象を，**段波**と言う*。

段波の伝わる速さ $\sqrt{gh}$ は，津波など長波と呼ばれる波の伝わる速さでもある*。

*河口から川を遡る段波が実際にある。海嘯（かいしょう）と呼ばれる現象である。ブラジル・アマゾン川のポロロッカ，中国・銭塘江の銭塘江潮などが有名である。

> 重力による波を，深水波（$1/2 \leq h/L$），浅水波（$1/25 < h/L \leq 1/2$），極浅水波（$h/L \leq 1/25$）の3種類に分けると，沖合の津波は極浅水波（＝長波）に分類される。ここに h：水深，L：波長である。沖合の津波を極浅水波と呼ぶのには違和感があるかも知れないが，この深い・浅いは，水深 h の波長 L に対する比によって決めるので，波長が長ければ深い海でも浅水波と呼ばれることになる。大洋の沖合の水深は数 km あるが，津波の波長は数百 km もあるため極浅水波＝長波に分類される。次に示すように津波の伝播速度は大きいが，波長が長いので津波のひとつの山が来てから次の山が来るまでに何十分もかかることがある。
> 太平洋の平均水深は 4 000 m 強である。$h = 4 000$ m とすると津波の伝わる速さは暗算で求まる。$c = \sqrt{(10 \text{ m/s}^2) \times (4 000 \text{ m})} = 200$ m/s = 720 km/h である。これは，ジェット旅客機の飛行速度に近い。実際，南米チリ沖の地震で発生した津波は 1 日ちょっとで日本に到達する。
> 海岸近くの浅い海に達した津波は速度を落とし，後の部分に追いつかれて波高が高くなる。

波の伝わる速さを，**波速**，**伝播速度**（でんぱそくど）などと呼ぶ。波速は，水粒子の動く速さとは全く異なる。例題の式 (5.3) は，動き始めた水の速さ V が波速 c よりもずっと小さいことを示す。波速は，物質ではなくエネルギーの伝わる速さである。

開水路の流れにおいて，$\sqrt{gh}$ は非常に重要な意味を持つ。9.3 節で詳しく述べる。

*例題 5.3 で，水深 h に比べて水深変化 Δh は小さいと仮定した。波長の長い波は小さな水深変化が連続したようなものである。

5.3 ベルヌーイの定理　水の運動を記述する式 − その 2

運動量方程式に続き，エネルギー保存則である**ベルヌーイの定理**を説明する。ベルヌーイの定理は，初歩の水理学で**もっとも重要な定理**であると言っても過言ではない*。

流体には粘性がある。一般に，運動する流体は粘性に基づく摩擦応力によってエネルギーを消費する。ただ，場面によってはこれを無視することができる。ここで扱うのは，エネルギーの損失がないとした，「最初の形の」ベルヌーイの定理である。第 6 章で，エネルギー損失を考慮した，「拡張された」ベルヌーイの定理を説明する。

*筆者が初めて水理学を学んだとき，恩師曰く「ベルヌーイの定理さえ分かれば単位をあげる。」

5.3.1 仕事とエネルギー

重い物を高いところに上げるのは大変な仕事である，といった表現を日常生活で用いるが，物理学でも「仕事」という用語を用いる。力学における仕事の定義を復習しておこう。物体 A が物体 B に力 F を加えている間に，物体 B が力 F の方向に x だけ進んだとき，力 F あるいは物体 A は，物体 B に $F \cdot x$ の**仕事**をしたと言う*。

＊力の方向と B の進んだ方向が異なるときは，ベクトルで表現して，加えた力 F，進んだ距離 x に対して，仕事は内積 $F \cdot x$ で表される。

動いている物体や，高い所にある物体には仕事をする能力がある。この能力は**エネルギー**という概念で把握される。エネルギーには，力学的エネルギー（運動エネルギー＋位置エネルギー），熱エネルギー，電気エネルギー，光エネルギー，化学エネルギーなど様々なものがある。

仕事は，エネルギーが別の物体のエネルギー，あるいは別の種類のエネルギーに換わる過程の一つであると見ることができる。仕事とエネルギーは同じ次元を持ち，加え合わせたり，大きさを比較したりすることが出来る。

以下，水の運動に直接関わるエネルギーを見ていく。

5.3.2 運動エネルギー

まず，動いている物体について考える。最初に v_0 の速さで動いていた質量 m の物体 A を，物体 B が一定の大きさの力 $-F$ で，時間 t のあいだ押し続けて停止させたとする（図 -5.9）。

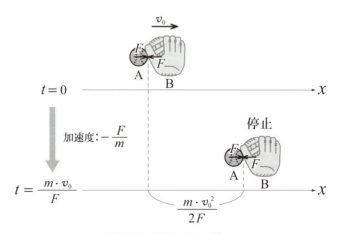

図-5.9 運動エネルギー

＊高校物理で習った公式 $v^2 - v_0^2 = 2ax$ を忘れたら，加速度を 2 回積分する。
$v(t) = -(F/m) \cdot t + C_1$
$x(t) = -(F/m) \cdot t^2/2 + C_1 \cdot t + C_2$
$v(0) = v_0,\ x(0) = 0$ から
$C_1 = v_0,\ C_2 = 0$
$v(t) = 0$ から，停止した時間は $t = v_0 \cdot m/F$，停止した位置は $x = x(v_0 \cdot m/F) = m \cdot v_0^2/(2 \cdot F)$

A の加速度 a は一定値 $-F/m$ で，停止するまでに進む距離は $m \cdot v_0^2/(2 \cdot F)$ である*。

A は B に，力×距離 $= F \times m \cdot v_0^2/(2 \cdot F) = m \cdot v_0^2/2$ の仕事をしたことになる。

一般に速さ v で動いている質量 m の物体は，$m \cdot v^2/2$ だけの仕事をする能力を持つ。

$mv^2/2$ を**運動エネルギー**という。

5.3.3 位置エネルギー

次に，物体の高さとエネルギーについて考える。質量 m の物体 A に，手で $m \cdot g$ の力を上向きに加えて支える。このままゆっくり A を上に $y=0$ のから $y=h$ まで押し上げる（図 −5.10(a)）*。手は A に $mg \cdot h$ の仕事し，重力は A に $-mg \cdot h$ の仕事をするから，A のエネルギーには変化がないように思える。事実 A は位置が変化しただけである。しかしこの位置の変化が重要である。それは，手を離して見ると分かる（同図 (b)）。$y=h$ から落ち始めた A は，元の位置 $y=0$ に来たときに $v=\sqrt{2g \cdot h}$ の速さになり，運動エネルギー $m \cdot v^2/2 = m \cdot g \cdot h$ を持つことになる*。これは，常に作用する重力が，高さ h の物体 A に $m \cdot g \cdot h$ のエネルギーを持たせていると見ることができる。同じことを別のやり方で確認しよう。手で A を支えたまま，ゆっくり $y=h$ から $y=0$ までおろせば，A は手に $m \cdot g \cdot h$ だけの仕事をする。これは，高さ h にあることによって A が持つ仕事の能力である，と言える。

* 「ゆっくり」なら加速度がどうのこうのという面倒な議論をしなくてすむ。

* $v^2-v_0^2=2ax$ を使うと，$v^2-0^2=2gh$。

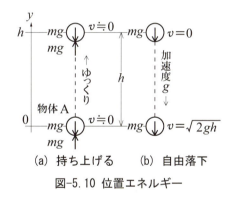

(a) 持ち上げる　(b) 自由落下

図-5.10 位置エネルギー

一般に，高さ h の位置にある質量 m の物体は mgh だけの仕事をする能力を持つ。mgh を重力による**位置エネルギー**（**ポテンシャル**，あるいは**ポテンシャルエネルギー**）という。

重力による位置エネルギーを考える場合，どれだけ降下または上昇するか，つまり高さの差のみが問題になる。したがって高さの基準はどこに取ってもよい。

運動エネルギーと位置エネルギーを合わせて，**力学的エネルギー**という*。

*エネルギーは仕事をする能力であるが，物を壊す能力である，と思った方がピンと来るかも知れない。質量が大きいほど，速いほど，あるいは高い所にあるほど，ぶつかって物を壊す能力は大きい。壊すときには，力学的な仕事をして，物を変形させたり，引きちぎったりしているのである。

5.3.4 定常流のエネルギー保存則

運動量方程式を導いたのと同様のやり方でエネルギーの方程式を導くが，今回は二つの断面に挟まれた流管を検査領域に設定し，その中の水についてエネルギーの単位時間当たりの増加量を計算する（図 −5.11(a)）。定常流ではこれがゼロになる。

エネルギーを変化させる原因は 2 つある。

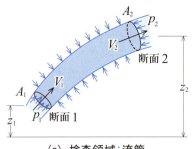
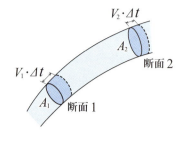

(a) 検査領域：流管　　　　(b) Δt の間に出入りする水

図-5.11　定常流のエネルギー収支

Ⅰ．まず，出入りする水が持ち込む（持ち出す）ことによるエネルギー変化がある。

　水は位置エネルギーと運動エネルギーを持っているから，水が検査領域に出入りするとエネルギーも同時に出入りする。水が出入りするのは，断面1と断面2だけである

　短い時間 Δt の間に水の出入りに伴って増加するエネルギーを求める。次の記号を用いる。断面積：A，高さ：z，平均流速：V，圧力：p　添字は断面1，断面2を表す。

　定常流であるから，流量を Q として連続の方程式は $Q=A_1\cdot V_1=A_2\cdot V_2$ である。短い時間 Δt の間に断面1を通過する水の体積は $A_1\cdot V_1\cdot\Delta t$ であるから（同図(b)），密度を ρ とするとその質量は $[\rho\cdot A_1\cdot V_1\cdot\Delta t]=[\rho\cdot Q\cdot\Delta t]$ である。したがって，断面1から水が持ち込む力学的エネルギーは

$$[\rho\cdot Q\cdot\Delta t]\cdot V_1^2/2+[\rho\cdot Q\cdot\Delta t]\cdot g\cdot z_1$$

同様に断面2から水と共に出て行く力学的エネルギーは

$$[\rho\cdot Q\cdot\Delta t]\cdot V_2^2/2+[\rho\cdot Q\cdot\Delta t]\cdot g\cdot z_2$$

である。差し引きして Δt で割ると，エネルギーの時間増加率が次のように求まる。

$$Q\cdot\{\rho\cdot(V_1^2-V_2^2)/2+\rho\cdot g\cdot(z_1-z_2)\}$$

Ⅱ．つぎに，検査領域内の水は動いているから，それに作用している外力は仕事をして，検査領域内の水のエネルギーを増やす。

　検査領域内の水に加わる外力は，①断面1および断面2で隣接する水から受ける圧力，②流管の側面で隣接する水（または流路の壁）から受ける圧力およびせん断(摩擦)応力，③重力，の3種類である（図-5.2(b)と似ている）。

① 水が出入りする断面1，2では，圧力の作用する方向と水が動く方向が同じである。
② 側面からの圧力は側面に垂直に作用し，水は側面に平行に動くから仕事をしない。

また，摩擦はないと仮定しているのでせん断応力による仕事もない*。
③ 重力による仕事は，水が持ち込む位置エネルギーの増減として，Ⅰで計算済みである。

結局，外力がなす仕事は，断面1および2における圧力によるもののみである。
断面1では，隣接する水が検査領域内の水を，大きさ $p_1 \cdot A_1$ の全水圧で押す。押された水は，短い時間 Δt の間に押された方向に $v_1 \cdot \Delta t$ だけ移動する。したがって，隣接する水の圧力は検査領域内の水に $[p_1 \cdot A_1 \cdot V_1 \cdot \Delta t] = [p_1 \cdot Q \cdot \Delta t]$ だけの仕事をする。
断面2では，隣接する水が押す向きと，押された検査領域内の水が動く向きが逆になるから，隣接する水の圧力がなす仕事は $[-p_2 \cdot A_2 \cdot V_2 \cdot \Delta t]$ $= [-p_2 \cdot Q \cdot \Delta t]$ となる。したがって，隣接する水の圧力によるエネルギーの時間増加率は，次のようになる。

$$p_1 \cdot Q - p_2 \cdot Q$$

ⅠとⅡを合わせた，検査領域内の水のエネルギーの時間増加率は

$$Q \cdot \{\rho \cdot (V_1^2 - V_2^2)/2 + \rho \cdot g \cdot (z_1 - z_2)\} + p_1 \cdot Q - p_2 \cdot Q$$

定常流ではエネルギーは変化しないから，これをゼロと置いて断面ごとにまとめると

$$Q \cdot (\rho \cdot V_1^2/2 + \rho \cdot g \cdot z_1 + p_1) = Q \cdot (\rho \cdot V_2^2/2 + \rho \cdot g \cdot z_2 + p_2) \quad \cdots (5.4)$$

式(5.4)の左辺 $Q \cdot \rho \cdot V_1^2/2 + Q \cdot \rho \cdot g \cdot z_1 + Q \cdot p_1$ について，少し詳しく見てみよう。

第1項および第2項は，時間当たり断面1を通過する運動エネルギー，および位置エネルギーである。第3項 $Q \cdot p_1$ は，断面1の左側の水が断面1の右側の水に与える時間当たりのエネルギーであるから，これも断面1を右向きに通過するエネルギーと見ることができる。結局，左辺は時間当たり断面1を通過するエネルギーの合計になり，式(5.4)は断面1，2を時間当たり通過するエネルギーが等しいことを示す。

式(5.4)の両辺を $Q \cdot \gamma$ で割ると

$$p_1/\gamma + z_1 + V_1^2/(2g) = p_2/\gamma + z_2 + V_2^2/(2g)$$

$Q \cdot \gamma$ は，時間当たり断面を通過する水の重量であるから，この式は，断面1，2を通過する水の**単位重量あたりのエネルギー**が変わらないことを意味する*。次項5.3.5で，「単位重量当たりのエネルギー」という量がいかに分かり易いものであるかが示される。

この式を導くのに用いた検査領域の流管（図−5.11(a)）を細くして，一本

*運動量方程式を考えたときと力の扱いが異なることに注意せよ。運動量は水の動いている方向と関係なしに力を考えればいいので，せん断応力と圧力を区別する必要がなかった。しかし，ここではせん断応力があるとエネルギーが減少するので別扱いしなければならない。

*Qは，時間当たり断面を通過する水の体積。それに単位体積重量をかけた $Q \cdot \gamma$ は，時間当たり断面を通過する水の重量になる。$\gamma = \rho \cdot g$ であることに注意。
〔時間当たり通過するエネルギー〕/〔時間当たり通過する重量〕＝〔重量当たりエネルギー〕

第5章 流れの力学

の流線上で成り立つ式としてまとめると，

> **ベルヌーイの定理**[*]
> 完全流体[*]の定常流において，一つの流線上で
> $p_1/\gamma + z_1 + v_1^2/(2g) = p_2/\gamma + z_2 + v_2^2/(2g)$ ・・・(5.5) あるいは
> $p/\gamma + z + v^2/(2g) : $ 一定 ・・・(5.6)

[*]ベルヌーイ(Daniel Bernoulli, 1700–1782，スイスの数学者，物理学者)

[*]【復習】完全流体：粘性がない流体。粘性がなければ摩擦がない。

[*]圧力によって水が縮めばバネと同様に弾性エネルギーが蓄えられるが，我々は水の非圧縮性を仮定しているのでその意味のエネルギーはない。

式(5.6)の第2項zは位置エネルギー，第3項$v^2/(2g)$は運動エネルギーであった。第1項p/γは，固体の力学で学んだ力学的エネルギー保存則にはなかったもので，**圧力のエネルギー**と呼ばれることがある。圧力のエネルギーは，場所による圧力の差が仕事をする能力を持つことを表す[*]。圧力のエネルギーはポテンシャルエネルギーではないが，定常流では位置によって圧力が決まるので，ポテンシャルエネルギーと同様な扱いができる。後で説明する。

5.3.5 水頭

ベルヌーイの定理が，水理学では**単位重量あたりのエネルギー**で表現されていることを，もう少し詳しく見ておく。まず，「単位重量あたりのエネルギー」の次元が「長さ」であることに注目しよう[*]。

[*]式(5.6)各項の次元。$[p/\gamma] = [(F/L^2)/(F/L^3)] = [L]$，$[z] = [L]$，$[v^2/(2g)] = [(L/T)^2/(L/T^2)] = [L]$。

式(5.6)の**第2項は高さ**そのものである。さらに**第1項も第3項も，水面の高さ**と具体的に結びつく。第1項について見てみよう。深さhの位置における静水圧は$p = \gamma \cdot h$であった。すなわちp/γは，静水圧がpになる水深である。現在考えている点の水深は，見方を変えるとその点から見上げた水面の高さである。そこで，式(5.6)の第1項p/γを**圧力水頭**(pressure head)と呼ぶ[*]。(図-5.12)。他の項についても「水頭」という言葉を用いて，zは**位置水頭**(potential head)，$v^2/(2g)$は**速度水頭**(velocity head)と呼ばれる。速度水頭については，「5.3.7(1)ピトー管」で水面の高さとの対応を示す。

[*]考えている点から細い管を大気まで通したマノメータを思い出せば，水の頭というイメージがもっとはっきりするだろう

圧力水頭と位置水頭の和を**ピエゾ水頭**(piezometric head)と呼ぶ。
圧力水頭，位置水頭，速度水頭の和を**全水頭**(total head)と呼ぶ。
これを用いると**ベルヌーイの定理**は
定常流の流線上で全水頭は一定である。
と表現される。

$$\underbrace{\underbrace{p/\gamma}_{\text{圧力水頭}} + \underbrace{z}_{\text{位置水頭}}}_{\text{ピエゾ水頭}} + \underbrace{v^2/(2g)}_{\text{速度水頭}} = \text{一定} \quad \cdots (5.6) \text{ 再掲}$$

全水頭

ピエゾ水頭は重要な概念なので，もう少し説明しよう。静止した水を考え

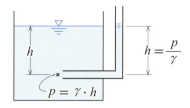

図-5.12 圧力水頭

る。記号を図-5.13のように決めると、速度水頭がゼロであるから、水面の点Oでの全水頭はピエゾ水頭（= 圧力水頭 + 位置水頭）に等しく$0+z_0$である。同様に、水中の任意の点1での全水頭は$h_1+z_1=z_0$となるから点Oと同じになる。すなわち、静止している水の中では単位重量あたりの水のエネルギーはどこでも同じで、その値は**ピエゾ水頭 = 水面の高さ**で表される[*]。

ピエゾ水頭がどこでも同じであることは、次のように考えても分かる。静止した水の中の水塊に着目する。この水塊に加わっている力は重力と浮力（全水圧）だけである。両者とも鉛直方向で向きが逆、大きさが等しい（図-5.14）。したがって、この水塊を限りなくゆっくり動かしたとき、両者から水塊がなされる仕事の和は常にゼロである。

[*] ダム直下の発電所はダム湖面の高さによるエネルギーを利用する。ピエゾ水頭が同じなので、発電の水をわざわざ水面から取らずに底近くから取ってもエネルギー的に損はない。ただし、最近は下流の環境（水温、濁り）を守るために、表面取水が多くなっている。

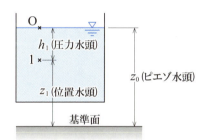

図-5.13 ピエゾ水頭はどこでも同じ

図-5.14 水塊をゆっくり移動させる

5.3.6 平均流速を用いたベルヌーイの定理

第4章で説明したように、我々は流れをまずは一次元的に扱う。一次元的扱いでは、主流の方向の流れのみを考え、かつ断面内で変化する流速などの値は平均値を用いる。したがって実用的には、一本の流線上で全水頭が一定であるというベルヌーイの定理を、平均値を用いることによって断面全体で使えるようにしたい。

式(5.6)の第1項（圧力水頭）と第2項（位置水頭）については、大きな問題はない[*]。しかし、第3項の速度水頭については、運動量方程式で平均流速を用いたときと同様の問題が生じる。流線ごとの値を積み上げて全体を求めた単位重量あたりのエネルギーと、平均流速を使って計算した速度水頭との値が必ずしも一致しないのである[*]。これを補正するには、「流速分布の非一様性に対する**運動エネルギー補正係数** α」を導入した次の式を用いる。

[*] 曲がりがあまり大きくない流れでは、圧力分布が静水圧とほぼ同じになる。ということはピエゾ水頭が断面内で変化しないことを意味する。したがってp, zとしては、断面の中心の値を用いればよい。

[*] 運動エネルギーの流入量がvの三乗の形を持つ非線形のためである。

$$p_1/\gamma + z_1 + \alpha_1 \cdot V_1^2/(2g) = p_2/\gamma + z_2 + \alpha_2 \cdot V_2^2/(2g)$$

あるいは,

$$p/\gamma + z + \alpha \cdot V^2/(2g) : 一定$$

α の値は断面内の流速分布によって決まる。我々が扱う流れでは，通常 1.01〜1.1 の範囲に収まり，1で近似することが多い。**本書では，$\alpha=1$ とする。**[*]

*運動量方程式の補正係数 β の場合と同様な計算から $\alpha=(1/(A \cdot V^3))\int_A v^3 dA$ となる。ただし，A：断面積，A：断面，v：各点の流速，V：平均流速。

$\alpha \geq 1$ である。補正係数 β と同様，流速分布幅が大きい層流（遅い流れ。6-3で説明）では大きくなる。たとえば，流速が放物線分布する円管内の層流では $\alpha=2$ となる。しかし，一般に土木で扱う流れは速く（乱流），$\alpha \fallingdotseq 1$ としてよい範囲に収まる。β も本書では 1 とすることは既に述べた。

5.3.7　課題への適用

(1) ピトー管

静止した水の中にパイプを入れて大気まで導くと，パイプ内の水面はピエゾ水頭の高さになる。これがマノメータの原理であった（図-5.12）。動いている水だとどうだろう。マノメータ内の水面の高さは水中の開口部の向きによって変わるのである。水路の壁面に穴をあけて作った開口部は水の動きを乱さない。ここにつないだマノメータ内の水面高さは水が静止しているときと同じで，ピエゾ水頭の高さになる（図-5.15）。

図-5.15　開口部が壁面にあるマノメータ

開口部が，流速 v で流れて来る水の上流方向に向いているマノメータを考える（図-5.16）。このマノメータ内の水は，上流から来て開口部にぶつかった水に少し押し込まれた位置で，つまり水面が少し上昇して止まる。この水面上昇量を計算するために，開口部の真ん中にぶつかる流線を考える。上流から開口部に向かう一般の流線は，マノメータにぶつかると上下左右に分かれて下流に続くが，真ん中の流線だけは開口部の中心の点2で止まる[*]。この真ん中の流線上の点1と点2でベルヌーイの定理を適用する。

$$p_1/\gamma + z_1 + v_1^2/(2g) = p_2/\gamma + z_2 + v_2^2/(2g) \qquad \cdots (5.5)\ 再掲$$

分かっている値，$p_1/\gamma = h_1$，$p_2/\gamma = h_2$，$z_1 = z_2$，$v_1 = v$，$v_2 = 0$ を代入すると

$$v^2/(2g) = h_2 - h_1 = h \qquad \cdots (5.7)$$

*これはもちろん理想化された流線である。流速がゼロとなる点2は，よどみ点と呼ばれる。

*ついでに言うと，速度水頭 $h=v^2/(2g)$ は，速さ v で水を真上に向けて発射したときに到達する高さである（水でなくて石でも同じ）。

$v^2/(2g)$ を速度水頭と呼んだ。**速度水頭 $v^2/(2g)$ を，実際に水面の高さ**（の差）**h として見ることができる**のは特筆すべきことである。これで，どの水頭も実際に高さで示されることが分かった[*]。

*水が動いているので「**静水圧**」（hydrostatic pressure）ではない。奇妙に感じるかもしれないが，**静圧は水が動いている時の「圧力」**である。ただ，流れの曲がりがきつい場合を除いて，静圧は静水圧と同じ分布をすると考えて良い。

h_1 で表される圧力を**静圧**（static pressure）と呼ぶ[*]。　静圧 $= \gamma \cdot h_1$。
速度水頭 $h=h_2-h_1$ で表される圧力を**動圧**（dynamic pressure）と呼ぶ。

5.3 ベルヌーイの定理　水の運動を記述する式 - その 2

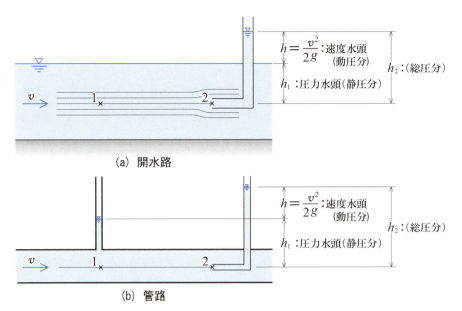

(a) 開水路

(b) 管路

図-5.16　開口部が上流を向いたマノメータ

動圧 $=\gamma\cdot h=\gamma\cdot v^2/(2g)=\rho\cdot v^2/2$。動圧は，動いている水を止めるために必要な圧力，あるいは，動いている水がぶつかった時の圧力である。

動圧と静圧を加えた圧力（**図-5.16** の h_2 に対応）は**総圧**（total pressure, 全圧）と呼ばれる。

管を二重にして片方の開口部を上流に向け，もう一つの開口部を側面に設けて総圧と静圧を同時に測れるようにした管が**ピトー管**である（**図-5.17**）[*]。静圧を測定する管を**静圧管**，総圧を測定する管を**総圧管**という。両管の圧力差，すなわち動圧から流速が求まる[*]。必要なのは二つの管の圧力差だけであるから，測定には図のように差動マノメータを用いることができる。

問題 5.4　**図-5.17** のピトー管を用いて水の流速を測った。$h=10.0$ cm のときの流速を求めよ。重力加速度 $g=9.81$ m/s^2 を用いよ。

問題 5.5　水面差が大きいため，差動マノメータに水銀を用いて読みを縮

[*] ピトー（Henri Pitot 1695 −1771, フランスの物理学者）が考案。

[*] GPS で対地速度が容易に測定できる現在でも，飛行機にとって極めて重要な「対気速度」を測定する装置として，ピトー管が使われている。**写真-5.1** には総圧管が 2 本見えている。ピトー管が正常に機能しなくなったために起きた重大な航空機事故がいくつも報告されている。

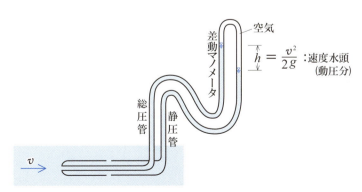

図-5.17　ピトー管

写真-5.1　旅客機のピトー管

小した（図−5.18(a)）。差動マノメータ内の水と水銀の境界面高さの差が10.0 cm のとき，流速を求めよ。水銀の比重を 13.6 とする。

問題 5.6 ピトー管で空気の流速を計る（図−5.18(b)）。差動マノメータ内の水面高さの差が 10.0 cm のときの流速を求めよ*。空気の密度を $\rho_{空気}$ =1.20 kg/m³ とせよ。

* 総圧管の方が圧力が高いので，図−5.17 では水面が静圧管よりも押し上げられて高くなっている。一方，この問題の図−5.18では境界面がより強く押し下げられて低くなっていることに注意。

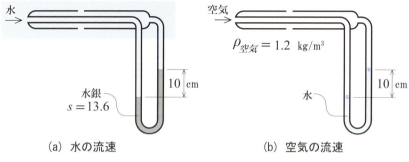

(a) 水の流速　　　　(b) 空気の流速

図−5.18

解答

5.4 総圧管と静圧管の圧力差，すなわち動圧を水柱の高さで表した速度水頭が 10.0 cm であるから，式(5.7) を用いて

$$v = \sqrt{2 \times 9.81 \text{ m/s}^2 \times 10.0 \text{ cm}} = 1.40 \text{ m/s} (= 5.04 \text{ km/h})$$

5.5 速度水頭は 10.0 cm ×(13.6−1)＝1.26 m である（2.2.6 差動マノメータの読みの拡大・縮小を参照）。

$$v = \sqrt{2 \times 9.81 \text{ m/s}^2 \times 1.26 \text{ m}} = 4.97 \text{ m/s} (= 17.9 \text{ km/h})$$

5.6 空気の場合，「水頭」という概念は使えない。混乱しないように γ, ρ に空気，水の添え字をつけることにすると，ベルヌーイの定理は

$$p_1/\gamma_{空気} + z_1 + v_1^2/(2g) = p_2/\gamma_{空気} + z_2 + v_2^2/(2g)$$

となる。$z_1 = z_2$，$v_2 = 0$ として，動圧 $p_{動}$ を求めると

$$p_{動} = p_2 - p_1 = \gamma_{空気} \cdot v_1^2/(2g) = \rho_{空気} \cdot v_1^2/2$$

水に対して空気の密度を無視すると，図から総圧管と静圧管の圧力差（動圧 $p_{動}$）は

$p_{動} = p_2 - p_1 = 10.0 \text{ cm} \times \rho_{水} \times g$ であるから，これを上の式と比べて

$$v_1 = \sqrt{2 p_{動}/\rho_{空気}} = \sqrt{(2 \times 0.1 \text{ m} \times 1\,000 \text{ kg/m}^3 \times 9.81 \text{ m/s}^2)/(1.20 \text{ kg/m}^3)}$$
$$= 40.4 \text{ m/s} (= 146 \text{ km/h})$$

(2) ベンチュリ管

管路の流量を測定する装置として，図−5.19 に示すベンチュリ管がある*。

断面 1 と断面 2 の間で損失がないものとしてベルヌーイの定理を適用する。これまでと同様に添字 1, 2 で断面を表し，ピエゾ水頭 $p/\gamma + z$ を $h_{ピエゾ}$ と書くと

$$h_{ピエゾ1} + v_1^2/(2g) = h_{ピエゾ2} + v_2^2/(2g)$$

流量を Q，断面積を A として連続の式 $Q = A_1 \cdot v_1 = A_2 \cdot v_2$ から，$v_2 = v_1 \cdot A_1/A_2$

* Venturi tube。Giovanni Battista Venturi（1746−1822 イタリアの物理学者）一般に管の一部を絞ったものをベンチュリ管といい，測定以外に圧力を下げる目的でも使われる。

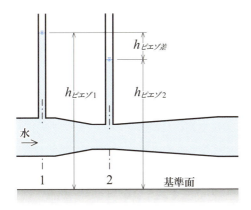

図-5.19 ベンチュリ管

となることを用いて変形すると，

$h_{ピエゾ1} - h_{ピエゾ2} = \{v_1^2/(2g)\} \cdot \{(A_1/A_2)^2 - 1\}$

これを $h_{ピエゾ差}$ と表記すると，流量 Q が次のように求まる。

$Q = \{(A_1 \cdot A_2)/\sqrt{(A_1^2 - A_2^2)}\} \cdot \sqrt{2g \cdot h_{ピエゾ差}}$

管が細いところの圧力が低いことに注意せよ。細くなるところに水が押し込められるから圧力が高くなる，と感じる学生が多い。管の細い場所を通すために後方，つまり管の太い場所から押しているので太い所の圧力が高い，と考えてはどうだろう。連続方程式を考えれば，細い場所で流速が大きくなることはすぐ分かる。これは水が圧力差で押されて加速するためである，と考えるのもよい。ベルヌーイの定理流に言えば，流速が大きくなる細い場所ではエネルギーが圧力水頭から速度水頭に移るのである*。

* 高さの差も含めて，ピエゾ水頭から速度水頭に移る，と言った方が正確。

図-5.20 はオリフィス流量計である。**オリフィス**（流出孔, orifice）と呼ばれる孔を開けた板によって流路断面を狭くする。オリフィスを通過した水は流れが絞られて流速が大きくなり圧力が下がる。その圧力差から流量を求める。オリフィス流量計の長所は構造が簡単なこと，短所はエネルギーの損失が大きいことである。ベンチュリ管やオリフィスのように管を細くして流量を計る方式の流量計は，しぼり流量計，差圧流量計などと呼ばれる。

図にはオリフィスを通過する流れの流線を概念的に示してある。断面が急変するオリフィスの前後で流線は壁から離れ，流れの「剥離」が生じる。流

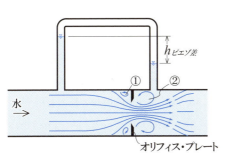

図-5.20 オリフィス流量計

第5章 流れの力学

れの本流はベンチュリ管の形に似ている。剥離した流れと壁の間の水は，その場で渦を巻く（図の①，②の部分）。これによってエネルギーの損失が大きくなる。

問題 5.7 断面積 $A_1=80 \text{ cm}^2$ の管を $A_2=30 \text{ cm}^2$ に絞ったベンチュリ管で水の流量を測る。水銀を入れた差動マノメータの読みが 9 cm のときの流量はいくらか。重力加速度を 9.81 m/s^2，水銀の比重を 13.6 とし，エネルギーの損失は考えない（図 $-5.21(\text{a})$）。

問題 5.8 同じ寸法のベンチュリ管を用いて，鉛直下向き 5 L/s の流量を測定した（図 $-5.21(\text{b})$）。差動マノメータには空気を封入してある。差動マノメータ内の水面 1 が断面 1 の 15 cm 上にあるとき，水面 2 は断面 2 から h_2 だけ上にある。h_2 を求めよ。

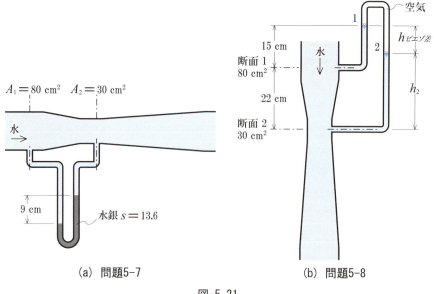

(a) 問題5-7　　　　(b) 問題5-8

図-5.21

解答

5.7　両断面のピエゾ水頭差 $h_{\text{ピエゾ差}}$ は

$h_{\text{ピエゾ差}}=9 \text{ cm} \times (13.6-1)=1.134 \text{ m}$

ベルヌーイの定理を水頭で書くと，$h_{\text{ピエゾ}1}+h_{\text{速度}1}=h_{\text{ピエゾ}2}+h_{\text{速度}2}$
であるから，$h_{\text{ピエゾ差}}$ はそのまま両断面の速度水頭の差になる。

$(v_2^2-v_1^2)/(2g)=1.134 \text{ m}$

また連続の式から　$v_2^2-v_1^2=[(A_1/A_2)^2-1]\cdot v_1^2$

$v_1=\sqrt{(1.134 \text{ m} \times 2 \times 9.81 \text{ m/s}^2)/\{(80 \text{ cm}^2/30 \text{ cm}^2)^2-1\}}=1.908 \text{ m/s}$

$Q=A_1 \times v_1=80 \times 10^{-4} \text{ m}^2 \times 1.908 \text{ m/s}=15.3 \text{ L/s}$

5.8　$v_1=(5 \text{ L/s})/80 \text{ cm}^2=0.625 \text{ m/s}$, $h_{\text{速度}1}=(0.625 \text{ m/s})^2/(2 \times 9.81 \text{ m/s}^2)$
$=0.0199 \text{ m}$

$v_2=(5 \text{ L/s})/30 \text{ cm}^2=1.667 \text{ m/s}$, $h_{\text{速度}2}=(1.667 \text{ m/s})^2/(2 \times 9.81 \text{ m/s}^2)$

= 0.1416 m

速度水頭の差は，そのままピエゾ水頭の差であるから

$h_{ピエゾ差} = 0.1416\ \text{m} - 0.0199\ \text{m} = 0.1217\ \text{m} ≒ 12.2\ \text{cm}$

∴ $h_2 = 22\ \text{cm} + 15\ \text{cm} - 12.2\ \text{cm} = 24.8\ \text{cm}$

(3) トリチェリの定理

大きな水槽の壁に小さな孔があり，そこから水が噴出している（図 −5.22 (a)）。ベルヌーイの定理を用いて，孔を出たところの流速を求める。流線はおよそ図のようになっている。点 O を水槽の水面に，点 1 を出口に取って，それぞれ添字 0，1 を用いる。

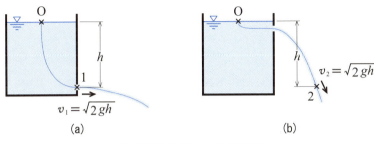

図-5.22 トリチェリの定理

$p_0/\gamma + z_0 + v_0^2/(2g) = p_1/\gamma + z_1 + v_1^2/(2g)$

この式に分かっている値を入れていく。このとき「大きな」水槽の「小さな」孔というのがミソである。水面の断面積が流出孔の断面積よりずっと大きいので，連続の方程式から $v_0 ≒ 0$ である。また，点 O は水面にあり，点 1 は空気中に出たところにあるから，いずれも大気圧，すなわち，$p_0 = p_1 = 0$ である。これらを代入すると上の式は

$0 + z_0 + 0 = 0 + z_1 + v_1^2/(2g)$ ・・・(5.8)

$z_0 - z_1 = h$ であるから，結局

$v_1 = \sqrt{2gh}$

となる。この速さが，高さ h から落ちて来た質点の速さと同じであることに注意せよ*。

この流速の式は**トリチェリの定理**と呼ばれる。

図 −5.22(b) では同じ水槽で孔が図 (a) よりも高いところにある。図 (a) の点 1 と同じ高さの点 2 の流速を求める式は，点 1 の場合とまったく同じになり $v_1 = v_2$ である。ただし，速さは同じであるが，方向は異なる。

図 −5.23 では水槽の底に孔がある。図 (a) の点 A の流速を求める計算は，前の問題と同様である。しかし図 (b) の点 B では，高さが同じ点 A と異なる流速が得られる。何が違うのか，やってみよう。

まず点 A については，前問とまったく同じ考え方で $v_A = \sqrt{2gh_A}$ が得ら

*高さ h にある質量 m の質点の位置エネルギーは mgh。質点が高さゼロまで落ちて，位置エネルギーがすべて運動エネルギー $mv^2/2$ に替わると $v = \sqrt{2gh}$。

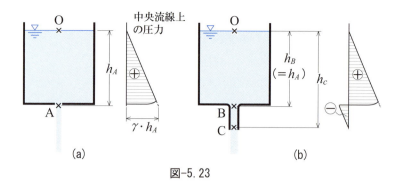

図-5.23

れる。しかし点 B は管の中にあるので $p_B=0$ とは言えず，p_B は未知である。ベルヌーイの定理は，

$$0 + z_0 + 0 = p_B/\gamma + z_B + v_B^2/(2g)$$

となる。p_B と v_B が未知数であるから，この式だけから v_B を求めることはできない。

そこで，まず点 O と点 C でベルヌーイの定理を用いる。点 C は大気中に出た所にあるから $p_C=0$ である。したがってベルヌーイの定理は式 (5.8) とまったく同じ形になって $v_C=\sqrt{2gh_C}$ が得られる。管の太さが一様ならば，連続方程式から $v_B=v_C$ であるから，$v_B=\sqrt{2gh_C}$ となる。

今の問題で，水面の点 O と出口の点 A，点 B では圧力がゼロである。途中の流線上における圧力変化の様子を，図 (a)，図 (b) それぞれの右側に描いてある。水がほぼ静止している水槽の中で圧力はほぼ静水圧分布する。水槽の底近くに来て流速が速くなると，圧力＋位置のエネルギーは運動エネルギーに変わっていく。水頭で表現すれば，ピエゾ水頭が減少し，その分が速度水頭に加わる。図 (a) では，そのまま圧力がゼロになって水槽の外に出る。

一方，図 (b) では，管に入るところで圧力が負になるまで下がることに注目しよう。管の最下点で圧力はゼロである。ここから管の中を登って行くと，速度水頭一定で位置水頭が増加するから，その分だけ圧力水頭が減少する。

これを次のように感覚的に理解してもよい。管の中の水が自分の重さで上の水を引っ張るため圧力はゼロよりも下がり，点 B の流速は点 A よりも速くなる*。

*圧力は静水圧と同じ勾配で減少する。管内のどの位置でも，負圧がそこよりも下の水を上向きに引く力とその水の重力が釣り合って，管内の水は加速しない。

[例題] 5.4 （図 -5.24(a)）

大きな水槽の下面に細い管がついていて水が流れ出ている。点 A の流速，圧力を求めよ。また，中央の流線上の圧力変化を図示せよ。管の断面積は途中で 1/2 になる。$g=9.81 \text{ m/s}^2$ を用いよ。

[解答]

管から出たところの点を B とする。点 B と水面でベルヌーイの定理を用いて v_B が求まる。また，点 A の断面積は点 B の断面積の 2 倍だから連続方

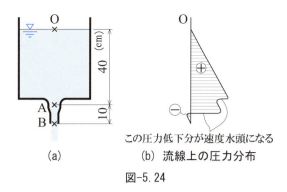

(a)　　　　　(b) 流線上の圧力分布

図-5.24

程式から流速は 1/2 になる。

$v_A = v_B/2 = \sqrt{(2 \times 9.81 \text{ m/s}^2 \times 50 \text{ cm})}/2 = 1.566 \text{ m/s}$

点 B の高さを基準にとって，点 A と点 B でベルヌーイの定理を用いると

$p_A/\gamma + z_A + v_A^2/(2g) = 0 + 0 + v_B^2/(2g)$

$p_A/\gamma = -z_A + v_B^2/(2g) - v_A^2/(2g) = -z_A + \{1 - (1/2)^2\} \cdot v_B^2/(2g)$

　　　$= -10 \text{ cm} + 50 \text{ cm} \times 3/4 = 27.5 \text{ cm}$*

∴ $p_A = 27.5$ cmH$_2$O（$= 275$ kgf/m$^2 = 2.70$ kPa）

流線上の圧力の変化を図(b)に示す。

*$v_B^2/(2g) = 50$ cm が最初から分かっているので，$v_A = v_B/2$ を用いて本文のような変形ができる。もちろん，v_A, v_B の値を $p_A/\gamma = -z_A + v_B^2/(2g) - v_A^2/(2g)$ に直接代入すれば p_A の値は得られる。しかし，誤差や計算ミスを減らすためにも，しなくて済む計算はしない方が賢明である。

　これまでに述べたのは流速についてだけであって，流量のことは触れていない。孔から出た水脈の太さが孔の面積と同じになるとは限らないため，計算できないのである。

　図-5.25 に断面を示した円形の孔から水が流出する状況を考えよう。水はすべての方向から集まって来る。中心の水はそのまま真っ直ぐ外に向かうが，たとえば上から壁に沿って下がって来た水は，点 A で壁から離れたあと中央の水にぶつかって，図のように急カーブを描いて水脈の中心線と同じ方向に向きを変えていく。

　全体の流線が平行になるまでの短い区間では，内部の水は周辺の水の遠心力に押されて圧力がゼロにならない。内部の水の圧力に押されて外側の水が曲線を描く，と言ってもよい。

　この区間を通る間に全体の流線は平行になり，流れは細くなって最終的な断面積になる（図の断面 B）。その位置を**縮流断面**（section of vena contracta）

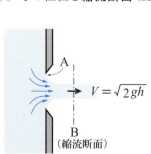

図-5.25　縮流（ベナ・コントラクタ）

第 5 章 流れの力学

という。縮流断面の断面積と孔の断面積の比 C_c を **縮流係数**（縮脈係数）という。縮流断面に到達して初めて断面全体の圧力がゼロになり、流速がトリチェリの定理で得られる値になる。図 −5.25 のように、流出方向に対して垂直な内壁を持つ孔の縮流係数 C_c は 0.6 程度である。

(4) ボルダの口金

先ほどと同様、大きな水槽の小さな円形孔からの流出を考える。図 −5.26 (b) のような円筒形の口金を、出口の内側に取り付ける。この口金をボルダの口金（Borda's mouthpiece）という*。噴流の表面を形成する流れは、ボルダの口金の外側に沿って来て断面 1 で口金を離れる。このとき流れは水槽の内側（図では左向き）に向いているがすぐに曲がり始め、最終的に 180 度向きを変えて外（右）に向かう。このときの噴流の流量を求めよう。断面 2 における流速は前の問題とまったく同じように求まる。

$$V_2 = \sqrt{2gh}$$

縮流の状況を知るために、図 (a) に破線で示した検査領域について、x 方向の運動量方程式を立てる。検査領域内の水に加わる x 方向の外力は、水槽の左右の壁からの圧力のみである。左右の圧力は基本的に同じであるが、口金の部分だけは右壁からの圧力がない（図(c)）。差し引き、（口金の面積 A_1）×（その位置の圧力 $\gamma \cdot h$）だけ左壁からの力が大きいことになる。

また、流量 $Q = A_2 \cdot V_2$，そこで運動量方程式は，

$$\rho \cdot A_2 \cdot V_2 (V_2 - 0) = A_1 \cdot \gamma \cdot h$$

これに上記の $V_2 = \sqrt{2gh}$ を代入すると

$$A_2/A_1 = (\gamma \cdot h)/(\rho \cdot V_2^2) = (\rho \cdot g \cdot h)/(\rho \cdot 2 \cdot g \cdot h) = 1/2$$

$$\therefore Q = (1/2) A_1 \cdot \sqrt{2gh}$$

ここで、縮流係数 $C_c = 1/2$ が得られた*。

* Jean−Charles de Borda
1733−1799，フランスの数学者，物理学者，政治学者，海軍司令官。

* 水槽の右壁から差し引く口金の面積 A_1 は管の外側で計るので（図(b)），縮流係数 C_c は、ボルダの口金内側の孔の面積ではなく、厚みを含んだ管の外周が囲む面積に対する、噴流断面積の比である。

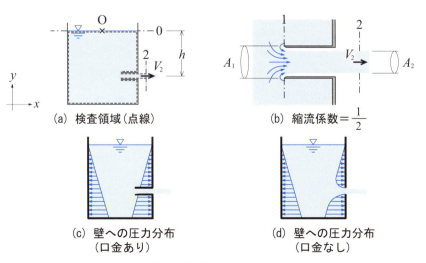

(a) 検査領域（点線）　　(b) 縮流係数 $= \dfrac{1}{2}$

(c) 壁への圧力分布（口金あり）　　(d) 壁への圧力分布（口金なし）

図-5.26 ボルダの口金

この方法は，図−5.25では使えない。口金がないと壁に沿って流れが生じ（図−5.25参照），速度水頭分だけ圧力水頭が減少する。このため図−5.26(d)のように右壁の圧力が孔の周辺で静水圧よりも下がって計算できないのである。ボルダの口金があれば　右壁に沿った流速は無視できる。

第6章
水に作用する摩擦力

● 流体 – 固体間，流体内の摩擦(せん断応力)は，「相対的に静止していれば，せん断応力はゼロである」など，固体同士の摩擦と異なる特徴を持つ。
　・流体の流速変化は連続的で，壁に接している流体の速度はゼロになる(**すべりなし条件**)。

● 流れが壁の影響を受ける範囲を**境界層**という。我々が扱うのは境界層内の流れである。

● 水など多くの流体はニュートンの粘性の法則に従う**ニュートン流体**である。
　$\tau_{vis} = \mu \cdot dv/dy$　　τ_{vis}：**分子粘性**によるせん断応力，μ：粘性係数，dv/dy：速度勾配

● 管路の**レイノルズ数** $Re = V \cdot D/\nu = \rho \cdot V \cdot D/\mu$　　$\nu = \mu/\rho$：**動粘性係数**
　・**層流**　$Re < 2\,000$　　**乱流**　$4\,000 < Re$
　・乱れに基づく応力を**レイノルズ応力**と呼ぶ。

● 管路のせん断応力分布　$\tau(r) = (r/r_0) \cdot \tau_0$
　　　　　　　　　　　　r：中心からの距離，r_0：管の半径，τ_0：壁面せん断応力
　・層流のせん断応力は，分子粘性による。
　・乱流のせん断応力は，壁のごく近傍では分子粘性によるものが大部分を，少し離れるとレイノルズ応力が大部分を占める。

● 管路の流速分布
　・層流　**放物線分布**　　$v = -[(1/2) \cdot \tau_0/(\mu \cdot r_0)] \cdot (r^2 - r_0^2)$
　・乱流　**対数分布**　　$v/v_* = 5.75 \log_{10}[y/(\nu/v_*)] + 5.5$　　滑らかな管
　　　　　　　　　　　　$v/v_* = 5.75 \log_{10}(y/k_s) + 8.5$　　　　粗い管
　v：流速，y：壁からの距離，$v_* = \sqrt{\tau_0/\rho}$：摩擦速度，ν/v_*：粘性長さ，k_s：粗度
　対数分布は，壁の近傍を除けば放物線分布より一様である。

● 摩擦損失勾配　$I_f = 4\tau_0/(r \cdot D)$　　τ_0：壁面せん断応力，D：管径

● ダルシー–ワイスバッハの式
　円管路　$h_f = f \cdot (l/D) \cdot V^2/(2g)$
　一般　　$h_f = f' \cdot (l/R) \cdot V^2/(2g)$
　　h_f：摩擦損失水頭，f：摩擦損失係数，l：管路長，D：管径，V：平均流速，R：径深，
　　$f' = f/4$，$R = A/S$　(A：流水断面積，S：潤辺長)

● **ムーディー図表**を使うと，相対粗度とレイノルズ数から摩擦損失係数が得られる。
　・ムーディー図表は，層流領域，層流・乱流遷移領域，乱流領域に分けられる。
　・乱流領域はさらに，滑面乱流，滑・粗遷移乱流領域，完全粗面乱流領域に分けられる。

ベルヌーイの定理は，動いても摩擦力が作用しないという理想化された流体 — 完全流体 — のエネルギー保存則であった。実際の流体(実在流体)では，相対運動でせん断応力を生じ，摩擦抵抗(摩擦抗力)が発生する。これによって流れのエネルギーが失われ，たとえば水道管ではこのエネルギー損失に抗して水を送るという課題が生じる。

6.1 流体—固体間の摩擦

せん断応力は流体同士，あるいは流体 — 固体間の相互運動によって生じる。流体 — 固体間の相互運動を，固体が動くタイプのA，流体が動くタイプのB，Cに分けて例示したのが図−6.1である。

A. 静止した流体の中を固体が動く。飛行機，船，潜水艦，ボールなど(図(a))。
B. 静止した固体の周りを流体が動く。建物や橋に当たる風，水中に建つ橋脚など(図(b))。
C. 静止した固体の上，あるいは中を流体が動く。川，水道管，地下水など(図(c))。

タイプAとBは似ている。土木の対象になるのはタイプBとCであるが，本書で扱うのは主にCのタイプである。

流体 — 固体間の摩擦について学ぶ前に，固体 — 固体間の摩擦について復習する。両者の性質は非常に異なる。

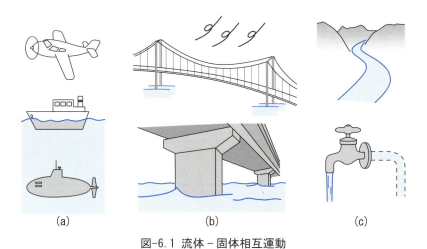

図−6.1 流体−固体相互運動

6.1.1 固体−固体間の摩擦抵抗

固体 — 固体間の摩擦力について，高校の物理で学んだことは以下のようであった。

水平な台の上に乗って静止している質量 m の物体を F という力で右向きに引っ張る状況を考える（図−6.2(a)）。物体が台から受ける摩擦による抵抗力を $F_{摩擦}$ と書く。引っ張る力 F は右向きを正とし，摩擦力 $F_{摩擦}$ はこれに抵抗する力であるから反対の左向きを正とする。

F をゼロから徐々に大きくしていく。最初のうち物体は静止したままである。すなわち，F が大きくなるのに合わせて $F_{摩擦}=F$ となるように $F_{摩擦}$ が自動的に変化する。力の釣り合いが保たれているので，物体の加速度はゼロ，従って速度もゼロのままである。速度 v と摩擦力 $F_{摩擦}$ の関係をグラフにすると，このとき両者の関係を示す点は原点①から縦軸（速度がゼロの線）を上がっていく（図−6.2(b)）。これが静止している固体 − 固体間に作用する**静止摩擦力**の著しい特徴である。

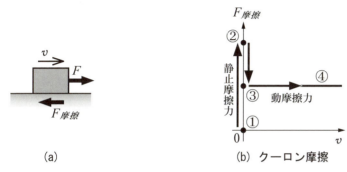

図-6.2　固体同士の摩擦抵抗

静止摩擦力はいくらでも大きくなるという訳ではない。速度と摩擦力の関係を示す点が図の②に達すると物体は動き始める。F が「ある値」②を超えると，$F_{摩擦}$ がそれについて行けなくなり，$F>F_{摩擦}$ となるからである。

ここで「ある値」と書いた，静止摩擦力が取り得る最大値は，重力加速度を g として $\mu \cdot mg$ で与えられる。μ（ミュー）は静止摩擦係数，台が水平であるから mg は〔物体の重量〕＝〔台からの垂直抗力の大きさ〕である。静止摩擦係数 μ は，静止摩擦力の「最大値」に対応する係数である。

さて，動き始めた途端に図の点は②から③に飛ぶ。動くと摩擦力が減るためである。動いている物体には $\mu' \cdot mg$ の**動摩擦力**が働く。μ' は動摩擦係数で，一般に静止摩擦係数よりも小さい（$\mu'<\mu$）。静止摩擦力がゼロから最大静止摩擦力の間の任意の値を取れるのに対して，動摩擦力はひとつの値しか取らない。

μ や μ' の値は 2 つの固体の種類や，接触面の状況に左右される。金属や木材同士の μ は 0.3〜0.4 が多い。テフロンや氷の μ はこれより 1 桁小さい。μ' は μ の 5 割の場合もあるし 9 割を超えることもある。いずれにせよ，物質によって様々な値を取り，バラツキが大きい。

動き始めたときの F を変えずに引っ張り続けると，$F>F_{摩擦}$ の状態が維持

* 水平な線は，摩擦力一定の線。

* クーロン (Charles A. de Coulomb，1736−1806，フランス，土木工学者・物理学者) は電磁気学の分野でも貢献が著しく，電荷の単位 C (クーロン) は彼にちなむ。

され，物体は同じ加速度で加速され続けることになる。物体が速くなっても動摩擦力は変化せず，図 (b) の速度と摩擦力の関係を表す点は速度軸に平行な直線③ − ④ 上を右に動いて行く*。

このような摩擦の性質は**クーロンの摩擦法則**として知られている*。

クーロンの摩擦法則を整理すると，次のようになる。

Ⅰ　静止しているときの摩擦力（静止摩擦力）は，最大静止摩擦力以内の任意の値をとって力の釣り合いを保つ。

Ⅱ　動いているときの摩擦力（動摩擦力）は最大静止摩擦力よりも小さい。

Ⅲ　動摩擦力は，速さに関わらず一定である。

Ⅳ　最大静止摩擦力も動摩擦力も，接触面の垂直抗力に比例する。

Ⅴ　最大静止摩擦力も動摩擦力も，接触面積には左右されない。

6.1.2　流体 − 固体間の抵抗

上記の特徴Ⅰ〜Ⅴのいずれも，流体の摩擦力については成り立たない。どう違うのか，流体 − 固体間の摩擦力の特徴を見てみよう。

固体 − 固体間の摩擦で説明した図 − 6.2(a) に形が似ているのはタイプ A の船である。そこで，静止している舟を F という力で水平に引っ張る実験を考える（図 − 6.3(a)）。水の抵抗力を $F_{抵抗}$ とし，速度 v と抵抗力 $F_{抵抗}$ の関係を概念的に描いたのが図 − 6.3(b) である。この図から分かるように，流体の抵抗力は速度とともに増す。

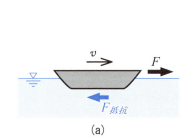
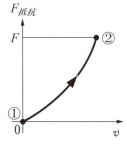

(a)　　　　　　　　　　　　(b)　抵抗の速さ依存の概念

図-6.3　流体−固体間の抵抗力

固体 − 固体間の場合と異なり，F の大きさに関わりなく，力 F を加えたら舟はすぐに動き始める。静止している状態では $F_{抵抗}$ がゼロだからである（図 (b) の点①）。力 F を一定に保って引き続けると舟は加速するが，加速度が徐々に小さくなり，舟は一定の速度（図 (b) の点②）に近づく。$F_{抵抗}$ が速度の増加と共に大きくなり，舟を加速する力〔$F−F_{抵抗}$〕がゼロに近づくためである。F が大きいほど最終的な速度は大きくなる。

ボールや潜水艦のように空気中や水中を動く固体でも同様なことが起こる。重力が働き続けるのに空気中や水中を落下する物体の速さがある値（終端速度）より大きくならないのは，このためである。終端速度は重力と流体の抵抗力が釣り合う速さである。スカイダイバーや雨滴に打たれる我々にとって，終端速度

があるというのは幸いなことである。また，終端速度が粒径によって異なることを利用した沈降分析法で，土の小さい粒子の粒径分布を測ることができる。

固体 — 固体間の例（図 − 6.2(a)）と形が似ている，舟を引く例（図 − 6.3(a)）を用いて説明したが，実はこれには少し問題がある。舟と水の相対運動では，波ができるための抵抗（造波抵抗），固体の運動によって流体が動かされることによる抵抗（形状抵抗）など摩擦抵抗以外にも大きな抵抗力が発生するのである。イメージ作りをするために，この図を用いたと理解してもらいたい。タイプ C（図 − 6.1(c)），特に真っ直ぐで一様な管の中の流れでは，摩擦抵抗だけを考えればいい。

流体 — 固体間の摩擦力の特徴を，固体 — 固体間の摩擦力の特徴 I～V と対応させながら以下のように整理しておく。

I′ **静止しているときの摩擦力はゼロである。**

2.2.1 で述べたように，静止している水のせん断応力はゼロである。

II′, III′ **動いているときの摩擦力は，相対速度が大きくなると大きくなる。**

固体 — 液体間の摩擦抵抗は，相対速度が大きくなるに連れて大きくなる。これは，決定的に重要な流体の摩擦力の性質である。

IV′ 固体 — 流体間の摩擦力は，**圧力**（押し合う力）**には関係しない。**

V′ 固体 — 流体間の摩擦力は，**接触面積に比例する。**

この摩擦力の特徴は，流体内部（流体同士）**の相対運動でも同じである。**

固体同士がずれるとき，各部の速度を矢印で表すと図 − 6.4(a) のようになる。この場合，固体同士が接するところに速度の不連続面があり，滑っている。これに対して，流体の速度分布は同図 (b) のようにどこでも連続であって，固体との境界を含めて滑っている面がない。これは流体が持つ粘性の作用による。特に，水路の壁の様に動いていないものに接しているところで，流体の速度はゼロである。これを，**すべりなし条件**（no-slip condition）という。

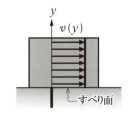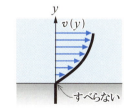

(a) すべる固体の速度分布 　　　 (b) 粘性流体の速度分布

図-6.4 すべりなし条件

6.1.3 境界層

一様な流れの中に静止した板を置くと，すべりなし条件によって板表面の流速がゼロになるため，板の近くで流れは速度を大きく落とす。この様子

を示したのが図−6.5(a)である。流速が板の影響を強く受ける範囲は下流に行くと拡がる。これは，同図(b)のような管路の場合も同じである。流速に対する静止固体（板や管壁など）の影響が無視できない範囲を**境界層**と呼ぶ*。

管路では図(b)に示すように，入口からしばらく流れると境界層が発達して管の断面全体に拡がる*。これは開水路（用水路や河川など）でも同じである。本書で扱う流れの大部分は**境界層が充分発達して断面全体に及んだ後の流れ**，つまり**境界層内の流れ**である。

*図(a)の場合，たとえば流速が接近流速の99%以下になる範囲を境界層とする。
*管路入口から管径の10倍〜100倍ていどで，境界層は管路の断面全体に及ぶ。

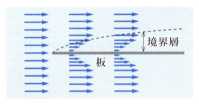
(a) 一様な流れの中に置かれた板

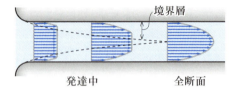
(b) 管路の境界層

図-6.5 境界層発達の概念

6.1.4 ニュートン流体

流体が壁に沿って平行に流れている（図−6.6(a)）。壁からの距離をyとすると，流速vはyの関数$v(y)$になっている。これをyで微分したdv/dyは**速度勾配**と呼ばれる*。

同図(b)の濃く塗った部分は，上下面でせん断応力を受け，上の速い流体によって前向きに，下の遅い流体によって後ろ向きに引きずられる。

ニュートンは，せん断応力τが速度勾配dv/dyに比例することを見つけた*。この比例関係を**ニュートンの粘性の法則**，これに従う流体を**ニュートン流体**という。水，油，空気など，土木で扱うほとんどの流体はニュートン流体である*。

比例定数をμとすると
$$\tau_{vis} = \mu \cdot dv/dy \ ^*$$

*速度勾配dv/dyは，「速度の大きさの，横方向への変化の割合」である。縦軸（y軸）に対する傾きであるから，この図で立っている方が傾きが小さい。

*「ニュートン力学」のニュートン。

*ニュートン流体でない流体を非ニュートン流体という。マヨネーズのように日常見かけるものを含めて，様々な非ニュートン流体がある。

*せん断応力τが粘性（viscosity）によることを明示するためにvisいう添字を付けた。

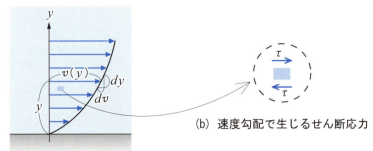

(a) 流速分布$v(y)$，速度勾配$\dfrac{dv}{dy}$

(b) 速度勾配で生じるせん断応力

図-6.6 速度勾配とせん断応力

μ（ミュー）は**粘性係数**（viscosity, dynamic viscosity, coefficient of viscosity, 粘性率，粘度）と呼ばれる物性値である[*]。

このせん断応力を引き起こす性質を**粘性**（viscosity, **分子粘性**）という。粘性が大きい物体として濃い油や蜂蜜などトロッとした液体がまず頭に浮かぶが，水や空気など，どのような流体も大小の差はあれ粘性を持つ。

固体（弾性体）の内部に発生するせん断応力が**せん断ひずみ**に比例するのに対して，流体のせん断応力は，速度勾配＝**せん断ひずみ速度**に比例することに注意せよ[*]。

液体の粘性は主に分子間力によって生じ，気体の粘性は主に分子の不規則な運動（熱運動）による運動量の受け渡しによって生じる。このため，温度が高くなって分子運動が激しくなると，液体の粘性係数は小さくなり，気体の粘性係数は大きくなる[*]。

粘性の法則の式 $\tau = \mu \cdot dv/dy$ から粘性係数 μ の次元を求めると，
$$[\mu] = [\tau/(dv/dy)] = [F \cdot L^{-2}]/[T^{-1}] = [F \cdot L^{-2} \cdot T] \ (= [M \cdot L^{-1} \cdot T^{-1}])\ *$$
したがって，粘性係数のSI単位は Pa·s（N·m^{-2}·s, kg·m^{-1}·s^{-1}）である[*]。

粘性係数 μ を密度 ρ で割ったものを，**動粘性係数**（kinematic viscosity, 動粘度）と呼び，ν で表す[*]。
$$\nu = \mu/\rho$$
動粘性係数は，**粘性が運動にどのくらい影響を及ぼすか**を示すような係数である。

20℃の水と空気を比べると，空気の粘性係数は約 0.018 mPa·s で水の約 1.0 mPa·s よりずっと小さい。しかし，空気は密度も 1.2 kg/m^3 ほどで，水の 1 000 kg/m^3 よりずっと小さくて「軽い」ので力の影響を受けやすい。空気の粘性係数は水の 1/50 であるが，動粘性係数は 15 倍になる。
次元は
$$[\nu] = [\mu/\rho] = [M \cdot L^{-1} \cdot T^{-1}]/[M \cdot L^{-3}] = [L^2 \cdot T^{-1}]$$
となり，SI単位は m^2/s である。

水の粘性係数は 20℃で約 1 mPa·s，動粘性係数は約 1 mm^2/s（$=10^{-6}$ m^2/s）であるが，いずれも温度の影響をかなり受ける。

6.1.5 摩擦による水頭の損失

せん断応力によるエネルギーの損失－摩擦損失－について見てみよう。真っ直ぐで一様な円管内の定常的な流れを考える。

図―6.7(a) の断面 1 と断面 2 の間に挟まれた円柱形の水塊（図の濃い部分）に加わる力の流れ方向成分は以下の 3 つである。直径を D，長さを l，下流

[*] μ：ギリシャ文字ミューの小文字。英語のmに当たる。Mと形が似ている。固体－固体間の静止摩擦係数にも同じ文字 μ を用いたが，異なる係数である。水理学で μ が出てくれば，粘性係数である。

[*] ここの速度勾配 dv/dy は，4.4.2 で説明したせん断ひずみ速度 $\partial v_y/\partial x + \partial v_x/\partial y$ になっている。ここでは y 方向の流速成分 v_y はすべてゼロであるから $\partial v_y/\partial x$ もゼロ。また，x 方向に流れが変化しない状況を考えているため，v_x は y のみの関数で偏微分 $\partial v_x/\partial y$ は常微分 dv/dy で置き換えられる。したがって，$(\partial v_y/\partial x + \partial v_x/\partial y)$ は dv/dy になる。

[*] 気体のせん断力発生のメカニズムは，レイノルズ応力（6.4.1）に似ている。

[*] τ は面積当たりの力であるから次元は $[F \cdot L^{-2}]$，dv/dy は速度／距離であるから次元は $[L \cdot T^{-1}/L] = [T^{-1}]$。力は質量×加速度だから $[F] = [M \cdot L \cdot T^{-2}]$。

[*] 粘性係数のcgs単位，dyne·cm^{-2}·s（=g·cm^{-1}·s^{-1}）は，P（ポアズ）という固有名を持つ。

[*] ν：ギリシャ文字ニューの小文字。英語のnに当たる。形がvに似ているので要注意。

第6章 水に作用する摩擦力

方向(右下方向)を正として,

① 断面1および2で,隣接する水から受ける全圧力:
$$P_1 - P_2 = \gamma \cdot (h_1 - h_2) \cdot (\pi D^2/4) \ast$$

② 重力の流れ方向成分:$mg \cdot \sin\theta = \gamma \cdot (l \cdot \pi D^2/4) \cdot \sin\theta \ast$

③ 壁面から受ける摩擦抵抗力(せん断応力の合力):$-\tau_0 \cdot (\pi D \cdot l)$

壁面のせん断応力を τ_0 と置く。円管の中の流れは中心に関して対称で,せん断応力は円周上のどこでも同じ。また流れ方向にも同じである*。せん断応力(抵抗)は進行方向に逆らう方向に作用するから負号をつける。

*静水圧分布としてよい。全水圧は作用面の重心位置の圧力に作用面の面積($\pi D^2/4$)をかければ求まる(3.1.3)。

*水塊の体積($l \cdot \pi D^2/4$)に単位体積重量 γ をかけたものが水塊の重さ mg。その $\sin\theta$ 倍が流れ方向の成分。θ は管路の傾きの角度と同じ。

*$\pi D \cdot l$(断面の周長×円柱水塊の長さ)は水塊が壁面に接する面積(図(b))。

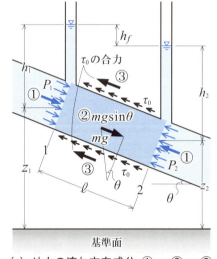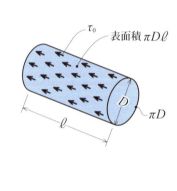

(a) 外力の流れ方向成分 ①,②,③　　(b) 摩擦抵抗 = $\tau_0 \times \pi D \ell$

図-6.7 管壁のせん断応力

断面が一様な定常流であるから,この円柱形の水塊の流速は変化せず,加速度はゼロである。つまり,これに作用する外力は釣り合っている。そこで,上記3つの力を加えてゼロと置き,$\sin\theta = (z_1 - z_2)/l$ を用いて整理すると

$$(h_1 + z_1) - (h_2 + z_2) = \tau_0 \cdot l / \{\gamma \cdot (D/4)\} \ast$$

*$\gamma \cdot (h_1 - h_2) \cdot (\pi D^2/4)$
 $+ \gamma \cdot (l \cdot \pi D^2/4) \cdot (z_1 - z_2)/l$
 $- \tau_0 \cdot (\pi D \cdot l) = 0$
これを $\gamma \cdot \pi D^2/4$ で割って,第3項を移項する。

この式の左辺は,断面1のピエゾ水頭から断面2のピエゾ水頭を引いたものである。断面1,2の流速は同じ,すなわち速度水頭が等しいから,これは断面1と2の全水頭の差になっている。この区間を流下する間に全水頭が減少した,つまり流れのエネルギーが失われたのである。全水頭の減少分を**損失水頭**(あるいは**水頭損失**)という。

すなわち,損失水頭$_{1\sim2}$ = 全水頭$_1$ − 全水頭$_2$。

損失水頭を h_f で表すと,

$$h_f = (h_1 + z_1) - (h_2 + z_2) = \tau_0 \cdot l / \{\gamma \cdot (D/4)\} \quad \cdots (6.1)$$

これを,単位流下距離当たりの損失水頭 $I_f = h_f/l$ で表現すれば,

$$I_f = 4\tau_0 / (\gamma \cdot D)$$

I_f を摩擦損失勾配(friction slope)と呼ぶ*。

*摩擦損失勾配は,全水頭で表したエネルギーを各断面上にプロットして結んだ線の傾きである。この傾きというのは,管路に沿った長さに対する傾きであることに注意せよ。

6.1.6 拡張されたベルヌーイの定理

元々のベルヌーイの定理は，摩擦がなければ全水頭が変わらないことを表すものであった。摩擦があるときは，ベルヌーイの定理に摩擦による損失水頭を加味すればよい。

断面1から2までの損失水頭 h_f を考慮した，**拡張されたベルヌーイの定理**は，*

$$p_1/\gamma + z_1 + v_1^2/2g = p_2/\gamma + z_2 + v_2^2/2g + h_f$$

この損失水頭 h_f をどう見積もるかが重要な課題である。詳しく見ていこう。

*本書では取り上げないが，「渦なし」を条件に，非定常，流れ全体（一つの流線上だけでなく）に適用できる**一般化されたベルヌーイの定理**というのもある。

6.2 層流と乱流

流れには様々な種類があり，種々の観点から分類される。ここでは，「乱れ」によって流れを2種類に分類する。層流と乱流である。

6.2.1 レイノルズ数

レイノルズは水中に染料を細く流すことのできる図-6.8(a)の装置を用いて管路の実験を行い，同図(b)のように2種類の流れがあることを見つけた*。きれいな層状の流れと乱れた流れである。

流れが遅いとき，水は乱れることなくきれいな線を引くように流れる。このような流れを**層流**（laminar flow）と呼ぶ（図(b)のいちばん上）。流れが速くなると，水はランダムで複雑な軌道を描いて流れる（図(b)の下二つ）*。このような流れを**乱流**（turbulent flow）と呼ぶ。

層流か乱流かは，どのような条件で決まるのか。

レイノルズは実験から，流れが乱れるのは $V \cdot D/\nu$ の値が大きいときであ

*レイノルズ：Osborne Reynolds，1842年－1912年，イギリス，物理学者。

*図(b)のいちばん下は電気スパークを用いて撮られた瞬間写真である。

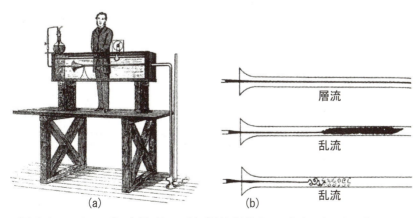

図-6.8　レイノルズの実験（Reynolds(1883:Phil.Trans.R.Soc.London174)より）

る，という結論を得た。ただし，V：平均流速，D：管の直径，ν：流体の動粘性係数　である。

この量を感覚的に表現すると，次のように言えるだろう。

1. $V \cdot D/\nu$ は，V に比例する。　・・・速いと乱れやすい。
2. $V \cdot D/\nu$ は，D に比例する。　・・・流れは広い場所で乱れやすい。
3. $V \cdot D/\nu$ は，ν に反比例する。・・・粘性が効くと乱れにくい。

流れが層流か乱流かを決めるこの量を**レイノルズ数**（Reynolds number）と呼び Re で表す。

レイノルズ数 Re

$Re = V \cdot D/\nu$　$(= \rho \cdot V \cdot D/\mu)$

V：平均流速，D：管径，ν：動粘性係数，μ：粘性係数，ρ：密度

レイノルズ数の次元を調べる。

$[Re] = [V \cdot D/\nu] = [LT^{-1} \cdot L]/[L^2 T^{-1}] = [L^0 \cdot M^0 \cdot T^0] = [1]$ *

すなわち，**レイノルズ数は無次元である***。

＊動粘性係数については 6.1.4 で説明した。

＊$L^0 \cdot M^0 \cdot T^0$ は L，M，T のいずれの次元も持たないことを意味する。

＊もうひとつの重要な無次元数は，9.3 節で説明するフルード数である。

水理学では無次元数をよく用いる。その中でも，**レイノルズ数は，水理学でもっとも重要な2つの無次元数のうちのひとつである***。

多くの無次元数は，基準値との比として定義される。この場合，無次元数が1であるというのは基準値と同じ大きさであることを示し，重要な意味を持つ。例えば，比重（無次元数）が1よりも大きいか小さいかによって，水に浮かぶか沈むかが決まる。しかし，レイノルズ数はこのタイプの無次元数ではない。レイノルズ数の1は特別な意味を持たない*。

＊フルード数の場合は，1より大きいかどうかが重要な意味を持つ。

円管内の流れは，Re がおよそ 2 000 よりも小さいと層流になり，およそ 4 000 よりも大きいと乱流になる。$Re = 2\,000$ を**限界レイノルズ数**といい，Rec で表す。6.4.1 で詳しく説明する。

例題 6.1　1）内径 13 mm の水道管を，水が限界レイノルズ数で流れているときの流速と流量を求めよ。水の動粘性係数 ν を 10^{-6} m^2/s とする。

2）内径 100 mm ではどうか。

解答　1）$\nu = 10^{-6}$ m^2/s，$D = 13 \times 10^{-3}$ m，$Rec = 2\,000$ を用いて

$V = 2\,000 \times 10^{-6}$ m^2/s$/(13 \times 10^{-3}$ m$) = 15.4$ cm/s

$Q = V \times \pi D^2/4 = 20.4$ cm^3/s

コップ（200 cm^3）をいっぱいにするのに 10 秒かかるほどの流量である。

2）$D = 100 \times 10^{-3}$ m として同様の計算を行うと，

$V = 2\,000 \times 10^{-6}$ m^2/s$/(100 \times 10^{-3}$ m$) = 2$ cm/s

$Q = V \times \pi D^2/4 = 157$ cm^3/s

管が太いので，限界レイノルズ数の流速はかなり小さい。

6.2.2 レイノルズ数の力学的意味

レイノルズ数が大きいほど，流れに対する粘性の影響が小さくなる。これについては，10.3.2 で述べる。

6.2.3 一般のレイノルズ数

遅い流れが層流，速い流れが乱流になることは，円形断面の管路でなくても同じである。そこで，一般にはレイノルズ数 Re を以下のように定義する。

$Re = V \cdot L / \nu \quad (= \rho \cdot V \cdot L / \mu)$
V：平均流速，L：代表的寸法，ν：動粘性係数，μ：粘性係数，ρ：密度

開水路の流れ（水面を持つ流れ）では，代表的寸法 L として径深 R（後出），あるいは水深 h を用いる。

この場合の限界レイノルズ数は管路の場合の 1/4，約 500 である。したがって，たとえば水深 1 cm なら流速 5 cm/s 以下，水深 10 cm なら流速 5 mm/s 以下の流れは層流ということになる*。かなり浅くて遅い流れである。土木の分野で扱う開水路の流れは，ほとんどの場合，乱流である。

* $\nu = 10^{-6}$ m²/s とすると，水深 1 cm，流速 5 cm/s のときのレイノルズ数は，
$Re = h \cdot V / \nu =$
$(0.01 \text{ m} \times 0.05 \text{ m/s})$
$/(10^{-6} \text{ m}^2/\text{s}) = 500$

地下水の流れ（浸透流）の場合，代表的寸法として砂の平均粒径 D を，流速 V として見かけの流速を用いる（7.4 節参照）。浸透流の限界レイノルズ数は 1～10 である。土木で扱う浸透流は，ほとんどの場合，層流である。

この他のタイプの流れに対しても，それぞれレイノルズ数が定義されている。

6.2.4 流速と抵抗

内径 10 cm の管路の 100 m 区間で損失水頭 h_f を測る（図 −6.9）。流速を広い範囲で変化させて，損失水頭 h_f と流速 V の関係を描くと図 −6.10(a) のようになるであろう*。この図の縦軸，損失水頭は，管路の抵抗に比例する。なぜなら，ピエゾ水頭差 h_f は水を押す力に比例し，径が変化しない管路の定常流では，水を押す力と管路の抵抗は釣り合っているからである。

*図 −6.10 (a) は，図 −6.3 (b) と同様の概念を表す。

同じ関係を対数目盛（両対数）で描いたのが同図 (b) である。図 (b) の横軸にはレイノルズ数も目盛り，層流，乱流の範囲を示して

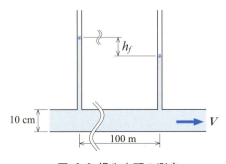

図-6.9 損失水頭の測定

ある。図(a)と図(b)のグラフは目盛りが異なるだけであり，両グラフに①，②，③で示した点は同じ値の点である。

図(b)の点①よりも左側（層流の範囲）でグラフは傾きが1の直線，点②よりも右側（乱流の範囲）では傾きが2の直線になっている。

すなわち，損失水頭 h_f は，流速 V が小さい層流のあいだは流速の1乗に比例し，速くなって乱流になると流速の2乗に比例している*。**層流のとき抵抗は流速に比例し，完全な乱流のとき抵抗は流速の2乗に比例する**のである。以下これを詳しく見て行こう。

＊両対数グラフでは，1乗に比例すれば傾きが1の直線，2乗に比例すれば傾きが2の直線になる。

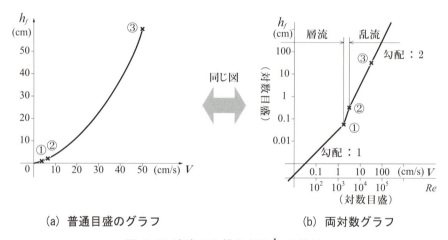

(a) 普通目盛のグラフ　　　　(b) 両対数グラフ

図-6.10 流速 V と損失水頭 h_f の関係

6.2.5 せん断応力の分布

まず，せん断応力の分布を調べる。これを用いて，6.3節で層流，6.4節で乱流の流速分布を求め，それから流速と抵抗の関係を得る。

円管内の流れのせん断応力分布を計算する。

すべりなし条件から管壁の流速はゼロであり，壁から離れるにつれて流速は徐々に大きくなる。この流速の差によって水の内部でせん断応力が発生する。図-6.11(a)のような半径 r，長さ l の円筒形の水塊を考える。定常流ではこの水塊は加速しないから，水塊に加わる外力は釣り合っている。

6.1.5で見たように，壁面のせん断応力と損失水頭の関係は次のようであった。
$$h_f = \tau_0 \cdot l / \{\gamma \cdot (D/4)\} \qquad \cdots (6.1)\ 再掲$$
図-6.11(a)を，この式を求めたときの図-6.7と比較すると，この水塊に作用する外力の流れ方向の釣り合い式は，式(6.1)を，$D/2 \to r$, $\tau_0 \to \tau(r)$ と書き換えればいいことが分かる。したがって，
$$h_f = \tau(r) \cdot l / \{\gamma \cdot (r/2)\}$$
円管の半径 $D/2$ を r_0 と書いて上の2式を等しいとおくと，せん断応力分布が次のように求まる。

$$\tau(r) = (r/r_0) \cdot \tau_0 \qquad \cdots (6.2)$$

せん断応力は管の中心でゼロ，周辺に向かって直線的に増加し，壁面で τ_0 となる（図 $-6.11(b)$）。

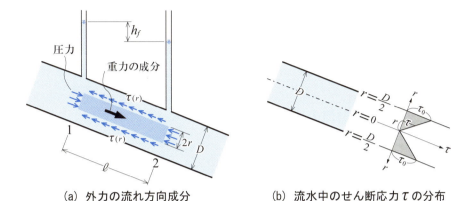

(a) 外力の流れ方向成分　　(b) 流水中のせん断応力 τ の分布

図-6.11 円管路のせん断応力分布

[例題] 6.2 流速分布が横断方向に変化しない二次元開水路の等流において，せん断応力の水深方向の分布を求めよ*。

[解答] 二次元水路だから水路の幅を 1 として計算する。水面から流れに垂直下方に y を取り，流れ方向の長さ l，厚さ y の水塊を考える（図 $-6.12(a)$）。等流であるからこの水塊は加速せず，外力は釣り合っている。外力のうち，水塊の上流面と下流面に作用する全圧力は，大きさが同じで向きが逆だから相殺してゼロになる。したがって外力の流れ方向成分の釣り合い式は，次のように重力の分力とせん断力のみから構成される。

$$\rho \cdot 1 \cdot l \cdot y \cdot g \cdot \sin\theta - \tau(y) \cdot 1 \cdot l = 0 \,^*$$

$$\therefore \quad \tau(y) = (\rho \cdot g \cdot \sin\theta) \cdot y = (\gamma \cdot \sin\theta) \cdot y$$

せん断応力は，水面のゼロから河床の τ_0 まで直線的に増加する（図(b)）。

*開水路の定常流のうち，断面，水深などが流れ方向に変化しない流れが等流である。

*ρ：密度，g：重力加速度。$1 \cdot l \cdot y$ は水塊の体積。$\rho \cdot 1 \cdot l \cdot y \cdot g$ が水塊の重さ。それに $\sin\theta$ をかけて流れ方向成分。せん断応力は y の関数であるから $\tau(y)$ と書いて，それに水塊下面の面積 $1 \cdot l$ をかけるとせん断力。流れの方向を正とすると，せん断力は負。

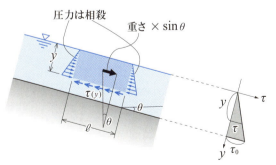

(a) 力のつり合い　　(b) せん断応力の分布

図-6.12 二次元開水路のせん断応力分布

6.3 流速分布と抵抗 1──層流

われわれは流れを一次元的に扱うので，流速としては断面の平均流速を用いる。しかし，断面内の流速分布は流れの抵抗に重要な意味をもっているので，ここでそれを見ておく。まず，層流である。層流の抵抗は，ニュートンの粘性の法則に従う**分子粘性**によって引き起こされる。

6.3.1 管路層流の流速分布

管路では半径方向に流速が変化するので，ニュートンの粘性の法則 $\tau_{vis}=\mu \cdot dv/dy$ を，変数 y の代わりに r を用いて次のように書き換える。

$$\tau_{vis}=\mu \cdot dv/dr \qquad \cdots (6.3)$$

式(6.2)のせん断応力 $\tau(r)$ は，式(6.3)で表される分子粘性 τ_{vis} によって生じる。力の向きを考えると $\tau(r)=-\tau_{vis}$。したがって両式から，

$$dv/dr=-r\cdot\tau_0/(\mu\cdot r_0) \qquad （青字は変数）^*$$

この式は，青色で示した v と r 以外はすべて定数であるから，簡単に積分できる。管壁で流速がゼロという条件で積分定数を決めると，次式のように回転放物面の形をした流速分布が得られる。これを放物線分布と呼ぶ。

$$v=-[(1/2)\cdot\tau_0/(\mu\cdot r_0)]\cdot(r^2-r_0^2) \qquad \cdots (6.4)^*$$

流速の**放物線分布**が円管を流れる層流の特徴である（図-6.13）*。

*座標 r の取り方と，力の釣り合いを考えている水塊の取り方から，式(6.3)で決まる τ_{vis} は，$dv/dr>0$ のとき図$-6.11(a)$の中央にある濃い水塊を前方に引くせん断応力になる。式(6.2)の $\tau(r)$ は濃い水塊を後方に引くせん断応力を正にとってあるから，負号が必要になる。

* $dv/dr=-r\cdot\tau_0/(\mu\cdot r_0)$ を r で積分すると
$v=-(1/2)\cdot r^2\cdot\tau_0/(\mu\cdot r_0)+C$，管壁 $r=r_0$ で $v=0$ から，
$C=(1/2)\cdot r_0^2\cdot\tau_0/(\mu\cdot r_0)$

*式(6.4)の右辺は，r 以外が定数であるから $r-v$ 平面上の放物線を表す。

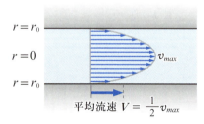

図-6.13 管路層流の流速分布

6.3.2 層流の抵抗

流速分布から，平均流速と抵抗力の関係を求める。まず，流量を求める。
図-6.14の断面の濃く塗った部分の面積 $2\pi r\times dr$ に，式(6.4)で表されるこの位置の流速 $v(r)$ をかけた

$$-\{(1/2)\cdot\tau_0/(\mu\cdot r_0)\}(r^2-r_0^2)\times 2\pi r dr$$
$$=-k\cdot(r^3-r_0^2 r)\,dr$$

が斜線部分を流れる水の流量になる。ただし，

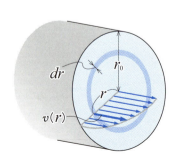

図-6.14 流量の計算

定数部分 $\pi\tau_0/(\mu\cdot r_0)$ をまとめて k とおいた。

これを $r=0$ から $r=r_0$ まで合計したものが管全体の流量 Q である。
$$Q = -\int_0^{r_0} k\cdot(r^3 - r_0^2 r)dr = -k\times\left[r^4/4 - r_0^2 r^2/2\right]_0^{r_0} = kr_0^4/4 = \pi\tau_0 r_0^3/(4\mu)$$
流量 Q を断面積 πr_0^2 で割ると，平均流速 V が求まる。管の直径を D として
$$V = \tau_0\cdot r_0/(4\mu) = \tau_0\cdot D/(8\mu) \qquad\cdots(6.5)$$

この式から，〔壁面のせん断応力 τ_0〕∝〔平均流速 V〕が分かる。τ_0 に管壁の面積をかけたものが摩擦抵抗力であるから，結局，摩擦抵抗力は平均流速に比例する。

後で用いるために，式(6.5)を用いて損失水頭 h_f を書き直しておく。
式(6.1)を少し変形すると，
$$h_f = 4\{l/(\gamma\cdot D)\}\cdot\tau_0$$
式(6.5)から τ_0 を求め，上式に代入して整理すると，*
$$h_f = \{32\nu\cdot l/(D^2\cdot g)\}\cdot V \qquad\cdots(6.6)$$
h_f：損失水頭，ν：動粘性係数，l：管路長，D：管径，g：重力加速度，V：平均流速

*$\gamma=\rho\cdot g$ および $\nu=\mu/\rho$ を用いる。

まとめ
○**円管を流れる層流の流速分布は，放物線分布である。**
○**管路層流の損失水頭 h_f**(あるいは摩擦抵抗)**は，平均流速 V に比例する。**

[例題] 6.3　円管内層流の流速の最大値は，平均流速の何倍か。
[解答]：流速 $v = -\{(1/2)\cdot\tau_0/(\mu\cdot r_0)\}\cdot(r^2-r_0^2)$ の最大値 v_{max} は，管の中央 $r=0$ で起きるから $r=0$ を代入して
$v_{max} = -[(1/2)\cdot\tau_0/(\mu\cdot r_0)]\cdot(-r_0^2) = \tau_0\cdot r_0/(2\mu) = 2V$
最大流速は，平均流速の 2 倍である。

[例題] 6.4　例題 6.2 で求めたせん断応力の分布を用い，分子粘性によるせん断応力が働くとして，二次元開水路等流の流速分布および最大流速と平均流速の比を求めよ。
[解答]　(図-6.12 を参照) せん断応力分布の式と，ニュートンの粘性の式は
$\tau(y) = (\rho\cdot g\cdot\sin\theta)\cdot y$
$\tau_{vis} = \mu\cdot dv/dy$
管路のときと同様の理由で $\tau(y) = -\tau_{vis}$ とおくと
$dv/dy = -(\rho\cdot g\cdot\sin\theta/\mu)\cdot y$ 　　(**青字**が変数)
これを積分し，境界条件：$v(h)=0$ から積分定数を決めると流速分布が得られる。
$v = -(1/2)(\rho\cdot g\cdot\sin\theta/\mu)\cdot(y^2-h^2)$
と放物線分布である (図-6.15)。これを水面から水路底まで積分して，単

位幅あたりの流量 q を求めると

$$q = \int_0^h v\,dy = \int_0^h (1/2)(\rho \cdot g \cdot \sin\theta/\mu)\cdot(y^2 - h^2)\,dy$$
$$= -(1/2)(\rho \cdot g \cdot \sin\theta/\mu)\cdot\left[y^3/3 - h^2 \cdot y\right]_0^h = (1/3)(\rho \cdot g \cdot \sin\theta/\mu)\cdot h^3$$

これを単位幅の断面積 h で割って，平均流速 V は

$$V = (1/3)(\rho \cdot g \cdot \sin\theta/\mu)\cdot h^2$$

流速は水面で最大値 $v_{max} = v(0) = (1/2)(\rho \cdot g \cdot \sin\theta/\mu)\cdot h^2$ を取るから，最大流速は平均流速の 3/2 倍である*。

* $\tau_0 = (\rho \cdot g \cdot \sin\theta)\cdot h$ であるから，$V = \tau_0 \cdot h/(3\mu)$ と書ける。管路の場合と同様に抵抗が平均流速に比例する形であるように見える。しかし，管径 D が定数であるのに対し，水深 h は変化するので，単純に抵抗が流速に比例するとは言えない。

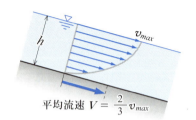

図-6.15 二次元開水路層流の流速分布

6.4 流速分布と抵抗 2—乱流

6.2.5 で求めた管路のせん断応力分布（図-6.11(b)）は，層流でも乱流でも同じである。しかし，乱流の流速分布は，層流ほど簡単には求まらない。せん断応力の発生メカニズムが複雑なためである。

そこでまず，乱流の特徴とせん断応力（レイノルズ応力）について説明したあと，流速分布と対数近似式，壁付近の流速分布，摩擦力と流速の関係について述べる。

6.4.1 層流から乱流へ

現実の物理的世界には，不規則な振動や雑音などの乱れが大なり小なり必ず存在する。管の中を流れる水も，たとえば管の振動や表面の凹凸などによって小さな乱れを与えられている。ある条件下ではこの乱れは流れ全体に大きな影響を与えないが，別の条件下ではこの乱れは発達し流れ全体が乱れるようになる。

乱れが発達するか否かを決める基本的要因は，レイノルズ数 Re である。管路の場合，レイノルズ数 $Re=2\,000$ 以下では乱れは発達せず，流れは層流となる。このレイノルズ数が**限界レイノルズ数 Rec**（critical Reynolds number, 臨界レイノルズ数）である*。

*限界レイノルズ数を 2 100 あるいは 2 300 とする研究者も多い。

流速を上げていってレイノルズ数が 2 000 を越えた後，乱流への遷移が起こる。空間的，時間的に間欠的な乱れが起こり始め，やがて流れ全体に乱れが

及ぶ。乱流への移行はレイノルズ数 4 000 くらいまでに起こるとされる*。Re が 2 000～4 000 の間は**遷移**(せんい)**領域**と呼ばれる。

逆に乱流状態から流速を下げて行くと，限界レイノルズ数 2 000 あたりまで乱流状態が保たれることが観測される。レイノルズ数がこれより小さい流れでは乱流状態を維持することができない。すなわち，限界レイノルズ数は「乱流の下限」という意味を持つ*。

* 実験を注意深く行うことによって，4 000 よりもずっと高いレイノルズ数まで層流状態を保ったという報告がある。

* レイノルズ数がこれより大きい層流の流れを作ることができるので，「層流の上限」とは言えない。2 000 を下限界レイノルズ数，4 000 を上限界レイノルズ数とする整理の仕方もある。

(1) 乱れと渦

乱流は，各点での流速の大きさや方向が乱れを持つ流れである。つまり乱流は，短い時間分解能で見ると流速が時間的にも空間的にも変化する。しかし乱れを詳細に調べるのでなければ，乱流の流速は，乱れ成分を除いた，**時間的に平均した流速**のことを指す。

ある小さな水塊の流速が平均値から外れたとしよう。周辺の水の平均的な速さで動きながら見ると，その水塊が別の場所に移動するように見えるだろう。移動した後が空になることはないから，必ず他の水塊が入ってきてこれを埋める。これが次々につながれば「渦」である。乱流は様々な大きさの渦がランダムに発生し，流され，消えていく流れである。大きな渦は段々と小さな渦に分かれていき，最終的に分子レベルの乱れ，すなわち熱運動になる。これをエネルギー・カスケード過程という。

(2) レイノルズ応力

ある点における乱流の瞬間的な流速を，図－6.16 のように二つの部分に分けて考える。すなわち，

〔瞬間的な流速〕＝〔時間平均した流速〕＋〔乱れ〕*

この「時間平均した流速」を用いて，流れを層に分けて考えよう(図－6.17)。図の矢印は時間平均した流速を表す。

* ある点の乱れは時間平均するとゼロになる。

層1にあった水塊が，乱れによって層2に移動したとする。自分よりも遅い層1の水塊が加わったことによって，層2の平均流速は下がる。つまり層2は，後ろ向きのせん断応力を受けたのと同じ効果を得る。同様に，遅い層1は速い層2によって前向きに引っ張られる。つまり乱れは，隣り合う層の速度を同じにしようとするせん断応力を発生すると見てよい。乱れによるこの応力を**レイノルズ応力**と (Reynolds stress) 呼ぶ。

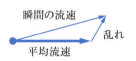

図-6.16 瞬間流速の分解

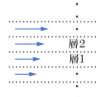

図-6.17 流れを層に分けて考える

6.1.4 で説明したように，気体の粘性(分子粘性)による応力は分子のランダ

*気体だけでなく液体の分子もランダムに動いている。それによって静止している水中でもインクはゆっくりと拡がっていく。

ムな熱運動によって生じる。レイノルズ応力と同様のメカニズムである。両者の根本的な相違はランダムな運動のスケールである。層流が乱れのないきれいな流れと表現されるのは，分子のランダムな動きが目に見えないミクロの現象であるためである*。これに比べると乱流における流体塊のランダムな動きは極めて大きく，目ではっきり見ることができるスケールの現象である。

6.4.2 管路乱流の流速分布

層流の場合，せん断応力は分子粘性によって引き起こされた。乱流の場合これに乱れの効果が加わり，せん断応力は次のように表される。
〔分子粘性によるせん断応力〕＋〔レイノルズ応力のせん断応力〕
その特徴は以下のようである。

- 乱れが壁によって押さえられるため，壁面のごく近くでは分子粘性によるせん断応力が卓越する。壁から少し離れると乱れによるレイノルズ応力の方がずっと大きくなり，分子粘性は無視できる。
- レイノルズ応力は分子粘性による応力よりも効率的である。つまり，同じせん断応力を引き起こすための速度勾配は，レイノルズ応力の方が小さくてよいから，壁の近傍を除いて，乱流の流速分布は層流よりも一様になる（図−6.18）。

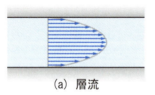
(a) 層流

(b) 乱流

図-6.18 流速分布の比較

*べき乗分布は
$v/v_{max}=(y/R)^{1/n}$
（青字が変数）。
ただし，v：流速，v_{max}：管中心の流速，y：壁からの距離，R：管の半径。指数 $1/n$ は，レイノルズ数が 10^5 ていどのとき $1/7$ が使われる。これを 1/7 乗則と言う。

*プラントル Ludwig Prandtl, 1875-1953, ドイツ, 物理学者。

*この流れは，動粘性係数 $\nu=10^{-6}\,\mathrm{m^2/s}$ として，$Re=V\cdot D/\nu=100\,000$ であるから乱流である。

- レイノルズ応力を，従って乱流の流速分布を，簡単に計算することはできない。そこで乱流の流速分布を近似する関数が提案されており，対数分布，べき乗分布が有名である*。

ここでは，プラントルの混合距離仮説などの重要な理論と多くの実験を背景に持つ対数則を用いて乱流の流速分布を説明する*。次式は対数分布式の一つである。

$$v/v_* = 5.75 \log_{10}[y/(\nu/v_*)] + 5.5 \qquad \cdots (6.7)$$

ただし，y：壁からの距離，v：その位置の流速（青字は変数）。
v_* については，6.4.3 で説明する。

例として，直径 $D=10\,\mathrm{cm}$ の管路で平均流速 $V=100\,\mathrm{cm/s}$ の流れの流速分布を考えよう*。壁からの距離 y を横軸に，流速 v を縦軸にとると，流速

分布はおよそ図−6.19(a)のようになる。この図は，図−6.18(b)を90度左に回転して，半分だけ描いたと思えばよい。この図の横軸（壁からの距離）を対数目盛にしたのが同図(b)である。乱流域③〜④でほぼ直線になっており，破線はこの部分を近似した対数関数である*。

＊縦軸が対数目盛りの片対数グラフ上で直線になるのは，指数関数である。この図は横軸が対数目盛なので，直線は，指数関数の逆関数，すなわち対数関数である。

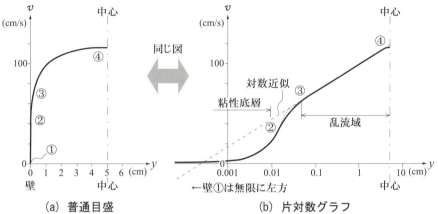

図-6.19 乱流の流速分布

6.4.3 粘性底層

図−6.19(b)を見ると，壁の近傍で流速分布は対数近似（破線）から大きく外れている。これは一つには，真数がゼロに近づくと対数が−∞になるという対数関数自体の性質によるものである*。この例の場合，0.0001 cm あたりよりも左では対数近似式の値は負になってしまい，使うことができない。

＊$y=\log_{10}x$ は $x=1$ で $y=0$, $x \to 0$ で $y \to -\infty$。

このこととは別に，図(b)の③あたりから壁①に向かって，流速が対数近似式から外れていく。その理由を見てみよう。

水流の乱れ，特に壁に垂直な方向の乱れが，壁に近い場所では，壁に抑制されて小さくなるであろうことは容易に想定できる。対数近似式は，このような仮定を用いて導かれている。しかし壁のすぐ近くでは，さらに乱れが抑えられ，層流に近い状態になると考えられる。それに伴い，乱れに起因するレイノルズ応力は急激に減少し，分子粘性がこれに取って代わる。その結果，①〜②の区間で，流速分布はほぼ直線になる*。この部分を**粘性底層**という*。

＊図(a)普通目盛りのグラフ上で直線，図(b)片対数目盛では指数関数曲線の形になる。

一般に粘性底層は非常に薄い。この例では粘性底層の厚み（図(b)②の位置）は 0.01 cm ほどである。ここで新たな量を2つ導入し，それを用いて粘性底層の厚さを表現しよう。

＊粘性底層と乱流域の間②〜③を遷移区間（バッファー域）という。

まず，**摩擦速度**（friction velocity）v_* は以下のように定義される。

第6章 水に作用する摩擦力

$$v_* = \sqrt{\tau_0/\rho} \qquad \text{ただし，}\tau_0\text{：壁面せん断応力，}\rho\text{：水の密度}$$

摩擦速度 v_* は，**壁面のせん断応力 τ_0 を速度の次元で表現したもの**になっている[*]。

*[F] = [MLT^{-2}] を用いて
[v_*] = [$(\tau_0/\rho)^{1/2}$]
= [F·L^{-2}/(M·L^{-3})]$^{1/2}$
= [L/T]。

流速が早くなると摩擦，あるいは壁面のせん断応力が大きくなり，その平方根に比例する摩擦速度も大きくなる。粘性底層の最外部の流速は摩擦速度の5倍ほどであり，全体の平均流速は摩擦速度の数十倍のオーダーである。

次に，ν/v_*（$=\nu/\sqrt{\tau_0/\rho}$）で定義される**粘性長さ**（viscous length）は，粘性の影響が及ぶ範囲（壁からの距離）に関連する量である[*]。粘性長さは動粘性係数 ν を摩擦速度 v_* で割っているから，摩擦が大きい（流速が大きい）と短くなる。つまり，**流速が大きくなるにつれて，粘性の影響する範囲は壁のごく近くだけに限られてくる**。

*粘性長さの次元は [ν/v_*]
= [L^2·T^{-1}]/[L·T^{-1}] = [L]。

粘性長さ ν/v_* は，対数分布の式(6.7)に $y/(\nu/v_*)$ という形で含まれている。つまり，壁からの距離 y の基準になる長さとして使われている。

粘性底層の厚さは，粘性長さの5倍ていどである[*]。壁から粘性長さの30～100倍以上離れると，粘性による応力が無視できる乱流域になる。

*粘性底層の厚さを 11.6 ×〔粘性長さ〕とするやり方もある。これは，粘性底層の近似直線と乱流域の近似対数曲線が交わる位置である。

6.4.4 壁面の水理学的な粗さ

水路の壁には，素材や使用状況に応じた凹凸が必ず存在する。もし，管壁凹凸の高さが粘性底層の厚さを超えれば，粘性底層というものを考えることが無意味になる。そこで，次のような場合分けが行われる。

●**水理学的に滑らか**・・・壁の凹凸の高さが粘性長さの4～5倍よりも小さいとき。

壁の凹凸は粘性底層に覆われており，管中央部の流れに影響を与えない。

●**水理学的に粗**・・・壁の凹凸の高さが粘性長さの70倍より大きいとき。

壁の凹凸が粘性底層を突き抜けており，粘性の影響が見えなくなる。

流速の増加とともに粘性底層の厚さが減少するため，流速が小さいときには水理的に滑らかだった管が，流速が大きくなると水理学的に粗な管になりうる。

水理学的に粗い管の流れでは粘性底層がなくなり，代わりに管壁の凹凸の高さが流れに影響を及ぼすことになる。

壁面の凹凸が流れに及ぼす影響は，凹凸の平均的な高さだけでなく，その形，密度，配置パターンなどに左右される。そこで，使おうとしている壁と同じ抵抗を生じる「標準の壁の凹凸の高さ」を考える。これを**相当粗度**あるいは単に**粗度**と呼び k_s で表す[*]。標準の凹凸としては，ニクラーゼが行った実験の値が用いられる[*]。

*相当粗度は，ほかにも粗度高さ，等価砂粗度，等価砂粒径などと呼ばれる。

*ニクラーゼ（Johann Nikuradse, 1894-1979, ドイツ，工学者，物理学者）は，粒径が均一な砂粒をできる限り密に貼り付けた管を用いた実験を行った。

水理学的に滑らかな壁に接する流れでは粘性長さ〔ν/v_*〕が壁からの距離の基準であったのに対し，粗い壁に接する流れでは相当粗度〔k_s〕が壁からの距離の基準になる。従って，対数近似式も少し変わる。これを，前出の式(6.7)と共に示す。

> **対数分布**（logarithmic law，対数則）
> $v/v_* = 5.75 \log_{10}[y/(\nu/v_*)] + 5.5$　滑らかな管　・・・(6.7)（再掲）
> $v/v_* = 5.75 \log_{10}(y/k_s) + 8.5$　　　粗い管　　　・・・(6.8)
> ただし，y：壁からの距離，v：その位置の流速（変数を青字で示す）。
> 　　　ν：動粘性係数，v_*：摩擦速度，k_s：管壁の相当粗度

滑らかな管の対数分布の式(6.7)と，粗い管の式(6.8)の相違は　$(\nu/v_*) \to k_s$ と $5.5 \to 8.5$ の2点である。

流速によって粘性長さ (ν/v_*) が変化するのに対し，壁面の粗度 k_s は変化しない。

さて，粗い管の流速分布を用いて管全体の平均流速 V を計算すると，次のようになる。

$$V/v_* = 5.75 \log_{10}[D/(2k_s)] + 4.75 \text{ *}$$

D は管径，k_s は相当粗度であるから，この式の右辺は管が同じならば定数であり，平均流速 V と摩擦速度 v_* は比例する。$v_* = \sqrt{\tau_0/\rho}$ であったから，壁面せん断応力 τ_0 は V の二乗に比例する。つまり，**粗い管の摩擦抵抗は，平均流速 V の二乗に比例する**ことになる。

> *式(6.8)に $2\pi(r-y)$ をかけて $y=0$ から $y=r$ まで積分すると Q/v_* が得られる（Q：流量。計算は少しだけ面倒）。Q を断面積 πr^2 で割ると平均流速 V。r は管の半径。
> $y \to 0$ で $v \to -\infty$ になるという意味でこの定積分の出発点を $y=0$ とするのは正しくないが，v が負になる範囲が非常に短いので，これによる誤差は無視できる。

6.5　ダルシー・ワイスバッハの式

摩擦による流水のエネルギー損失について，具体的に利用し易い形の式を紹介する。

6.5.1　ダルシー・ワイスバッハの式

土木で扱う管路や開水路の流れはレイノルズ数が大きく，摩擦抵抗が流速の1.75～2乗に比例する乱流の範囲にあることが多い*。摩擦抵抗は損失水頭（ピエゾ水頭の減少）として測定することができるので，これを用いて**抵抗が流速の2乗に比例する**ことを式で表すと，

$$h_f = k \cdot V^2 \qquad \cdots (6.9)$$

ただし，h_f：損失水頭，k：比例定数，V：平均流速。

この形を持った管路の摩擦損失を表す式で，非常によく使われるのが**ダルシー・ワイスバッハの式**（Darcy−Weisbach Equation）である*。

> *流速の2乗に比例するという表現には断面積が一定という前提があるので，まずは管路の流れを考える。

> *ダルシー：Henry Philibert Gaspard Darcy，1803年−1858年，フランス，土木技術者。
> ワイスバッハ：Julius Weisbach，1806−1871，ドイツ，数学者，工学者

*摩擦損失係数(Darcy friction factor)は,「摩擦抵抗係数」,「ダルシー・ワイスバッハの摩擦抵抗係数」,「ダルシーの摩擦係数」などと呼ばれる。

> **ダルシー・ワイスバッハの式 その1**
> $$h_f = f \cdot (l/D) \cdot V^2/(2g) \qquad \cdots (6.10)$$
> ただし,h_f:摩擦損失水頭,f:摩擦損失係数,l:管路長,D:管径,
> V:平均流速,g:重力加速度*

式(6.9)の比例定数 k に相当する部分が,ダルシー・ワイスバッハの式(6.10)では $f \cdot (l/D) \cdot (1/2g)$ になっている。これについて少し考えてみよう。

まず,V^2 を速度水頭 $V^2/(2g)$ の形で表わすことによって,式は水頭が水頭に比例する次の形になる。

〔損失水頭〕$= f \cdot (l/D) \times$〔速度水頭〕

よって,比例定数 $f \cdot (l/D)$ は無次元である。(l/D) は無次元であるから,結局**摩擦損失係数 f は無次元**である。

次に,ダルシー・ワイスバッハの式に因数 (l/D) が含まれている理由を考える。分子の l については簡単である。管の長さが倍になれば損失も倍になるからである。

では,分母にある直径 D は何を意味するか。この D は径深 $R = D/4$ から来ていると考えれば理解し易い。**径深**(hydraulic radius,**動水半径**,水理学的平均水深)とは,流水断面において次のように定義される量である。

> **径深**
> $$R = A/S \qquad ただし,A:流水断面積,\quad S:潤辺長$$

潤辺長(wetted perimeter)S は,流水断面が流路の底,壁に接する長さである。

径深は,任意の形状の管路の流れに対して,さらには開水路の流れに対しても定義できる(図-6.20)。**円形断面管路の径深は $R = D/4$** である。

径深の定義式の分子・分母に長さ l をかけると〔水塊の体積〕/〔水塊に接する壁の面積〕になる(図-6.21)。体積に密度をかけたものは水塊の質量であ

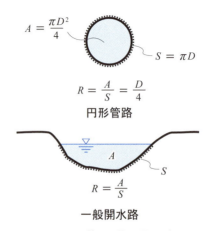

図-6.20 断面積 A,潤辺長 S,径深 R

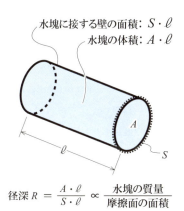

図-6.21 径深の解釈

り，壁の面積に壁面せん断応力 τ_0 をかけると水塊に作用する摩擦抵抗力になる。したがって，径深が大きいことは，摩擦抵抗力に対して水塊の質量が大きいことを意味する。径深は，いわば「水の運動に対する摩擦の効きにくさ」を表現する量であり，損失水頭の発生しにくさを表すから，ダルシー・ワイスバッハの式の分母に入っているのである。

径深が力学的に水深と同様の役割を果たす，というイメージを表すために，円形断面の管路を展開したのが図−6.22 である。**水深あるいは径深の大きい流れほど，水路底(壁)の抵抗の影響を受けにくい**。実際，勾配が緩くても，深い川は流れが速い。

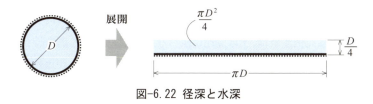

図-6.22 径深と水深

ダルシー・ワイスバッハの式その1は管径 D を使っており，円管専用の式である。

そこで，式(6.10)に $D=4R$ を代入すると次の式が得られる。

ダルシー・ワイスバッハの式　その2

$$h_f = f' \cdot (l/R) \cdot V^2/(2g) \qquad \cdots (6.11)$$

ただし，f' は径深を用いたときの摩擦損失係数

$$f' = f/4$$

問題 6.1

図 −6.23 に示す断面を持つ管路および開水路の径深を求めよ。

解答

(a) $A=30\text{ cm} \times 30\text{ cm}=900\text{ cm}^2$，$S=4 \times 30\text{ cm}=120\text{ cm}$，
$R=900\text{ cm}^2/120\text{ cm}=7.5\text{ cm}$

(b) $A = 45\,\text{cm} \times 20\,\text{cm} = 900\,\text{cm}^2$, $S = 2 \times (45\,\text{cm} + 20\,\text{cm}) = 130\,\text{cm}$,
$R = 900\,\text{cm}^2/130\,\text{cm} = 6.92\,\text{cm}$

(c) $A = (45\,\text{cm} + 15\,\text{cm}) \times 30\,\text{cm}/2 = 900\,\text{cm}^2$,
$S = 15\,\text{cm} + 2 \times \sqrt{(15\,\text{cm})^2 + (30\,\text{cm})^2} = 82.1\,\text{cm}$,
$R = 900\,\text{cm}^2/82.1\,\text{cm} = 11.0\,\text{cm}$

(d) $A = 20\,\text{cm} \times 45\,\text{cm} = 900\,\text{cm}^2$, $S = 20\,\text{cm} + 2 \times 45\,\text{cm} = 110\,\text{cm}$,
$R = 900\,\text{cm}^2/110\,\text{cm} = 8.18\,\text{cm}$

(e) $A = 45\,\text{cm} \times 20\,\text{cm} = 900\,\text{cm}^2$, $S = 45\,\text{cm} + 2 \times 20\,\text{cm} = 85\,\text{cm}$,
$R = 900\,\text{cm}^2/85\,\text{cm} = 10.6\,\text{cm}$

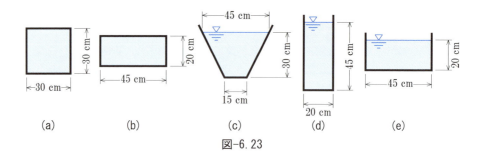

図-6.23

6.5.2 コールブルックの式

ダルシー・ワイスバッハの式を使うには,摩擦損失係数 f を知らねばならない。これまで概略,抵抗は層流ならば流速に比例し,乱流なら流速の2乗に比例するという話の進め方をしてきた。ダルシー・ワイスバッハの式は,**抵抗が流速 V の2乗に比例すれば,f は流速によらない「定数」になる**形を持っている。

しかし乱流であっても,管が滑らかな場合やレイノルズ数が比較的小さい場合には,抵抗は,V^2 ではなく $V^{1.7}$ 〜 V^2 に比例する。抵抗が V^2 に比例しない場合にもダルシー・ワイスバッハの式をそのままの形で使えるようにするには,f を流速 V の関数として与える必要がある。具体的には,f は,〔レイノルズ数〕と〔相対粗度〕の関数になる*。**相対粗度**は,管径に対する相当粗度の比 k_s/D である*。

非常に多くの実験・研究が積み重ねられて,摩擦損失係数 f が精度良く得られるようになった。その集大成ともいえるのが,下に示す**コールブルックの式**(Colebrook Equation,コールブルック・ホワイトの式)である*。

$1/\sqrt{f} = -2\log_{10}[(k_s/D)/3.7 + 2.51/(Re\cdot\sqrt{f})]$ *

ただし,f:摩擦損失係数,k_s:相当粗度,D:管径,Re:レイノルズ数

この式は,市販材料を用いた管路の乱流($Re > 4\,000$)であれば,誤差15%以内で滑らかな管,滑粗遷移領域の管,完全に粗い管まで,全ての場合に使えるとされている*。

コールブルックの式は f について陽関数表示になっていないので,レイノ

*レイノルズ数 $Re = V \cdot D/\nu$ には流速が含まれている。

*「相対粗度」と「相当粗度」は紛らわしいので注意。

*コールブルック:Cyril Frank Colebrook, 1910 −1997,イギリス,物理学者。
ホワイト:Cedrick Mesey White, 1898−1993,イギリス,物理学者。

*この式は少し違う形で紹介されていることがある。たとえば
$1/\sqrt{f}$
$=1.74-2\log_{10}[2k_s/D + 18.6/(Re\cdot\sqrt{f})]$
変形すると(若干の誤差を除いて)同じ式になる。

*詳しい説明は省くが,この式は $k_s \to 0$ のとき,滑かな管路の乱流の式,$Re \to \infty$ のとき,粗い管路の乱流の式になる。

ルズ数と相対粗度が与えられても直接 f は求まらず，繰り返し計算が必要になる。繰り返し計算を避けるために，多くの近似式が提案された。

また別の方法として，f を求めることのできる図表がいくつか提案された。その中で最も有名なのがムーディー図表である。

今ではパソコンを用いれば，繰り返し計算も労力なしに実行できるので，これらの工夫について特に知る必要はない。しかし，学生諸君が全体の状況を理解するのに非常に有用であると思われるので，ムーディー図表について詳しく説明する。

6.5.3 ムーディー図表

ムーディー図表（Moody Diagram，ムーディー線図）は，横軸をレイノルズ数 Re，縦軸を摩擦損失係数 f にとった両対数グラフである（図−6.24）*。図表には，相対粗度 k_s/D 別に多くの曲線が描かれている。

*ムーディー：
Lewis Ferry Moody,
1880 − 1953，アメリカ，工学者。

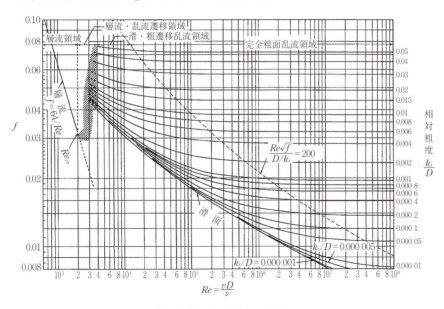

図-6.24 ムーディー図表

ムーディー図表は次のように使う（図−6.25）。該当する①相対粗度 k_s/D の曲線を見つける*。この曲線上で②レイノルズ数 Re に対する③摩擦損失係数 f の値を読む。

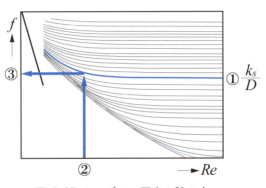

図-6.25 ムーディー図表の読み方

*用いる値ちょうどの相対粗度が見つからない場合は，たとえば一番近い値の曲線を用い，f を読むときに隣の曲線との間で補間する。

第6章 水に作用する摩擦力

問題 6.2 内径 $D=200$ mm，管壁の粗度 $k_s=0.1$ mm の管を水が流れている。流量 $Q=600$ L/min の水が 1 km 流れたときの損失水頭はいくらか。動粘性係数 $\nu=0.01$ cm^2/s，重力加速度 $g=9.8$ m/s^2 とする。

解答 相対粗度 $k_s/D=0.1$ mm/200 mm $=5\times10^{-4}$

断面積 $A=\pi\cdot(200\text{ mm})^2/4=0.01\pi$ m^2

$V=Q/A=(600\text{ L/min})/0.01\pi\text{ m}^2=(0.01\text{ m}^3/\text{s})/0.01\pi\text{ m}^2$
$\quad=(1/\pi)$ m/s $=0.318$ m/s

$Re=D\cdot V/\nu=[0.2\text{ m}\times(1/\pi)\text{ m/s}]/(10^{-6}\text{ m}^2/\text{s})=6.4\times10^4$

この相対粗度とレイノルズ数を用いてムーディー図表から，$f=0.022$

$h_f=f\cdot(l/D)\cdot V^2/(2g)$
$\quad=0.022\times(1000\text{ m}/0.2\text{ m})\times(0.318\text{ m/s})^2/(2\times9.8\text{ m/s}^2)=0.57$ m

（コールブルックの式を用いて求めると $f=0.0217$）

ムーディー図表と流れの状況を対応させてみよう。図-6.26 は，ムーディー図表を領域分けしたものである。ムーディー図表は，まず横軸の値によって以下の3つの部分に分けられる。

Ⅰ. 層流領域　　　　　　　　$Re<$ 約 2 000
Ⅱ. 層流・乱流遷移領域　　約 2 000 $< Re <$ 約 4 000
Ⅲ. 乱流領域　　　　　　　　約 4 000 $< Re$

Ⅰ. 層流領域（$Re<$ 約 2 000）

層流の抵抗は解析的に求まるので図示する必要はない。しかし，この部分は図全体の理解に役立つ。

層流の損失水頭を表す式(6.6)を再掲すると

$$h_f=\{32\nu\cdot l/(D^2\cdot g)\}\cdot V \quad\cdots(6.6)\text{（再掲）（青字は変数）}$$

これを，ダルシー・ワイスバッハの式の形にすると

$$h_f=f\cdot(l/D)\cdot V^2/(2g),\quad f=64/Re\ {}^*$$

* $f=64/Re=64\nu/(D\cdot V)$ を左の式に代入すると上の式(6.6)が得られる。

流速 V に比例する層流の損失水頭 h_f を，V^2 に比例する形を持つダルシー・ワイスバッハの式で表現したため，摩擦損失係数 f に $1/V$ が（$1/Re$ の形で）入ったのである。

ムーディー図表は Re-f の両対数グラフなので，$f=64\cdot Re^{-1}$ のグラフは傾きが -1，つまり右下がり 45°の直線になる。図-6.24 の $f=64/Re$ の直線が 45°よりも急な勾配になっているのは，横軸を縮めて表示して

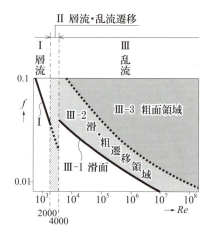

図-6.26 ムーディ図表の領域分け

いるためである*。

　層流の流速分布は壁面の粗さに左右されないため，層流領域のグラフは，粗度に関係のないただ1本の直線になっている。

Ⅱ．層流・乱流遷移領域（約 $2\,000 < Re <$ 約 $4\,000$）*。

　レイノルズ数のこの範囲は層流から乱流への遷移が起こる領域である。流れは条件によって層流，間欠的乱流，乱流のいずれの形態も取りうるので f を一意に決めがたく，ムーディー図表ではグラフが明示されていない。

Ⅲ．乱流領域（約 $4\,000 < Re$）

　ここが，コールブルックの式を図にした部分である。

　この領域はさらに3つのカテゴリーに分けられる。

Ⅲ−1. 滑面乱流・・・乱流領域の左下にある一本の曲線

Ⅲ−2. 滑・粗遷移乱流領域・・・「1. 滑面乱流」の線と破線に挟まれた領域。

Ⅲ−3. 完全粗面乱流領域・・・破線の右上，ほぼ水平な線が描かれている領域。

　この分け方は，6.4.4 で示した水理学的滑面，粗面の分類と対応している。

　Ⅲ−2とⅢ−3の領域の境を示す破線は，壁の凹凸高さが粘性長さ ν/v_* のほぼ70倍に相当する曲線である。

　完全粗面乱流領域のグラフがほぼ水平になっているのは，f の値がレイノルズ数 Re に（したがって流速 V に）無関係な定数であることを示す。すなわち，この領域では損失水頭 h_f が流速の2乗 V^2 に比例することになる。

　これらのカテゴリーの内，ⅠとⅢ−1では，

・Ⅰ．層流の抵抗は粘性で決まり，壁面の粗度には左右されない。

・Ⅲ−1．滑面とは粘性底層が壁面の粗度を完全に覆っている状態を指すので，滑面乱流の壁面摩擦は粗度の影響を受けない。

つまり，壁面摩擦が粗度には無関係に決まるため，f–Re のグラフは1本の線で表されている。

　これに対しⅢ−2, 3では，壁面の凹凸が薄い粘性底層を突き抜けて乱流の中に出ているので，壁面摩擦が，したがって f が粗度の影響を受ける。そのためムーディー図表のこの領域では，f–Re のグラフが相対粗度別にたくさん描かれているのである。

*縦軸 f の表示範囲が1桁強であるのに対し，横軸 Re の表示範囲が5桁強あるので，横軸を縮めて描いてある。

*Ⅲの領域を更に分けるとき，Ⅲ−2にも「遷移」という単語がつくので注意。

第3編　土木工学で扱う各種の流れ

第7章 ポテンシャル流

- ポテンシャルエネルギーは位置の関数であり，ある方向に微分して符号を変えると，その方向への力の成分が得られる。この力は保存力である。

- **速度ポテンシャル**を持つ流れが，**ポテンシャル流**である。
  速度ポテンシャルをある方向に微分すると（あるいは微分して符号を変えると），その方向への流速成分が得られる。
  渦なし（非回転）であることが，流れが速度ポテンシャルを持つための必要十分条件である。

- 非圧縮性流体の二次元ポテンシャル流は等角写像の解析対象になる。
  等角写像の図的解法が**フローネット**である。
  フローネットは，何本かの**流線**（等流れ関数線）と，何本かの**等ポテンシャル線**で構成される。
  流線と等ポテンシャル線は直交する。
  フローネットは，各網目が正方形になるように作図するとよい。
  正方形の一辺の長さは，流速に反比例する。

- 多くの**完全流体の流れ**（摩擦を無視できる流れ）および**浸透流**は，ポテンシャル流であり，フローネットによる解法を用いることができる。

- 浸透流は，土などの中の流れである。浸透流の流速としては，流量を固体部分まで含めた断面積で割った**見かけの流速**を用いる。
  ・ダルシー則：浸透流の流速 V は，**動水勾配** I_h に比例する。比例定数 k を**透水係数**という。
  $V = k \cdot I_h$
  動水勾配は，ピエゾ水頭の流れ方向への減少率であり，エネルギー損失率である。
  透水係数は，重力のみで鉛直下方に流れる場合の流速に相当し，
    砂では 10^{-2} m/s～10^{-6} m/s，粘土では 10^{-9} m/s 以下，といったオーダーの値を持つ。

第7章 ポテンシャル流

土木で扱う「管路の流れ」と，「開水路の流れ」は，ほとんどの場合乱流であり，抵抗が流速の2乗に比例する。管路，開水路の流れに入る前に，この章で，抵抗がない「完全流体の流れ」と，抵抗が流速の1乗に比例する「地下水の流れ」について述べる。両者に共通な「ポテンシャル流」という取り扱いを説明する。

7.1 ポテンシャルエネルギーと力

まず，力学の位置エネルギーについて復習する。位置エネルギーは**ポテンシャルエネルギー**，あるいは単に**ポテンシャル**とも呼ばれる。ここでは，この2つの呼び方を用い，記号 E_p で表すことにする。

7.1.1 ポテンシャルエネルギーと力，一次元

一次元空間におけるポテンシャルエネルギーの例を3つ挙げる。

① 質量 m の物体が下向きの重力 mg を受けている。高さ h にある物体の，重力によるポテンシャルエネルギーは mgh である（5.3.3）。ポテンシャルは位置の関数である。高さ h に対する重力のポテンシャル E_p のグラフを図 −7.1(a) に示す。

② バネの復元力が重力と異なるのは，復元力が位置によって変化することである。バネの伸びを x とすると，バネ定数 k のバネの復元力は $-kx$ である。これと釣り合う力 kx を加えながらゆっくりバネを伸ばしていったときにバネにした仕事がバネのポテンシャルエネルギーである。これを求めるには，加えた力を x で積分してやればよい。

$$E_p = \int_0^x k\,x dx = (1/2)\,k\,x^2$$

伸び x に対するバネのポテンシャル E_p のグラフを図 −7.1(b) に示す。

* $E_p = \int -F\,dr$
$= \int -(-GMm/r^2)\,dr$
$= -GMm/r + C$
一般的には基点（$E_p=0$ となる点）を無限遠に取るが，ここでは①に合わせて，$r=R$（地表）にとると，$C=GMm/R$
$r=R+h$ を用いて書き換えると本文の式が得られる。

* 重力加速度 g は，回転している地表に固定された座標で計るので遠心力が加わり，万有引力のみによる加速度と少し異なる。

③ 地球の中心を通る直線上で，質量 m の物体が受ける地球の万有引力 F は，
$F = -GMm/r^2$

ただし，G：万有引力定数，M：地球の質量，r：地球中心からの距離
これを積分してポテンシャルエネルギー E_p を求めると，

$E_p = (GMm/R) \cdot h/(h+R)$

ただし，R：地球の半径，h：地表からの高さ*

図 −7.1(c) はそのグラフである。重力ポテンシャルのグラフ図(a)は，図(c)の地表付近を拡大したものとほぼ同じである*。じっさい地表付近では $h+R \fallingdotseq R$ としてよいから，具体的な値を入れて E_p を計算すると，

$E_p = (GMm/R) \cdot h/(h+R) \fallingdotseq (GM/R^2) \cdot mh = (9.80\,\mathrm{m/s^2}) \times mh \fallingdotseq mgh$

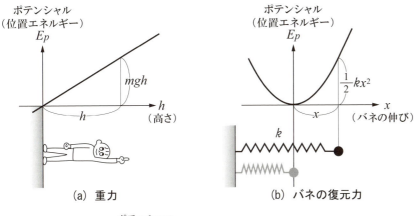

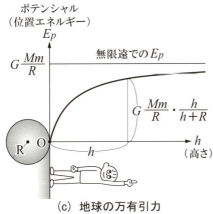

(a) 重力　(b) バネの復元力　(c) 地球の万有引力

図-7.1　ポテンシャルエネルギー

になる*。

　ポテンシャルエネルギーは力を積分して求めたので，**力はポテンシャルエネルギーの微分，つまり勾配である**ことを覚えておいてもらいたい。この微分，積分で負号をつけるのは，**力がポテンシャルの小さい方向に向かうため**である。

* $G=6.673\times10^{-11}\mathrm{m^3 s^{-2} kg^{-1}}$, $M=5.974\times10^{24}$ kg, $R=6.378\times10^6$ m。

7.1.2　ポテンシャルエネルギーと力，二次元

　地球の万有引力によるポテンシャルエネルギーは，地球まわりの三次元空間のどこでも計算できる。三次元空間の図面は描きにくいので二次元で図示してみる。

　地球の中心を通る $x-y$ 平面を考える。この平面上の各点におけるポテンシャルエネルギーを図示したのが図−7.2(a) である*。引力はポテンシャルの最も低い方向に向かい，その大きさはポテンシャルの変化率である。まとめて，**力はポテンシャルエネルギーの勾配（グラディエント）である***。

　ポテンシャル E_p による力を $\boldsymbol{F}$ とする。$\boldsymbol{F}$ はベクトル，E_p はスカラーで，

*この図は，図−7.1(c) をグルッと地球一周させたものになっている。

* 二次元以上の場合，勾配は大きさと方向を持つので式(7.1)のようにベクトルの形になる。これをグラディエントという。

第7章 ポテンシャル流

いずれも $x-y$ 平面上の位置の関数である。$\boldsymbol{F}$ は E_p から次のように得られる。

$$\partial E_p/\partial x = -F_x, \quad \partial E_p/\partial y = -F_y \qquad \cdots (7.1)$$

ただし，F_x，F_y は $\boldsymbol{F}$ の x 方向，y 方向成分。

図−7.2(b) は，図 (a) を真上から見て地図のような表現法をとったものである。この図の同心円はポテンシャルの等値線で，これに垂直な破線は力の方向を示す。

ポテンシャルによる力を**保存力**という。保存力のみが作用する運動では，力学的エネルギーが保存される。

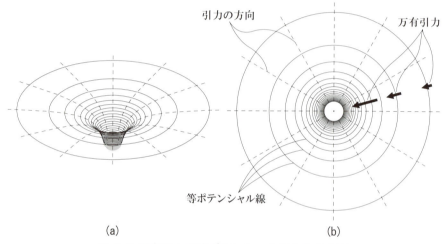

(a)　　　　　　　　　　　　　　　(b)
図-7.2 万有引力の等ポテンシャル線と力の方向

7.2 速度ポテンシャルと流速

7.2.1 ポテンシャル流

*Φ：ギリシャ文字ファイの大文字。
流速 $\boldsymbol{v}$ がベクトルであるのに対し，Φ がベクトルでないことを強調するためにスカラー関数と呼んだ。Φ は点 (x,y) に一つの数値（スカラー）が対応する普通の二変数関数である。

*符号の違いは，単なる定義の問題である。当面，式(7.2a) を用い，7.4 節では式 (7.2b) を用いる。

ポテンシャル流と呼ばれる流れは，数学的にはポテンシャルエネルギーによる力と似ている。しかし，物理的な意義は異なっているので注意しよう。
$x-y$ 平面で二次元の定常流を考える。流速 $\boldsymbol{v}$ の x，y 方向の成分を v_x，v_y と書く。

$$v_x = \partial\Phi/\partial x, \quad v_y = \partial\Phi/\partial y \qquad \cdots (7.2a)$$ あるいは，
$$v_x = -\partial\Phi/\partial x, \quad v_y = -\partial\Phi/\partial y \qquad \cdots (7.2b)$$

となるスカラー関数 $\Phi(x,y)$ が存在するとき，$\Phi(x,y)$ を**速度ポテンシャル**という*。

式(7.2)と式(7.1)は同じ形を持っている。つまり，〔ポテンシャルエネルギー $E_p \longleftrightarrow$ 保存力 $\boldsymbol{F}$〕の関係と，〔速度ポテンシャル $\Phi \longleftrightarrow$ 流速 $\boldsymbol{v}$〕の関係は数学

的に同じである。いずれも，スカラー値を持つ関数から各点のベクトル量（力，速度）が得られる。**速度ポテンシャルを持つ流れをポテンシャル流という。**

定常流であっても，流速を式(7.2)で表現できる関数 $\Phi(x,y)$，すなわち速度ポテンシャルが存在するとは限らない。流れが速度ポテンシャルを持つための必要充分条件は

$$\partial v_y/\partial x - \partial v_x/\partial y = 0 \qquad \cdots (7.3)$$

である*。

* 必要条件であることは，式(7.3)の左辺に式(7.2)を代入すればすぐ分かる。

この式の左辺は4.5節で述べた「渦度」である。つまり，**ポテンシャル流は渦なし（非回転）の流れである。**

さて，速度ポテンシャルとセットで解析に用いる関数がある。それは**流れ関数**と呼ばれるスカラー関数で，ψ で表す*。流れ関数 $\psi(x,y)$ はつぎのような関数である。

* ψ：ギリシャ文字プサイの大文字。

$$v_x = \partial \psi/\partial y, \quad v_y = -\partial \psi/\partial x \qquad \cdots (7.4)$$

流れ関数 $\psi(x,y)$ の存在条件は，

$$\partial v_x/\partial x + \partial v_y/\partial y = 0 \qquad \cdots (7.5)$$

である*。式の左辺は4.2節で述べた非圧縮性流体の連続方程式である。**流体が非圧縮性であれば，流れ関数は存在する。**

* Φ の場合と同様，式(7.5)の左辺に式(7.4)の v_x，v_y を代入すると必要条件であることは簡単に分かる。

> 速度ポテンシャルを決める式(7.2)を連続の式(7.5)に代入すると
> $$\partial^2 \Phi/\partial x^2 + \partial^2 \Phi/\partial y^2 = 0$$
> また，流れ関数を決める式(7.4)を渦なしの式(7.3)に代入すると，やはり同じ形の式が得られる。
> $$\partial^2 \psi/\partial x^2 + \partial^2 \psi/\partial y^2 = 0$$
> この形の式はラプラス方程式と呼ばれ，自然科学の多くの分野で出てくる重要な偏微分方程式である。

速度ポテンシャル Φ を定義する式(7.2)は，流速ベクトルが Φ の勾配の最も急な方向を向いていること，言い換えると，流速ベクトルが $\Phi(x,y) = \text{constant}$（定数）の曲線（等ポテンシャル線）に直交することを意味する。

一方，ψ を定義する式(7.4)は，流速ベクトルが $\psi(x,y) = \text{constant}$ の接線の方向を向いていることを意味する*。つまり，$\psi(x,y) = \text{constant}$ は流線の方程式である。したがって，
等ポテンシャル線と流線（等流れ関数線）**は直交する。**

* 式(7.4)で，x 方向の流速成分はそれと直交する y 方向への ψ の傾きになっている。たとえば，ψ の等値線 $\psi(x,y) = \text{constant}$ が x 軸に平行なとき，ψ の x 方向への傾き $\partial \psi/\partial x$ はゼロ，つまり流速の y 方向成分 v_y はゼロになり，流れは x 軸と平行になる。

7.2.2 複素速度ポテンシャル

速度ポテンシャル Φ と流れ関数 ψ を組み合わせて，**複素速度ポテンシャル**
$$f(z) = \Phi(x,y) + i\psi(x,y), \quad z = x + iy$$
が定義される。複素速度ポテンシャルの理論は**等角写像**の理論とも言われ，

*複素平面上で交わる2本の曲線を，正則関数 $f(z)$ によって別の複素平面上に写したとき，2本の曲線の交差角は変化しないので，この関数(写像)を等角写像と言う。

二次元ポテンシャル流を解析的に解くのに用いられる*。
等角写像は次のフローネットにつながるので複素速度ポテンシャルを紹介したが，これ以上の説明は行わない。

7.2.3 フローネット

フローネット(flownet，流線網)は，
①等ポテンシャル線と流線(＝等流れ関数線)が直交すること，
②等ポテンシャル線，等流れ関数線のいずれについても，間隔が流速に反比例すること，を利用した二次元ポテンシャル流の図解法である。

フローネットを描くことによって二次元ポテンシャル流を図的に解くことができる。フローネットについては，7.4節で詳しい説明を行う。

7.3 完全流体の流れ

粘性のない流体を**完全流体**(perfect fluid，理想流体 ideal fluid)と呼ぶ。完全流体は動いていてもせん断応力が発生せず，エネルギー損失がおきない。このような流体は実在しないが，エネルギー損失を無視し，完全流体の扱いができる流れは少なくない。

多くの場合，静止した壁と粘性の組み合わせが渦を引き起こすので，完全流体では渦なし(非回転)の運動が一般的である。渦なしの流れはポテンシャル流であるから，フローネットが描ける。

速度勾配のない真っ直ぐで平行な流れのフローネット図 7.3(a) は，もっとも簡単なフローネットの例である。平行な流れでも同図 (b) のように速度勾配があれば，明らかにフローネットを描くことができない*。フローネットが描けないのは，図(b) の流れが「渦あり」だからである(4.5(3))。

同様に考えると，図 4.11(a) の強制渦(渦あり)と図 (b) 自由渦(渦なし)の流れについてもフローネットが描けるかどうかがすぐに分かる。自由渦の

*もしフローネットが描けたとしたら，真っ直ぐな流れに垂直な2本の等ポテンシャル線は平行でその間隔は一定である。一方，等ポテンシャル線の間隔は流速に反比例するので流れが遅い下の方では間隔が拡がらねばならない。この矛盾のためフローネットを描くことができない。

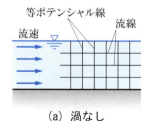

図–7.3 フローネット，平行流

等ポテンシャル線は放射状，流線は同心円になる。等ポテンシャル線の間隔は中心に近づくほど狭くなり，流速が大きくなる。

もう一つの例として，堰を超える流れのフローネットを図-7.4に示す。流下距離が長くないので，摩擦を無視してポテンシャル流として扱える。

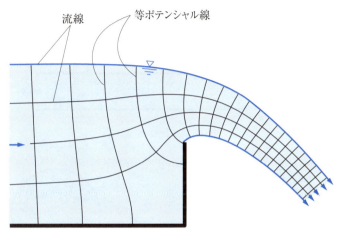

図7-4　堰を超える流れのフローネット

7.4　浸透流

土木工学でよく扱う流れのうち，**浸透流は抵抗が流速に比例する**流れである。浸透流は土などの隙間を流れる流れであり，通常の管路や開水路の流れとは状況が大きく異なる。

土中の水は，斜面や堤防・フィルダムなどの滑り，崩壊などと深く関わる。諸君は土質力学で浸透流について詳しく学ぶだろう。

前節で，粘性がなく，エネルギー損失のない完全流体の流れがポテンシャル流であることを紹介した。このことと，「ポテンシャル」という呼び方と相まって，「ポテンシャル流」＝「エネルギー損失なしの流れ」であると思われやすい*。しかし**本節**では，粘性があり，エネルギー損失が発生する浸透流がポテンシャル流であることを示す。ポテンシャル流であるための条件は渦なし（回転なし）であり，浸透流は粘性が効いているにも拘わらず渦無しの流れとして記述されるからである。

*ポテンシャルは，保存力に対応する(7.1節)。

7.4.1　浸透流の流速

まず，浸透流の「流速」の定義を述べる。図-7.5(a)のように，土が詰まっている管の中を水が流れている。土の小さな隙間は，形，大きさ，方向が3次元的に目まぐるしく変化し，そこを通過する水は合流や分流を繰り返す極

めて複雑な流れを構成していると考えられる(同図(b))。実用的にはこれをマクロに見て，土粒子と空隙とを分けずに考えた空間全体を水が平均的に流れていると見なす(同図(c))。断面積 A を通して流れる水の流量を Q として，平均流速 V を次のように定義する。

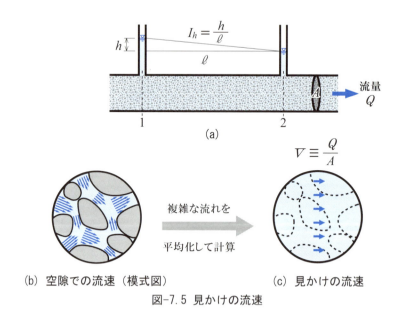

(b) 空隙での流速（模式図）　　(c) 見かけの流速

図-7.5 見かけの流速

$$V = Q/A$$

この断面積 A は，隙間だけでなく，水が流れない土粒子の部分まで含んだ面積を用いるため，V は実際の流速よりも遅い浸透流特有の流速である。これをはっきりさせたいときは，流速 V を**見かけの流速**と呼ぶ*。

*見かけの流速：流量流速，ダルシー流速，体積流束(りゅうそく)と呼ぶこともある。なお流束については，9.5.2の囲み記事を参照。

通常，浸透流の計算には見かけの流速を用いるが，汚染物質の流達時間などを計算するには実流速が必要になる。土の間隙率を n とすると　土の全断面積 A のうちの隙間の面積が $A \cdot n$ になるから，見かけの流速が V のときの実流速を V/n とする*。$0<n<1$ だから，実流速は見かけの流速より必ず速い。

*間隙率：porosity。空隙率とも。土の全体積のうち，固体部分(土粒子)を除いた空隙の体積(＝水と空気の体積)が占める割合。$0<n<1$。我々は水と空気を含む土(不飽和土)の中の流れは扱わないから，空隙の体積＝水の体積になる。

浸透流の流速分布は，通常の管路や開水路とまったく異なることに注意してもらいたい。図-7.6(a) は土が詰まった管を流れる浸透流の流速分布である。断面内の流速は一様である。同図(b)，(c)は管路の流速分布である。通常の管路では，管壁が流れに抵抗を与え，壁の近くほど流速は小さい。こ

(a) 管の中の浸透流　　(b) 管路層流　　(c) 管路乱流

図-7.6 流速分布

の速度差が，流れを「渦あり」にする（図 $-4.12(b)$）。

これに対して浸透流では，静止した固体（土の粒子）が流れの中のいたる所に存在して流れに抵抗を加えているので，壁に近いから遅いということはない。また，図 $-7.5(b)$ のミクロな流速分布を見ると，隙間の流れは明らかに速度差を持ち「渦あり」であるが，流速を平均した同図 (c)「見かけの流速」では，これが完全に消えてしまう。こうして浸透流は「渦なし」になり，ポテンシャル流として扱うことが可能になるのである。

7.4.2 ダルシー則

図 $-7.5(a)$ の断面 1 から断面 2 に向かって水を押しているのは，両断面のピエゾ水頭差 h である。ピエゾ水頭の流れ方向への減少率 $h/l = I_h$ を**動水勾配**という（図 -7.7）。動水勾配は，水を下流に向かって押す力を表現していると思えばいい。

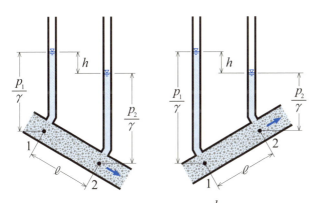

図-7.7 動水勾配 $I_h = \dfrac{h}{\ell}$

さて，ダルシーは，上水道の濾過用砂を用いて浸透流の実験を行い，流量が断面積と動水勾配に比例することを見つけた*。

式で書くと，$Q = k \cdot A \cdot h/l$（k は比例定数）。見かけの流速 $V = Q/A$ を用いて書くと，

$$V = k \cdot I_h \qquad \cdots (7.6)$$

ただし，I_h は動水勾配 h/l。

比例定数 k を**透水係数**（hydraulic conductivity，浸透係数）と呼ぶ。透水係数は，土の間隙率，細粒分の粒径分布などによって決まる。

浸透流の流速は一般に非常に小さく，速度水頭を無視できるから，浸透流ではピエゾ水頭を全水頭と考えて良い。すると，動水勾配はエネルギーの損失率（エネルギー勾配）になり，式 (7.6) は流れのエネルギー損失，あるいは摩擦抵抗が流速に比例することを示す。これは層流の性質であった。我々が通常扱う浸透流は層流であると考えてよい*。

*ダルシー（Henry Darcy）は，ダルシー・ワイスバッハの式のダルシーと同一人物。

*分流・合流をくり返しながら，複雑に繋がり合った狭い空間を流れている。しかし乱れていない。そういう流れを想像しよう。

浸透流ではレイノルズ数を

$Re = V \cdot D / \nu$

ただし，D：土の平均粒径，V：見かけの流速，ν：動粘性係数

で定義する。式の形は管路の場合と全く同じであるが，ここの D は管径ではないことに注意せよ*。管路の限界レイノルズ数が 2 000～3 000 程度であったのに対し，浸透流の限界レイノルズ数は 1～10 である。

*前に述べたように、レイノルズ数の定義は流れの種類毎に異なる。

式 (7.6) 右辺の動水勾配 I_h は，水頭差（長さ）／断面間距離（長さ）であるから無次元である。したがって透水係数 k は，左辺の V と同じ〔速さ〕の次元を持つ。

透水係数の単位として m/s が推奨されている*。

*これまで土質力学の分野では，透水係数の単位に cm/s を用いることが一般的であった。しかも、会話では $k = 10^{-6}$ cm/s を単に「透水係数はマイナス6乗だ」と言うことが多いので十分な注意が必要である。

土が入った長さ l の管を鉛直に置き，上から下に水を流す（図—7.8）。管の上下面の圧力がゼロならば，ピエゾ水頭差 h は l，2 点間の距離も l だから，動水勾配 I_h は $l/l = 1$ である。式 (7.6) にこれを入れると，

$V = k \times 1 = k$

となる。すなわち，透水係数は，水が自分の重さで土の中を落ちるときの見かけの速さであると理解すればよい。

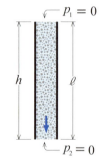

図-7.8
自重で落ちる水

実際の土の透水係数がどの程度であるか，オーダーを表 −7.1 に示す。

表-7.1　透水係数

土の種類	粘土		シルト			砂				礫	
透水係数 cm/s	～10^{-7}	10^{-6}	10^{-5}	10^{-4}	10^{-3}	10^{-2}	10^{-1}	1	10	100	
m/s	～10^{-9}	10^{-8}	10^{-7}	10^{-6}	10^{-5}	10^{-4}	10^{-3}	10^{-2}	10^{-1}	1	

問題 7.1 水を良く通す地下の砂層を水が浸透する。砂層は，透水係数 k：10^{-3} m/s，平均粒径 D：0.6 mm，空隙率 n：0.3 である。動水勾配が 0.2 のとき，見かけの流速 V，レイノルズ数 Re，実流速 V' を求めよ。動粘性係数 $\nu = 10^{-6}$ m^2/s とする。

解答　$V = k \cdot I_h = 10^{-3}$ m/s × 0.2 = 0.2 mm/s
　　　　$Re = VD/\nu = (0.2$ mm/s × 0.6 mm$)/(10^{-6}$ m^2/s$) = 0.12$
　　　　$V' = V/n = (0.2$ mm/s$)/0.3 = 0.67$ mm/s

7.4.3　二次元浸透流の図的解法

さて，流れが二次元あるいは三次元であってもダルシー則は成り立つ。ここでは，二次元の浸透流について考えよう。水はピエゾ水頭の高い方から低

い方に押されて流れる。そこで，地形図の等高線のように等ピエゾ水頭線を描く。すると，水は等ピエゾ水頭線に垂直に，等ピエゾ水頭線の間隔に反比例した速さで流れる。これは，浸透流の流速が非常に小さく，水の慣性を無視できるためである*。

以下この原理を用いて，流れを図的に解くフローネットについて説明する。

(1) 速度ポテンシャル

$x-y$ 平面上の浸透流を式で表現しよう。流速の x, y 方向成分をそれぞれ v_x, v_y, ピエゾ水頭を h, 透水係数を k とすると，二次元のダルシー則は次のように表現される*。

$$v_x = -k \cdot \partial h/\partial x \ , \ v_y = -k \cdot \partial h/\partial y$$

$(-\partial h/\partial x)$ は，x 方向へのピエゾ水頭 h の減少率，すなわち x 方向への動水勾配である。つまりこの2つの式は，一次元のダルシー則，式(7.6) を x 方向，y 方向それぞれに書いたものである。

ここの2つの式で同じ透水係数 k を用いた。これは，水の流れ易さが方向に依らないことを意味し，透水係数は等方性を持つという。透水係数が向きによって異なる（異方性を持つ）場合を我々は扱わない*。

$\Phi = k \cdot h$ とおいて，上の2つの式を書き換えると

$$v_x = -\partial \Phi/\partial x \ , \ v_y = -\partial \Phi/\partial y \qquad \cdots (7.7)$$

Φ は，位置 (x,y) のスカラー関数である。式(7.7) は，7.2.1 で紹介した**速度ポテンシャル**（velocity potential）になっているから，浸透流は**ポテンシャル流**（potential flow）であり，その**速度ポテンシャルは $\Phi = k \cdot h$（透水係数×ピエゾ水頭）**で与えられる*。

(2) 流れ関数

ポテンシャル流の解析にあたって，速度ポテンシャルとともに必要なもう一つの関数，「流れ関数」について図-7.9(a) を用いて説明する。図には，二次元流の中の2本の流線が描かれている。流線に垂直な方向の n 座標を

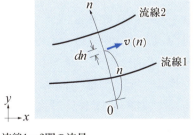

流線1~2間の流量
$$= \int_{流線1}^{流線2} v(n) dn$$
(a) 流速と流量の関係

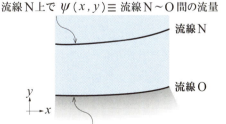

(b) $\psi(x,y)$ を決める

図-7.9 流れ関数 $\psi(x,y)$

---

*一般には外力の方向と物体の動く方向が一致するとは限らない。たとえば，物を投げ上げると，少なくとも暫くは重力と逆方向に進むし，人工衛星はいつまでも地球の引力に垂直な方向に進み続ける。

*ピエゾ水頭 h は，ていねいに書くと $h(x, y)$

*堆積した水平な地層，ローラーで転圧した土などでは，水が鉛直方向よりも水平方向に流れ易いことが多い。

*完全流体の場合は，$v_x = \partial \Phi/\partial x$ のように定義した。Φ の物理的意味は明確でなく，マイナスがついていない分，面倒でない。これに対し，浸透流の Φ は位置水頭の k 倍という意味を持ち，水が位置水頭の高い方から低い方に流れるというイメージと直結するため，マイナスをつけた方が自然である。これは力のポテンシャルでも同じである。

第7章 ポテンシャル流

*$v(n)$：流速，$dn×1$：断面積。流量＝流速×断面積。

考える。n 軸上の点の流速を $v(n)$ とする。流れの厚さを1とすると，小さな断面 $dn×1$ を横切って流れる流量は $v(n)\cdot dn$ である*。これを流線1から流線2まで足し合わせた $\int_{流線1}^{流線2}v(n)\cdot dn$ は，2本の流線間を流れる流量である。この流量は「流速」を流線に垂直な方向に積分して得たことを覚えておいてもらいたい。

ここで，スカラー関数 $\psi(x,y)$ を以下のようにして決める。まず，1本の流線を基準とし，これを流線Oと名付ける。図−7.9(b)では流れの境界を基準の流線Oとしてある。流線O上のどこでも $\psi(x,y)=0$ とする。このことを ψ〔流線O上〕$=0$ と表現する。

つぎに，任意の流線N上の $\psi(x,y)$ の値を，
$$\psi〔流線N上〕=\int_{流線O}^{流線N}v(n)\cdot dn$$
で決めることにする。すると先に述べたことから，ψ〔流線N上〕の値は流線Oと流線Nの間の流量になる。このように決めたスカラー関数 ψ が**流れ関数**である。

上の定義から流れ関数 $\psi(x,y)$ は次のような性質を持つことが分かる。
○ ψ は一つの流線上で同じ値を取る。言い換えると，**流れ関数 ψ の等値線は流線である。**
○ 2本の流線上での ψ の値の差は，その間を流れる流量になる。

*流速 $v(n)$ を流線に垂直な n で積分したものが ψ なので，ψ を n で微分すると流速 $v(n)$ になる。

○ **流れ関数 ψ を流線に垂直な方向に微分すると，その点の流速が得られる**＊。
最後の性質をもう少し一般化した形の式で表現すると
$$v_x=\partial\psi/\partial y \quad ,\quad v_y=-\partial\psi/\partial x \qquad\cdots(7.8)^*$$

*第2式に負号がついている理由は，n 軸が x 軸に一致した状態を考えると分かる。

式(7.7)の速度ポテンシャルと式(7.8)の流れ関数は，完全流体の流れで説明したものと Φ の符号以外まったく同じであり，複素速度ポテンシャルの理論(等角写像の理論)が使える。フローネットはその図式解法である。

(3) フローネット

図−7.10 は，上下を岩に挟まれた，透水係数が k の砂層内のフローネットを示す。流線を実線，等ポテンシャル線を点線で描いてある。

*砂層内の流れは非常に遅く，その外の水流は更に遅い。

浸透流の入り口は，ほぼ静止した水中にある*。静水中のピエゾ水頭はどこでも同じであるから，それに浸透係数をかけた速度ポテンシャルも一定である。すなわち，砂層への入り口の線は，等ポテンシャル線になる。また，上下の岩の表面が流れの境界で，いずれも流線(等流れ関数線)である。

*流線にぐるっと周りを囲まれた管が流管であるが，ここでは二次元なので2本の流線に挟まれた空間が流管になる。

一般に，フローネットはマス目が「**正方形**」になるように区切る。図−7.10 もそうしてある。この図で①，②，③と名付けられた3つの正方形のマス目を用いてフローネットの性質を調べよう。図中の2本の流線に挟まれた区間は流管である*。

7.4 浸透流

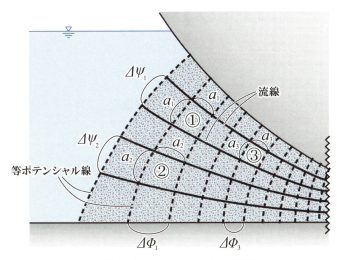

図-7.10 フローネットの説明

マス目①と③は同じ流管に，①と②は異なる流管に属する。流れは流線を横切らないから，一つの流管の流量は上流から下流まで変わらない。各マス目の正方形の一辺の長さをそれぞれ a_1, a_2, a_3, 流速を v_1, v_2, v_3 とする。また，$\Delta\Phi_1$, $\Delta\Phi_3$ は等ポテンシャル線間の Φ の値の差，$\Delta\Psi_1$, $\Delta\Psi_2$ は流線間の Ψ の値の差（流量）とする。

まず，マス目①と②を比較する。いずれも水は左上の辺から入り，右下の辺から出る。それぞれの辺の長さ a_1, a_2 だけ進む間に，どちらのマス目でも速度ポテンシャルは $\Delta\Phi_1$ だけ小さくなる。流れ方向への速度ポテンシャルの微分×（−1）が流速だから，

$v_1 = \Delta\Phi_1/a_1$ ，$v_2 = \Delta\Phi_1/a_2$ *

これに断面積 a_1, a_2 をかければ，それぞれのマス目を流れる流量 q_1, q_2 になる*。

$q_1 = v_1 \cdot a_1 = \Delta\Phi_1$ ，$q_2 = v_2 \cdot a_2 = \Delta\Phi_1$

したがって，$q_1 = q_2$ である。先に述べた流れ関数 Ψ の定義から分かるように，2本の流線の流れ関数の値の差が，それに挟まれる流管の流量になるから，$q_1 = q_2$ は，$\Delta\Psi_1 = \Delta\Psi_2$ を意味する。マス目①，②はどこにとってもいいから，結局**フローネット全体で，隣り合う流線間の Ψ の値の差 $\Delta\Psi$（流管内の流量）はすべて同じ**であることが分かる。

次に，同じ流管の上下流にあるマス目①と③を比較しよう。流量を表す式は，先ほどと同様の計算によって，

$q_1 = \Delta\Phi_1$ ，$q_3 = \Delta\Phi_3$

ふたつのマス目①と③は同じ流管にあるから $q_1 = q_3$，したがって $\Delta\Phi_1 = \Delta\Phi_3$ である。

結局**フローネット全体で，隣り合う等ポテンシャル線間の Φ の値の差 $\Delta\Phi$ もすべて同じ**であることが分かる。

*微分は $\lim_{a_1 \to 0}(\Delta\Phi_1/a_1)$ であるが，これを $\Delta\Phi_1/a_1$ で近似している。

*厚みを1なので a_1, a_2 がそのまま断面積になる。

第7章 ポテンシャル流

すべてのマス目が正方形になるようにフローネットを描くことができれば，この結果を用いて流量や流速を見積もることができる。実際にどう作図するのか。たとえば内接円を描くなど，いくつかのテクニックがあるが，経験を積むことが大切である。

図−7.11(a)は矢板の下，(b)は堤体内の浸透流のフローネットの例である。

[例題] 7.1 図−7.11(a)において，入り口と出口のピエゾ水頭差 $h=3$ m，透水係数 $k=0.1$ cm/s とする。あるマス目の一辺の長さが 0.5 m ならば，このマス目における見かけの流速，ここを通過する流量，全体の流量を求めよ。流れの厚さ（紙面に垂直な厚さ）は 4 m とする。

[解答] 入り口と出口の速度ポテンシャルの差は

$(0.1 \text{ cm/s}) \times 3 \text{ m} = 3 \times 10^{-3} \text{ m}^2/\text{s}$

これが 10 等分されているので，一つのマス目の上下流辺の速度ポテンシャルの差 $\Delta\Phi$ は，$\Delta\Phi = (3 \times 10^{-3} \text{ m}^2/\text{s})/10 = 3 \times 10^{-4} \text{ m}^2/\text{s}$

これは二次元の流量である*。これに流れの厚さをかけて，一つの流管の流量は，

$(3 \times 10^{-4} \text{ m}^2/\text{s}) \times 4 \text{ m} = 1.2 \text{ L/s}$

この値はどのマス目でも同じである。

流管は 5 本あるから全体の流量は 6 L/s である。

一辺の長さが 0.5 m のマス目の流速は

$(3 \times 10^{-4} \text{ m}^2/\text{s})/0.5 \text{ m} = 0.6 \text{ mm/s}$ *

*流速は $\Delta\Phi/$〔マス目の長さ〕。これに〔マス目の幅〕をかけてマス目を流れる流量（二次元）。マス目の長さと幅は同じだから，結局 $\Delta\Phi$ が流量になる。

*あるいは
$(1.2 \text{ L/s})/(0.5 \text{ m} \times 4 \text{ m}) = 0.6$ mm/s でもよい。

（4） 地下水の流れの種類

ここの例題で取り上げた地下水流は，管路の流れと同様に，周りのすべてを壁や不透水層で囲まれた地下水である。このような地下水を**被圧地下水**という。

これに対して，開水路と同様に，流れの上面が壁でなく自由水面になっている地下水を**不圧地下水**という。不圧地下水の水面形を求めるのは必ずしも簡単ではない。何らかの方法で自由水面を決めることができれば，フローネットによる解法を用いることができる（図−7.11(b)）。

以上の他，場合によっては不飽和浸透流を考える。不飽和浸透流とは，砂の空隙に水だけではなく空気が残っている状態での水の流れである。

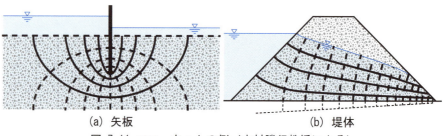

(a) 矢板　　　　　　　　(b) 堤体
図-7.11 フローネットの例（木村勝行教授による）

第8章
管路の流れ

- 管路の流れのエネルギー損失には，**摩擦損失**と**形状損失**（局所損失）がある。
  - 摩擦損失はダルシー－ワイスバッハの式 $h_f = f \cdot (l/D) \cdot V^2/(2g)$ で計算することができる。
  - 形状損失には
    急縮，漸縮，入口
    急拡，漸拡，出口
    曲がり，などによるものがある。
  - これらの損失水頭は，速度水頭 $V^2/(2g)$ に比例する。実験から求められた比例定数の値が，公式集などに掲載されている。
  - 急拡による損失 $h_{se} = K_{se} \cdot V_1^2/(2g)$ の比例定数は，$K_{se} = (1 - A_1/A_2)^2$ で得られる。
    V_1：細い方の管の流速　A_1：細い管の断面積，A_2：太い管の断面積
  - 水中への出口の損失は $h_o = K_o \cdot V^2/(2g)$，$K_o = 1$，すなわち速度水頭の全てである。

- 動水勾配線，エネルギー線を描くことによって，管路の流れの状況を把握し易くなる。
  - 管路各断面の全水頭を結んだ線が**エネルギー線**である。
  - エネルギー線は，ポンプのある場所を除けば，下流に向かって必ず下がっていく。
  - 管路各断面のピエゾ水頭を結んだ線が，**動水勾配線**である。
  - 動水勾配線は，基本的に下流に向かって下がっていくが，管路が急に拡大する場所では上昇する。

- 管路が動水勾配線よりも高い所を通る構造を**サイフォン**という。
  - 管は動水勾配線よりも 7～8 m 高い位置まで上げることができる。
  - サイフォンでは管内が負圧になるので，座屈やキャビテーションに注意が必要である。

本章で扱う「管路の流れ」と次章で扱う「開水路の流れ」は，土木で扱う流れの中の重要な2つのテーマである。

管路の流れ（pipe flow，**管水路**の流れ）は，管の中をいっぱいになって流れる，水面のない流れである。管路の流れでは，まずエネルギー損失を考えねばならない。管路のエネルギー損失を，摩擦によるもの（major head loss）と，管路急変部の局所的なもの（minor head loss）に分けて説明する。

8.1　摩擦損失

上水道のように長い管路では，摩擦による損失がエネルギー損失の大部分を占める。管路の摩擦損失については第6章で詳しく説明した。土木で用いる管路の流れは乱流が多く，摩擦損失水頭はダルシー・ワイスバッハの式 $h_f = f \cdot (l/D) \cdot V^2/(2g)$ で計算すればいい。摩擦損失係数 f はムーディー図表（図 −6.24）で求めることにする。

管路の摩擦損失に関する課題を，いくつかのパターンに分けて考えよう。

Ⅰ．**損失水頭** h_f **を求める**。（流量 Q，管路長 l，管径 D，相対粗度 k_s/D が既知）
たとえば，どれだけポンプアップが必要かを計算する。

Ⅱ．**流量** Q **を求める**。（損失水頭 h_f，管路長 l，管径 D，相対粗度 k_s/D が既知）
たとえば，入口と出口の水位が与えられたときの流量を計算する。

Ⅲ．**管径** D **を求める**。（損失水頭 h_f，管路長 l，粗度 k_s，流量 Q が既知）
ある水量を流すのに必要な管径を計算する。

Ⅳ．**粗度** k_s **を求める**。（損失水頭 h_f，管路長 l，管径 D，流量 Q が既知）
損失水頭と流量を測定して，管壁の粗度を決める。

このうち，ムーディー図表から摩擦損失係数 f を読み取ってダルシー・ワイスバッハの式の計算ができるのはⅠである。Ⅳもムーディー図表をそのまま使える。

ケースⅡはごく素朴な計算なのだが，流量が未知なので流速 V が決まらず，したがってレイノルズ数 $Re = V \cdot D/\nu$ が分からない。ケースⅢもレイノルズ数が分からない。

これらのケースでは f の値をムーディー図表から読み取れないので，工夫が必要になる。

○たとえば，反復法（iteration，繰り返し計算法）を用いる。

まず f の値を仮定する。これを用いるとダルシー・ワイスバッハの式から未知の V（ケースⅡ）あるいは D（ケースⅢ）を計算することができる。すると Re が分かるので，ムーディー図表から f が読み取れる。読み取った f の

値が仮定した f の値と一致すれば仮定した f は正しいので計算は終わり。一致しなければ，今度は読み取った f の値を用いて同じ手順で計算を行う。f の値が収束するまでこれを繰り返す。

○ムーディー図表に $Re \cdot f^{1/2} =$ 一定（ケースⅡ），あるいは $Re \cdot f^{1/5} =$ 一定（ケースⅢ）の補助線を入れて，繰り返し計算なしに Q や D を求めることのできる図がある。

○ Q や D が直接得られる近似式も提案されている。

[例題] 8.1 内径 $D=200$ mm，管壁の粗度 $k_s=0.1$ mm の管に水を流す。入口と 100 m 先の出口で 2 m のピエゾ水頭差を与えた。流量はいくらになるか。動粘性係数 $\nu=0.01$ cm^2/s，重力加速度 $g=9.8$ m/s^2 とする。

[解答] $h_f = f \cdot (l/D) \cdot V^2/(2g)$ を変形して，$V = \sqrt{(h_f \cdot 2g \cdot D)/(f \cdot l)}$ の形で反復計算を行う。
最初に f を 0.02 と仮定すると
$$V = \sqrt{(h_f \cdot 2g \cdot D)/(f \cdot l)} = \sqrt{(2 \text{ m} \times 2 \times 9.8 \text{ m/s}^2 \times 0.2 \text{ m})/(0.02 \times 100 \text{ m})}$$
$= 1.98$ m/s
このときのレイノルズ数は
$Re = D \cdot V/\nu = (0.2 \text{ m} \times 1.98 \text{ m/s})/(10^{-6} \text{m}^2/\text{s}) = 3.96 \times 10^5$
この Re を用いてムーディー図表から f を読むと，一次近似 $f=0.018$ が得られる。
繰り返しの結果，3 回目で変わらなくなった $f=0.0179$ を用いて
$V = 2.09$ m/s，$Q = 66$ L/s

8.2　形状損失

　管路が曲がったり，太さが変わったりする場所では，流れが乱されて局所的に大きなエネルギー損失が生じる。この損失を**形状損失**，あるいは**局所損失**という。短い区間を考えるときには形状損失が相対的に重要になる。

　形状損失は速度水頭にほぼ比例することが確かめられており，以下に示すように〔損失係数〕×〔速度水頭〕の形で表す。このため，やはり速度水頭に比例する形になっているダルシー・ワイスバッハの式（摩擦損失）と同時に扱うときに便利である。
　管路の局所的変化の形状には次のようなものがある。
○狭くなる変化
　急縮（sudden contraction，sc），漸縮（gradual contraction，gc），

入口(entrance, e)
○拡がる変化
　急拡(sudden enlargement, se), 漸拡(gradual enlargement, ge),
　出口(outlet, o)
○曲がり
　急折(斜め継ぎ miter bent, mb), 曲がり(bent, b)
○その他
　弁(valve, v), 分岐, 合流

これらの形状による損失係数については表などにまとめられているので，実際の計算にはそれを用いればよい*。以下，形状損失の主なものについて見ていく。形状損失の損失水頭 h および係数 K には形状変化の種類に応じて，上記の英語の後に示した添え字をつける。

*損失係数については，ワイスバッハを初めとする多くの人の実験結果がまとめられて，例えば水理公式集(土木学会編)に載っている。以下の記述の多くはそれによる。

8.2.1　狭くなる変化

(1)　急縮(図 -8.1)

細い管に入った水の流れている部分は，一旦管よりも細くなり少し行ってから管一杯に拡がる。この過程で図のように渦が生じてエネルギーが失われる。流れが一旦細くなってから管一杯になっていくので，圧力水頭は一旦下がってから回復する。

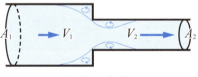

図-8.1　急縮

急縮部の損失は次の形で表す。

$$h_{sc} = K_{sc} \cdot V_2^2/(2g)$$

この式で，V_1 ではなく，V_2 を用いて速度水頭を計算していることに注意せよ。形状損失の式では，管が**拡がる場合でも狭まる場合でも，細い方の管の流速**，つまり**速い方の流速**を使う約束である。

損失係数 K_{sc} は断面積比 A_2/A_1 の関数である。K_{sc} の値は実験によって決める。何種類か提案されている K_{sc} の値のうちの一つを図 -8.2 の左半分に示す*。

*土木工学ハンドブックの表をプロットした図である。

(2)　漸縮

ある距離をとって管を細くしていくときの断面変化が漸縮(ぜんしゅく)である。漸縮による損失 h_{gc} は，次のように表現する。

$$h_{gc} = K_{gc} \cdot V_2^2/(2g)$$

漸縮による損失は一般に小さく，無視できることが多い。

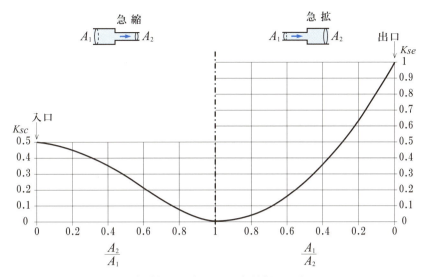

図-8.2 急縮損失係数 K_{sc}，急拡損失係数 K_{se}

たとえば，$A_2/A_1=1/2$ で，壁面が中心線に対して 30°の角度を持って縮小していくとき，漸縮による損失係数は $K_{gc}=0.06$ ていどである．

(3) 管路入口

入口の損失は，$h_e = K_e \cdot V^2/(2g)$ で表す．入口の形に応じて図 −8.3 に示すような損失係数 K_e の値が得られている．急縮の上流側の管が大きくなった極限（$A_1 \to \infty$，$A_2/A_1 \to 0$，図 −8.2 の左端）が入口である．図 −8.3(a) の角端（$K_e=0.5$）がこれに相当する．入口に丸みをつけることによって，損失が大きく減少する．これは，急縮の場合も同様である．

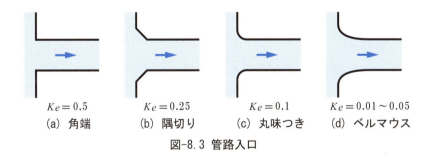

(a) 角端 $K_e=0.5$　(b) 隅切り $K_e=0.25$　(c) 丸味つき $K_e=0.1$　(d) ベルマウス $K_e=0.01 \sim 0.05$

図-8.3 管路入口

8.2.2 拡がる変化

(1) 急拡

細い管が急に太くなるところでは，図 −8.4 のように流れが剥離し渦が生じることによって流れのエネルギーが失われる．急拡による損失水頭 h_{se} は次の式で表す．

$h_{se} = K_{se} \cdot V_1^2/(2g)$　　　ただし，$K_{se} = (1 - A_1/A_2)^2$

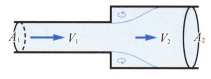

図-8.4 急拡

急縮による損失の説明で述べたように，細い方の管の流速，この場合は上流側の流速を用いるから，速度水頭は $V_1^2/(2g)$ である．注目すべきは，急縮と違って K_{se} の値が計算で求まる点である．例題 8.2 を参照せよ．

図 -8.2 の右半分に，A_1/A_2 に対する K_{se} のグラフを描いてある．

ところで，急拡による損失水頭の式は次のように書き替えることができる．
$$h_{se} = (V_1 - V_2)^2/(2g) *$$
この式をボルダ・カルノーの式という*．
$V_1 - V_2$ は速さの減少量であるから，急拡による損失水頭は，形式的に「流速減少量の速度水頭」になっている．この表現に物理的な意味はないにしても，記憶するには便利かも知れない．

* 連続の式 $A_1 \cdot V_1 = A_2 \cdot V_2$ から，$A_1/A_2 = V_2/V_1$ これを用いて変形．

* ボルダ：ボルダの口金 (5.3.1(4)) のボルダと同一人物．
カルノー：Lazare Carnot, 1753-1823, フランス，政治家，工学者，数学者．熱力学のカルノーサイクルで有名なカルノーの父．

(2) 漸拡

漸拡(ぜんかく)による損失 h_{ge} は，次のように表現する．
$$h_{ge} = K_{ge} \cdot K_{se} \cdot V_1^2/(2g)$$
一つ目の係数 K_{ge} は実験から決められる係数で，主に管の拡がりの角度によって決まる．二つ目の係数 K_{se} は，上に述べた急拡の損失係数である．すなわち $K_{se} = (1 - A_1/A_2)^2$．中心線と拡がる管壁のなす角度が 30°以上になると一つ目の係数が $K_{ge} \fallingdotseq 1$ となり，急拡とほぼ等しくなる．

(3) 管路出口

出口における損失は，他の損失と同様に
$$h_o = K_o \cdot V^2/(2g)$$
の形で書けるが，中身はごく簡単であって，$K_o = 1$ である．貯水池に出るといずれ流速はゼロになり速度水頭がすべて失われるためである．図 -8.2 の右端(急拡の極限，$A_2 \to \infty$，$A_1/A_2 \to 0$)が出口である．入口の場合と異なって，損失を減らす意図をもって**管の出口の形を工夫することは無意味である**．

なお，出口で流れが管から空中に飛び出す場合には速度は変化せず，損失はゼロである．

[例題] 8.2 （図 -8.5）．急拡した地点の**断面1全体が上流側の圧力 p_1 であると仮定**して，急拡部の損失水頭を求めよ．

[解答]

断面1と2で挟まれた検査領域について，運動量方程式と連続の式は

$$\rho \cdot Q \cdot (V_2 - V_1) = A_2 \cdot (p_1 - p_2)$$
$$A_1 \cdot V_1 = A_2 \cdot V_2$$

これらを用いて，両断面間の全水頭の差（損失水頭）を計算すると

$$h_{se} = \{p_1/\gamma + V_1^2/(2g)\} - \{p_2/\gamma + V_2^2/(2g)\}$$
$$= (V_2 - V_1)^2/(2g) = (1 - A_1/A_2)^2 \cdot V_1^2/(2g)\ {}^*$$

これで，急拡による損失の式

$$h_{se} = K_{se} \cdot V_1^2/(2g) \ , \quad ただし\ K_{se} = (1 - A_1/A_2)^2$$

が得られた。

*運動量方程式から$p_1 - p_2 = (\rho Q/A_2)(V_2 - V_1)$ これを h_{se} を求める式に代入．さらに $\gamma = \rho g$ $Q = A_2 V_2 = A_1 V_1$ を用いる．

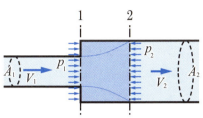

図-8.5 急拡損失係数 K_{se} の計算

この計算結果は実験とよく合うことが確認されている。他の局所的損失と違って，急拡の損失係数については上下流断面積の比から計算することができるのである。

急拡の損失水頭の式を変形すると，急拡による圧力水頭の増加量 Δh を次のように表現することができる。

$$\Delta h = (p_2 - p_1)/\gamma = 2\left[-(A_1/A_2)^2 + (A_1/A_2)\right] \cdot V_1^2/(2g)\ {}^*$$

これを，図-8.6 に示した*．拡大なし（$A_2/A_1 = 1$）では当然ゼロ．拡大率が増加すると圧力水頭の増加量も増え，$A_2/A_1 = 2$ のとき最大（細い管の速度水頭の 1/2）になる．拡大率がさらに大きくなると再び減少して $A_2/A_1 = \infty$（出口）でゼロに戻る．

*例題解答で h_{se} を計算した式から第2式＝第3式を取り出して変形すると得られる．

*Δh は (A_1/A_2) の二次式であるからそのグラフ（図-8.6）は放物線になる．なお，このグラフの横軸は (A_1/A_2) を右から左に目盛ったものだが，書かれている値は (A_1/A_2) の逆数なので注意．

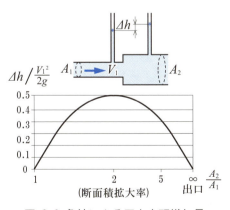

図-8.6 急拡による圧力水頭増加量

8.2.3　縮小，拡大する流れの特徴

「急縮・漸縮」と「急拡・漸拡」を見たが，縮小する流れと拡大する流れの特徴について述べておこう。

　流水断面積が小さくなる場合，流速は早くなり圧力は低下する。このとき，水は圧力勾配を下りながら加速される。逆に流水断面積が拡がる場合，水は圧力勾配に逆らって進み，減速されることになる。一般に，**流体は圧力勾配を下る場合にはスムーズに加速し，圧力勾配を登り減速する場所では剥離を生じ易い***。剥離した流線と壁の間には，たとえば図 −8.4 のように渦が発生して流れのエネルギーが失われる。このため，たとえばベンチュリ管では，管を絞るのは比較的急であっても，元に戻すときはゆっくりと拡げてエネルギーロスを抑えている（図 −5.19）。

*流線が壁面から離れることを剥離という。

8.2.4　その他の局所的損失

　管の曲がり，屈折，弁，さらには分流，合流について，実験に基づく損失係数が得られている。水理公式集などを参照するとよい。

8.3　動水勾配線とエネルギー線

8.3.1　動水勾配線，エネルギー線

　管路のエネルギー損失や水圧を図示しよう。7.4.2 で，ピエゾ水頭（= 位置水頭 + 圧力水頭）の減少率を**動水勾配**（hydraulic gradient）と呼び，これが水を押す力を表すと説明した。管路各断面のピエゾ水頭を結んだ線を**動水勾配線**（hydraulic grade line）と呼ぶ。

　動水勾配線から速度水頭分だけ上がった線を**エネルギー線**（energy line，エネルギー勾配線）と呼ぶ。**エネルギー線は，各断面の全水頭を結んだ線である**。全水頭の流れ方向への減少率が**エネルギー勾配**（energy gradient，エネルギー損失勾配）である。

　水が流れると摩擦などによって流れのエネルギーが失われるから，エネルギー線は下流に向かって下がっていく。エネルギー線が上昇するのは，流水が外部からエネルギーを与えられるポンプの箇所のみである。

　一方，動水勾配線はエネルギー線から速度水頭を引いたものであるから，図 −8.6 のように管が太くなる（速度が遅くなる）場所では上昇する。動水勾配線が上昇すると水は後向きに押されて速度が下がるから，上昇する区間

は長くは続かない。管径が変化しない区間では速度水頭が一定であるから動水勾配線とエネルギー線は平行になる（図 −8.7）。

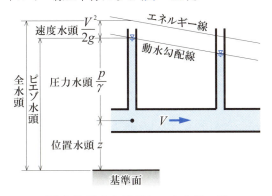

図-8.7 動水勾配線とエネルギー線

エネルギー線と動水勾配線を管路全体にわたって描くと，流れの状況が良く分かる。簡単な例からやってみよう。

[例題] **8.3** 直径 $D=50$ cm，管壁の粗度 $k_s=2$ mm，長さ $l=100$ m の管がある。入口と出口の池の水位差 $H=4$ m のときの流量を求めよ。
入口の損失係数 $K_e=0.5$，出口の損失係数 $K_o=1.0$，$\nu=10^{-6}$ m²/s，$g=9.8$ m/s² とする。
この流れの動水勾配線，エネルギー線を描け。

[解答]
入口，管路，出口の損失水頭を合計すれば，上流の池と下流の池の水位差 H になる。
$H = K_e \cdot V^2/(2g) + f \cdot (l/D) \cdot V^2/(2g) + K_o \cdot V^2/(2g)$

$k_s/D=2$ mm/50 cm$=0.004$ であるから，完全粗面乱流と仮定してムーディー図表（図 −6.24）を読むと摩擦損失係数 $f=0.0285$ である。これで上式中の文字は V を除いてすべて分かったから，V が次のように得られる。
$V = \sqrt{2g \cdot H / \{K_e + f \cdot (l/D) + K_o\}}$
$= \sqrt{2 \times 9.8 \text{ m/s}^2 \times 4 \text{ m}/\{0.5 + 0.0285 \times (100 \text{ m}/50 \text{ cm}) + 1.0\}} = 3.30$ m/s
$Re = (3.30 \text{ m/s} \times 50 \text{ cm})/(10^{-6} \text{ m}^2/\text{s}) = 1.65 \times 10^6$

ムーディー図表を見ると，このレイノルズ数と相対粗度の組み合わせは完全粗面乱流域にあり，仮定した f の値をそのまま用いてよい。流量 Q は
$Q = 3.30$ m/s $\times \pi \cdot (0.25 \text{ m})^2 = 0.648$ m³/s
速度水頭は $V^2/(2g) = (3.30 \text{ m/s})^2/(2 \times 9.8 \text{ m/s}^2) = 0.556$ m
これを用いて動水勾配線とエネルギー線を描いたのが図 −8.8 である。

第8章 管路の流れ

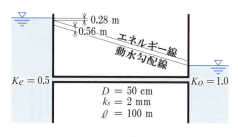

図-8.8

図-8.6でも示したように，出口の圧力水頭増加量はゼロである．これに対応して，図-8.8の動水勾配線は，段差なく下池の水面に接続する．

[例題] 8.4 太さの異なる3本の管を接続した管路で二つの池をつないでいる（図-8.9）．各管の長さ，流速などの情報が図に示してある．これを用いて動水勾配線とエネルギー線を描け．

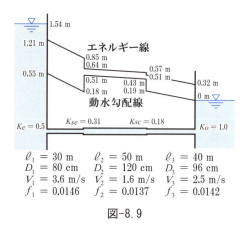

図-8.9

[解答] 図では下池の水面を基準の高さに取ってある．上池の水位（= 全水頭）1.54 m からスタートし，損失水頭を計算しながら全水頭の変化を追っていく．

まず，各管の速度水頭は，

$V_1^2/(2g) = (3.6 \text{ m/s})^2/(2 \times 9.8 \text{ m/s}^2) = 0.6612 \text{ m}$, $V_2^2/(2g) = 0.1306 \text{ m}$, $V_3^2/(2g) = 0.3189 \text{ m}$

これを用いて各損失水頭を計算する．

入口：$h_e = K_e \cdot V_1^2/(2g) = 0.5 \times 0.6612 \text{ m} = 0.331 \text{ m}$

管1の摩擦：$h_1 = f_1 \cdot (l_1/D_1) \cdot V_1^2/(2g) = 0.0146 \times (30 \text{ m}/0.8 \text{ m}) \times 0.6612 \text{ m}$
　　　　　　$= 0.362 \text{ m}$

急拡：　　　$h_{se} = K_{se} \cdot V_1^2/(2g) = 0.31 \times 0.6612 \text{ m} = 0.205 \text{ m}$

管2の摩擦：$h_2 = 0.0137 \times (50 \text{ m}/1.2 \text{ m}) \times 0.1306 \text{ m} = 0.075 \text{ m}$

急縮：　　　$h_{sc} = K_{sc} \cdot V_3^2/(2g) = 0.18 \times 0.3189 \text{ m} = 0.057 \text{ m}$

管3の摩擦：$h_3 = 0.0142 \times (40 \text{ m}/0.96 \text{ m}) \times 0.3189 \text{ m} = 0.189 \text{ m}$

出口：　　　$h_o = K_o \cdot V_3^2/(2g) = 1 \times 0.3189 \text{ m} = 0.319 \text{ m}$

上流池の水位 1.54 m から上記損失水頭を順次引いていくと各点の全水頭が次のように得られる。

　1.54,　1.21,　　0.85, 0.64,　　0.57, 0.51,　　0.32, 0.00　　（単位は m）

これをつないだエネルギー線を図−8.9 に示してある。
エネルギー線から各管の速度水頭を引けば，図に示した動水勾配線が得られる。

8.3.2　サイフォン

重力のみを用いて，上流の水位よりも高いところを通して低い所に水を流す管路はサイフォンと呼ばれる。サイフォンは，灯油ポンプや公衆トイレの自動間欠洗浄など，日常生活を含めて様々な分野で用いられる。

灯油をポリタンクから給油するとき，流れ始めるとポンプを押さなくても勝手に流れ，上に空気を入れると止まる。これがサイフォンの特性である。

サイフォン（siphon）は**管の高さが動水勾配線よりも上に出る**部分を持つ管路である（図−8.10）。管路では水が高い方に向かって流れること自体は特別なことではない。サイフォンの特徴は，管がピエゾ水頭（動水勾配線）よりも上に出ることである。

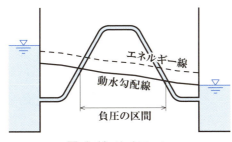

図-8.10　サイフォン

管が動水勾配線よりも高い位置にあれば圧力は負，つまり**負圧**になる*。水理学で用いる圧力はゲージ圧力（＝絶対圧力−大気圧）であるから，負圧であるということは，絶対圧力＜大気圧　を意味する。絶対圧力は負にならないから，ゲージ圧力は負になっても〔− 大気圧〕より小さくはならない。

大気圧を 1 気圧 ＝10.33 mH$_2$O とすると，サイフォンの中の水が上昇できるのはゲージ圧力がゼロの位置から約 10 m 上方までである。実際には，圧力が下がると水に溶けていた気体が気化しサイフォンの上部が気体で満たされるため，上昇し得る高さは 8〜9 m だとされる*。

負圧が生じることはサイフォンの基本的な性質であるが，圧力が大きく下がると，負の水撃圧による管の座屈や，キャビテーションによる壁面の損傷が発生する可能性が高まるので注意が必要である*。

* ピエゾ水頭 ＝ 位置水頭 ＋ 圧力水頭であるから，「管の高さ＞ピエゾ水頭」ならば，圧力水頭 ＝ ピエゾ水頭 − 位置水頭（管の高さ）<0。

* 気体が溶けていなくても，水圧がその温度における飽和水蒸気圧まで下がると水が沸騰して気化するため上昇しなくなる。ただ，飽和水蒸気圧は常温で 0.2 mH$_2$O ていどであるから，上部が真空の場合の上昇量 10.3 m が 10.1 m になるだけである。

* 座屈：下敷きの両端を持って少し強く押してやると片方に膨らむ。薄めの鋼板などに生じるこのような変形が座屈である。通常，内部の圧力によって管壁には引張り力が生じるが，管内が負圧になると管壁は外からの圧力で圧縮を受けることになる。管壁の厚さが十分でないと圧縮力で座屈を起こす虞がある。

* キャビテーション：弁などで水路が絞られて流速が早くなると圧力が下がる，あるいは高速の水が急なカーブを流れると内側の圧力が大きく下がる。圧力が極端に下がると小さな気泡が多数生じ，圧力の再上昇で消える。これをキャビテーション（cavitation）という。キャビテーションで気泡が潰れるときの衝撃圧で壁が破壊されることがある。

用水路などの開水路が河川や谷などを横断するとき，開水路水面よりも低いところを管路で通す構造を**伏せ越し**と言う。この形式の管路はサイフォンを上下逆にした形なので逆サイフォン (inverted siphon) と呼ばれるが，上に述べた水理学的な意味でのサイフォンではなく，負圧を生じない。

第9章
開水路の流れ

- ●平均流速公式のうち，マニング式が最も良く用いられる。
    - $V = C\sqrt{RI}$　　　　　　　・・・シェジー式
    - $V = (1/n) \cdot R^{2/3} \cdot I^{1/2}$　　・・・マニング式
        - R：径深，I：エネルギー勾配，C：シェジー係数，n：マニングの粗度係数
- ●**等流**：　開水路の定常流で，流れ方向に水深，流速分布などが変化しない流れ。
    - ・広長方形断面水路の**等流水深** $h_0 = (n \cdot q \cdot I^{-1/2})^{3/5}$　　　q：単位幅流量
    - ・断面係数：　$A \cdot R^{2/3} = n \cdot Q \cdot I^{-1/2}$　　A：流積（流水断面積），Q：流量
- ●**フルード数** Fr：　流速と長波の伝播速度の比
    - ・$Fr = V/\sqrt{gh}$
        - V：流速，g：重力加速度，h：水深
    - ・**常流**：$Fr < 1$　　**限界流**：$Fr = 1$　　**射流**：$Fr > 1$
    - ・広長方形断面の**限界水深**：　$h_c = g^{-1/3} \cdot q^{2/3}$
- ●**限界勾配** I_c：　等流が限界流になる勾配
    - ・$I_c = n^2 \cdot g^{10/9} / q^{2/9}$
    - ・急勾配水路：限界勾配より勾配が急。$h_0 < h_c$　　等流は射流。
    - ・緩勾配水路：限界勾配より勾配が緩い。$h_0 > h_c$　　等流は常流。
- ●漸変流の微分方程式
    - $dh/dx = I_底 \cdot (h^3 - h_0^3)/(h^3 - h_c^3)$
        - $I_底$：水路勾配，h：水深，h_0：等流水深，h_c：限界水深
- ●漸変流の水面形
    - ・緩勾配水路で　M_1（堰上げ背水曲線），M_2（低下背水曲線），M_3
    - ・急勾配水路で　S_1，S_2，S_3
- ●**比エネルギー** E：　各断面の水路底を基準高さとした全水頭。等流なら流れ方向に変化しない。
    - ・$E = h + V^2/(2g)$
    - ・**比エネルギー図**：　単位幅流量 q が一定の時の $h \sim E$ 曲線
    - ・**流量図**：　比エネルギー E が一定の時の $h \sim q$ 曲線
    - ・**交代水深**：　比エネルギーが同じである，常流と射流の2つの水深のセット
- ●**比力** F：　断面を通じて下流に伝えられる運動量を表現する量
    - $F = (1/2)h^2 + q^2/(gh)$
    - ・**比力図**：　単位幅流量が一定の時の $h \sim F$ 曲線
    - ・**共役水深**：　比力が同じである，常流と射流の2つの水深のセット。
- ●常流〜射流の遷移
    - ・**支配断面**：　常流から射流に滑らかに移るときの境界の断面。水面計算は，支配断面からスタートして上流方向・下流方向へ。
    - ・**跳水（ジャンプ）**：　射流から常流へは滑らかに遷移できない。跳水が起こり，エネルギーの大きな損失が発生する。

写真(a) 河川 勾配1/50

写真(b) 河川 勾配1/1000

写真(c) 用水路 勾配1/400

第 9 章　開水路の流れ

流水断面の周囲がすべて壁面に接する管路の流れに対し，大気と接する水面を持つ流れを**開水路**の流れ（open channel flow）という。開水路の水面は**自由水面**（free surface）とも呼ばれる。河川，用水路，下水道などは一般に開水路である*。

*下水道管は円管が多いが，通常は管の上部が空いた状態で流れる。下水道管が満管になるのは，特殊な状況下である。

管路の流水断面が管の断面と常に同じであるのに対し，開水路の流水断面は水面の高さによって変化する。開水路の流れでは，水面の高さを知ることが最初の重大関心事である。

9.1　開 水 路

9.1.1　基本事項

（1）　勾配と水深

開水路の流れでは，**河床勾配**（水路勾配）と**水面勾配**は必ずしも一致しない。水面勾配は管路の流れの動水勾配に相当し，重力が水を押す力に対応する。

まず，河床勾配と水面勾配が同じ場合を考えよう*。**水深は，河床から鉛直に計った水面までの高さ h である**と定義する（図 $-9.1(\mathrm{a})$）。

*次節 9.2 の等流の状態である。

$h_n = h \cdot \cos\theta$ は，河床から流れに垂直に計った水面までの距離で，**流水断面の厚み**である。**断面内の底と水面の高さの差**　$h' = h_n \cdot \cos\theta = h \cdot \cos^2\theta$ が，以下に示すように**河床の圧力を決める高さ**である。

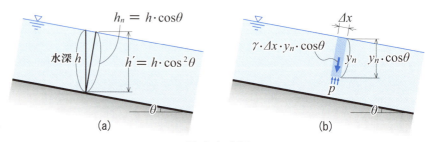

図-9.1　水深

図 (b) の濃く塗った水柱に作用する力の，断面に沿った方向の成分の釣り合いを考える*。奥行きを 1 とすると，重力の断面方向成分は斜め下向きに $\gamma \cdot \Delta x \cdot y_n \cdot \cos\theta$。これが水柱の底に加わる斜め上向きの全水圧 $p \cdot \Delta x$ と釣り合っているから，$p = \gamma \cdot y_n \cdot \cos\theta$。したがって，水路底の圧力を $p_底$ とすると，

$$p_底 = \gamma \cdot h'$$

*真っ直ぐに流れる水は，流れに垂直な方向（断面に沿った方向）の加速度を持たないから，その方向の力の成分は釣り合っている。

ところで多くの場合，我々が扱う開水路の勾配はそれほど大きくない。たとえば，平野に出た日本の河川の勾配は 1/1 000～1/10 000 のオーダー，大

陸の大河だとさらに緩い。勾配が 1/50 ていどよりも緩ければ，h, h_n, h' を区別しないのが普通であり，本書でも特に断りのない限り，$h = h_n = h'$ として扱う*。勾配 1/50 を図示すると図 −9.2(a) のようにあまり急には見えないが，実際には本章扉の写真(a) のようにかなり急な流れである*。

流れの断面は，本来，流れに垂直な面であるが，水深の取り方に対応して鉛直に取る。

流れを横からみたときの図では，河床に沿って下流方向を x に取る。x は水平から少し下方に傾いているが，勾配が小さいのでほぼ水平だと思って良い。

本書の図も含めて，開水路の縦断図では縦の変化を強調するため，図 −9.2(b) のように横方向を縮めた図が多いことに注意せよ。

*勾配 $\tan\theta = 1/50$ (2%, $\theta \fallingdotseq 1°$) のとき, $\cos\theta \fallingdotseq 0.9998$, $\cos^2\theta \fallingdotseq 0.9996$ である。したがって, $h = h_n = h'$ としても誤差は 0.05% 以下である。勾配 1/10 (10%, $\theta \fallingdotseq 6°$) の急流河川でも，この誤差は 1% 程度に収まる。

*ちなみに機関車が引く列車にとって 1/50 (= 2% = 20 ‰) の勾配はきつい。道路では 2〜3% の勾配はそれほど珍しくないが，10% ($\theta \fallingdotseq 6°$) は非常に急な勾配である。

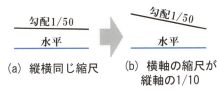

(a) 縦横同じ縮尺　(b) 横軸の縮尺が縦軸の 1/10

図-9.2 横軸を縮めて図示

(2) 広長方形断面

もっとも単純な開水路の断面形は長方形である。長方形断面であって，水路の幅が水深に比べて充分大きいとき，これを**広長方形断面**（**広矩形断面**）という。長方形断面の径深 R は，幅が広いほど水深 h に近づく（図 −9.3(b)）。その極限が同図 (c) の一次元断面である*。広長方形断面では $R \fallingdotseq h$ とする。

広長方形断面，あるいは一次元断面では，流速の横方向の変化を無視して，深さ方向の変化のみを考えることになる。摩擦も底面のみ考えて側面の摩擦は無視する。本書で扱う開水路の多くは，広長方形断面である。

*断面内で，川幅方向の変化は考えず水深方向の変化のみを考えるので，一次元断面と呼んだ。

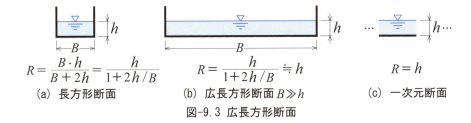

(a) 長方形断面　　(b) 広長方形断面 $B \gg h$　　(c) 一次元断面

図-9.3 広長方形断面

広長方形断面の流量としては単位幅流量 $q = Q/B$ を用いるのが便利である（Q：流量，B：水路幅）。q を使う場合，水深を h として流速 $V = Q/(B \cdot h)$ は次の形になる。

$$V = q/h$$

9.1.2 平均流速公式

ダルシー・ワイスバッハの式 (6.11) を「$V =$」の形に書き換えると，平均

流速公式になる。
$$V = \sqrt{2g/f'} \cdot \sqrt{RI} = \sqrt{8g/f} \cdot \sqrt{RI}$$
　　ただし，R：径深，I：エネルギー勾配（$= h_f/l$）

この式のように

　　$V = 〔係数〕\times R^m \times I^n$　　　R：径深，I：エネルギー勾配，m および n：定数

の形をした平均流速公式を指数式という。指数式はいくつも提案されている。書き換えたダルシー・ワイスバッハの式の他に 3 つ紹介しておく。

(1) $V = \sqrt{2g/f'} \cdot \sqrt{RI}$	・・・ダルシー・ワイスバッハの式
(2) $V = C\sqrt{RI}$	・・・シェジー式
(3) $V = (1/n) \cdot R^{2/3} \cdot I^{1/2}$	・・・マニング式
(4) $V = k \cdot C_H \cdot R^{0.63} \cdot I^{0.54}$	・・・ヘーゼン・ウイリアムス式

いずれの式も R と I を用いて表現されており，管路でも開水路でも任意の形の断面に用いることが可能である。

(1) ダルシー・ワイスバッハの式は，6.5.1 で詳しく説明した。

*シェジー：Antoine Chézy, 1718–1798, フランス, 水理技術者。

(2) **シェジー式***
　　$V = C\sqrt{RI}$　　　C：シェジー係数

もっとも古く，もっとも簡単な形の指数式である。ダルシー・ワイスバッハの式と同じ形を持つ。開水路によく用いられる*。

*C は次元を持っている。これを無次元化した $\phi = C/\sqrt{g}$ を無次元速係数という。

係数 C の値は，ダルシー・ワイスバッハの式の f から　$C = \sqrt{2g/f'} = \sqrt{8g/f}$，あるいはマニング式の n から，$C = (1/n) \cdot R^{1/6}$　の関係を用いて決めることができる。

*マニング：Robert Manning, 1816 – 1897, アイルランド, 技術者。

(3) **マニング式**は，次の 9.1.3 で説明する*。

*ヘーゼン：Allen Hazen, 1869 – 1930, アメリカ, 水理技術者
ウイリアムス：Gardner Stewart Williams, 1866–1931, アメリカ

(4) **ヘーゼン・ウイリアムス式***
　　$V = k \cdot C_H \cdot R^{0.63} \cdot I^{0.54}$　　　k：単位換算係数，C_H：流速係数（roughness coefficient）*。

ヘーゼン・ウイリアムス式は，水道管に用いられる。抵抗が流速の (1/0.54) 乗に比例する形になっていて，比較的滑らかな材料を用いる水道管に適合している*。

*SI 単位（m, s）を用いる場合，$k = 0.849\,35$。アメリカの慣用単位（ft, s）を用いるときは，$k = 0.001^{-0.04} = 1.318$。

*ムーディー図表では，Ⅲ-1 滑面乱流～Ⅲ-2 粗面・滑面遷移乱領域に対応する。

9.1.3 マニング式

平均流速を求める指数式のうち，河川などの開水路でよく用いられるのはシェジー式とマニング式である。特にマニング式は標準的だと言ってもよい。
　　マニングの公式は，次の形を持つ。

$$V = (1/n) \cdot R^{2/3} \cdot I^{1/2}$$
ただし，n：マニングの粗度係数，R：径深，I：勾配

自然河川におけるマニングの粗度係数nは，実測したV, R, Iに合うように決めることが多い。

マニング式中のn以外の物理量はすべて明らかなのでnの次元を計算すると，

$[n] = [L^{-1/3} T]$ *

このように粗度係数nは次元を持つので，使う単位系によって数値が変化する。しかし，**nにはSI単位 $[m^{-1/3} \cdot s]$を用い，かつ単位を書かない**のが慣習である*。

標準的な粗度係数nを表−9.1に示す。この表の0.03は$0.03\ m^{-1/3} \cdot s$を示す。

マニングの粗度係数を一つの河川断面内で変化させることがある。たとえば洪水時の河川の断面が図−9.4のような場合である。このように洪水時のみ水を流す**高水敷**を持つ河川は複断面河川と呼ばれる*。

*マニング式を変形して，$n = (1/V) \cdot R^{2/3} \cdot I^{1/2}$。各変数の次元は
$[V] = [L \cdot T^{-1}]$
$[R] = [L]$
$[I] = [1]$

*ポンドフィート法を使うと（アメリカ），マニング式は
$V = (1.49/n) \cdot R^{2/3} \cdot I^{1/2}$
となる。

*高水敷（こうすいしき，こうすいじき）は，洪水のときだけ水が流れる部分。都市の近くでは運動場などに利用されることも多い。

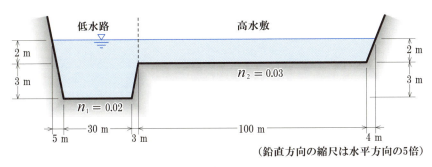

図-9.4 複断面河川

[例題] 9.1 図−9.4の川の水面勾配Iが1/1 000のときの流量を求めよ。

[解答] 低水路と高水敷それぞれの計算を行って合計する。

低水路：
流積 $A_1 = (30\ m + 36\ m) \times 3\ m/2 + (36\ m + 38\ m) \times 2\ m/2 = 173\ m^2$
潤辺長 $S_1 = 5\ m \times \sqrt{2} + 30\ m + 3\ m \times \sqrt{2} = 41.3\ m$
径深 $R_1 = 173\ m^2 / 41.3\ m = 4.189\ m$
流速 $V_1 = (1/n_1) \cdot R_1^{2/3} \cdot I^{1/2} = (1/0.02) \times 4.189^{2/3} \times (1/1\ 000)^{1/2} = 4.109\ (m/s)$*
流量 $Q_1 = A_1 \cdot V_1 = 173\ m^2 \times 4.109\ m/s = 711\ m^3/s$

高水敷：
$A_2 = (100\ m + 104\ m) \times 2\ m/2 = 204\ m^2$
$S_2 = 100\ m + \sqrt{(2\ m)^2 + (4\ m)^2} = 104.5\ m$
$R_2 = 204\ m^2 / 104.5\ m = 1.952\ m$
$V_2 = (1/0.03) \times 1.952^{2/3} \times (1/1\ 000)^{1/2} = 1.646\ (m/s)$
$Q_2 = A_2 \cdot V_2 = 204\ m^2 \times 1.646\ m/s = 336\ m^3/s$

*nの単位を書かないことになっているので計算式全体も単位無しの表記にした。

全体の流量 $= Q_1 + Q_2 = 1\,047 \text{ m}^3/\text{s}$

表—9.1 標準的なマニングの粗度係数nの値（水理公式集より抜粋）

種　類	材料および潤辺の性質	nの範囲	nの標準値
人工水路	モルタルでライニング	0.011～0.015	0.013
	土，直線水路，等断面水路	0.016～0.025	0.022
	土，直線水路，雑草あり	0.022～0.033	0.027
	砂利，直線水路	0.022～0.030	0.025
	岩盤，直線水路	0.025～0.040	0.035
自然水路	整正断面水路	0.025～0.033	0.030
	非常に不整正な断面，雑草，立木多し	0.075～0.150	0.100

9.2 等　　流

我々は，時間的に変化しない流れ－定常流－を扱っている。開水路の定常流はさらに，流れ方向に水深や流速分布が変化しない等流と，変化する不等流に分けられる。

9.2.1 等流水深

断面形，勾配および粗度が変化せずに長く続く直線の開水路（**一様水路**）を考える。入口と出口の影響を受ける範囲を除けば，重力の流れ方向成分と水路からの抵抗が釣り合って，流速，水深などが上下流方向に変化しない。このような流れを**等流**（uniform flow）と呼ぶ。流速，水深などが流れ方向に変化する流れは**不等流**である。

等流で流れているときの水深が**等流水深**である。等流水深は，流量，河床勾配，断面形，および壁面（底面）の抵抗によって決まる。まず，もっとも簡単な広長方形断面を考え，抵抗は**マニング式**によることにする。

単位幅流量 q，河床勾配 I，およびマニングの粗度係数 n を与える*。

広長方形断面の径深 R は水深 h に等しい。また $q = h \cdot V$ である。これらから次の等流水深 h_0 が得られる。

$$h_0 = (n \cdot q \cdot I^{-1/2})^{3/5} \quad \text{【広長方形断面の等流水深】} \quad \cdots (9.1)^*$$

* マニング式で使うIについて，9.1.2では「エネルギー勾配」，9.1.3では，単に「勾配」，ここでは「河床勾配」とした。
シェジー式およびマニング式は本来，開水路の「等流」についての流速公式である。等流ではエネルギー勾配，水面勾配，河床勾配がすべて同じであるから，そのとき表現したい内容に合わせた呼び方を用いている。

* $V = (1/n) \cdot R^{2/3} \cdot I^{1/2}$ に $V = q/h, R = h$ を代入して $q/h = (1/n) \cdot h^{2/3} \cdot I^{1/2}$。これを整理。

9.2.2 断面係数と通水能

一般的な断面を考えよう。マニング式 $V = (1/n) \cdot R^{2/3} \cdot I^{1/2}$ を次のように書き換える。

$$A \cdot R^{2/3} = n \cdot Q \cdot I^{-1/2} \quad \cdots (9.2)$$

ただし，A：流積（流水断面積），Q：流量*。
この式の左辺 $A \cdot R^{2/3}$ は**断面係数**（section factor）と呼ばれる。

式(9.2)を粗度係数 n で割ると
$A \cdot R^{2/3}/n = Q \cdot I^{-1/2}$
この式の左辺 $(A \cdot R^{2/3}/n)$ を，**通水能**（conveyance）と呼ぶ。通水能に勾配の平方根をかけると流量が得られる。

A も R も水深 h の関数であるから，h が決まれば断面係数 $A \cdot R^{2/3}$ が決まる。普通の開水路では $A \cdot R^{2/3}$ と h の関係は一対一であるから，逆に断面係数 $A \cdot R^{2/3}$ が決まると水深 h が決まる*。$A \cdot R^{2/3} \sim h$ が分かっていれば，式(9.2)を用いて，流量 Q，勾配 I，粗度係数 n から等流水深を求めることができる。

> *$Q = A \cdot V$
> $= A \cdot (1/n) \cdot R^{2/3} \cdot I^{1/2}$
> を少し変形。

> *特殊なケースでは一対一対応にならない。たとえば，円形断面水路の満管付近では，一つの $A \cdot R^{2/3}$ の値に対して水深 h が2つ存在する（h に対する $A \cdot R^{2/3}$ のグラフは，流量 $A \cdot R^{2/3} \cdot I^{1/2}/n$ のグラフ図−9.5(c)と同じ形になる）。

例題 9.2 図−9.5(a)に示す円管内の開水路の径深 R，断面係数 $A \cdot R^{2/3}$，流量 Q を求めよ。マニングの粗度係数 $n = 0.02$，勾配 $I = 1/10\,000$ とする。

解答：中心から水面までの高さ：$(1.5\,\text{m} - 1\,\text{m}) = 0.5\,\text{m}$
θ：$\sin^{-1}(0.5\,\text{m}/1\,\text{m}) = 30°$，
水面幅の中心角（下側）：$180° + 2 \times 30° = 240°$
$A = \pi \times (1\,\text{m})^2 \times (240°/360°) + 2 \times 0.5\,\text{m} \times (1\,\text{m} \times \cos 30°)/2 = 2.527\,\text{m}^2$,
$S = 2\pi \times (1\,\text{m}) \times (240°/360°) = 4.189\,\text{m}$,
径深 $R = 2.527\,\text{m}^2/4.189\,\text{m} = 0.603\,2\,\text{m}$,
断面係数 $A \cdot R^{2/3} = 2.527\,\text{m}^2 \times (0.603\,2\,\text{m})^{2/3} = 1.804\,\text{m}^{8/3}$
流量 $Q = A \cdot R^{2/3} \cdot I^{1/2}/n = 1.804 \times (1/10\,000)^{1/2}/0.02 = 0.902\,(\text{m}^3/\text{s})$

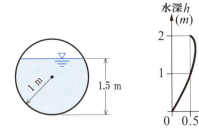
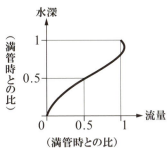

(a) 例題9.2　　(b) 水深に対する径深　　(c) 水深に対する流量
図−9.5 円管の中の開水路

図−9.5(b)，(c)は，半径1mの円形断面下水管について，水深に対する径深，および流量の値をプロットしたものである。図(c)から分かるように，上部に少し隙間があるときの方が，満管のときよりも水を多く流すことができる*。

> *ただし，満管のときは管路の流れになるので，入口に水が溜まって上流水位が上がれば，動水勾配が大きくなって流量は増える。図(c)の満管流量は，動水勾配が開水路のときの水面勾配と同じ場合の計算結果である。

問題 9.1　長方形，側面の立上がり角が60°の等脚台形，二等辺三角形の

断面を持つ3つの開水路がある。断面積と水深が例題9.2と同じ $A = 2.527\text{m}^2$,$h = 1.5\text{m}$であるとき,各断面について,径深R,流量$Q = A \cdot R^{2/3} \cdot I^{1/2}/n$を求めよ(図−9.6)。マニングの粗度係数$n = 0.02$,勾配$I = 1/10\,000$とする。

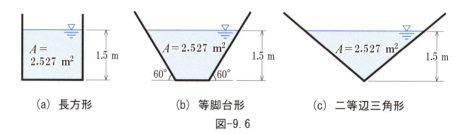

(a) 長方形　　　　(b) 等脚台形　　　　(c) 二等辺三角形

図-9.6

[解答]

長方形

　水面幅 $b = A/h = 2.527\text{ m}^2/1.5\text{ m} = 1.685\text{ m}$,

　潤辺長 $S = 1.685\text{ m} + 2 \times 1.5\text{ m} = 4.685\text{ m}$,

　径深 $R = 2.527\text{ m}^2/4.685\text{ m} = 0.5394\text{ m}$,

　流量 $Q = A \cdot R^{2/3} \cdot I^{1/2}/n = 2.527 \times 0.5394^{2/3} \times (1/10\,000)^{1/2}/0.02 = 0.837\text{ (m}^3/\text{s)}$

等脚台形

水面幅を$b + x$とすると(bは上記長方形の幅),長方形と面積が同じだから底面幅は$b - x$,

$1.5\text{ m}/x = \tan 60° = \sqrt{3}$ゆえ,$x = 1.5\text{ m}/\sqrt{3} = 0.866\,0\text{ m}$

$S = (1.685\text{ m} - 0.866\text{ m}) + 2 \times \sqrt{(0.866\,0\text{ m})^2 + (1.5\text{ m})^2} = 4.283\text{ m}$,

$R = 2.527\text{ m}^2/4.283\text{ m} = 0.590\,0\text{ m}$,

$Q = 2.527 \times 0.590\,0^{2/3} \times (1/10\,000)^{1/2}/0.02 = 0.889\text{ (m}^3/\text{s)}$

二等辺三角形

　水面幅 $= 2 \times 2.527\text{ m}^2/1.5\text{ m} = 3.369\text{ m}$,

　$S = 2 \times \sqrt{(3.369\text{ m}/2)^2 + (1.5\text{ m})^2} = 4.511\text{ m}$,

　$R = 2.527\text{ m}^2/4.511\text{ m} = 0.560\,2\text{ m}$,

　$Q = 2.527 \times 0.560\,2^{2/3} \times (1/10\,000)^{1/2}/0.02 = 0.859\text{ (m}^3/\text{s)}$

[例題] 9.3 1) 広長方形断面で,単位幅流量 $q = (1.2\text{m}^3/\text{s})/\text{m}$,河床勾配$I = 1/1\,000$,マニングの粗度係数$n = 0.03$のときの等流水深を求めよ。

2) 同じ条件で河床勾配が$I = 1/100$のときの等流水深はいくらか。

[解答] 1) 断面係数の式(9.2) $A \cdot R^{2/3} = n \cdot Q/I^{1/2}$ を用いる*。

広長方形断面ゆえ水深$h = $径深$R$とすると,$A = h \times 1\text{m}$,$R^{2/3} = h^{2/3}$となるから*,

左辺:$A \cdot R^{2/3} = h^{5/3}$

右辺:$n \cdot Q/I^{1/2} = 0.03 \times 1.2/\sqrt{1/1\,000} = 1.1384$ （与えられた値を代入）

両辺を等しいとおいて,$h^{5/3} = 1.1384$　　　∴ $h = 1.08\text{ (m)}$

2) Iだけを変えると

*式(9.1)を用いてもいい。

*流量が単位幅あたりなので,面積も単位幅あたりの値。

右辺：$n \cdot Q/I^{1/2} = 0.03 \times 1.2/\sqrt{1/100} = 0.36$

$h = 0.542$ (m)

断面が広長方形断面でなければ，等流水深 h を求めるのは必ずしも簡単ではない。

9.3 常流と射流

開水路の流れは，性質が異なる2種類の流れ，常流および射流に分類される。この分類は重要なので詳しく見て行こう。

9.3.1 フルード数

5.2.4 で示した長波の伝播速度 c は

$c = \sqrt{gh}$ ただし，g：重力加速度，h：水深

であった。水面に生じた変動は，長波の伝播速度でまわりに伝わって行く。開水路の中で生じた水面変動も長波の伝播速度で上下流に伝わるが，これに流速が加わる。したがって，〔流速 V〕が〔長波の伝播速度 $c = \sqrt{gh}$〕よりも大きいと，水面変動は下流にのみ伝わり，上流には伝わらないことになる（図 −9.7）。

$V > c$ のとき水面変動は上流に伝わらない

図-9.7 流速と波速

水面変動が上流に伝わる流れと，伝わらない流れとでは性質が大きく異なるので，これによって流れを分類する。このとき V と c の比である**フルード数** Fr（Froude number）が用いられる*。

*William Froude（1810 − 1879 イギリス，動水力学者，船舶設計者）にちなむ。

$Fr = V/\sqrt{gh}$
　　ただし，V：流速，g：重力加速度，h：水理水深（後述）

常流（subcritical flow）・・・$Fr < 1$　（$V < c$）
　限界流速（後述）よりも遅い流れ。限界水深（後述）よりも深い流れ。
　平常時の河川中下流部の流れは常流のことが多い。

射流（supercritical flow）・・・$Fr > 1$　（$V > c$）
　限界流速よりも速い流れ。限界水深よりも浅い流れ。
　射流は，下流の影響を受けない流れである。

限界流（critical flow）・・・$Fr = 1$　（$V = c$）

ふつう，「水深」は断面内で一番深い場所の深さのことを指すが，フルード数で用いる水深は，断面積と水面幅が同じ長方形断面の水深，つまり水面幅区間の平均水深を用いる（図-9.8）。これを**水理水深**（hydraulic depth）と呼ぶ*。

*例題 5.3 で段波の伝播速度（＝長波の伝播速度）を求めたときに用いた連続式を見れば，水理水深を使うことが納得できる。

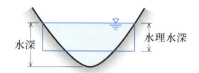

水面幅・断面積が等しい長方形断面の水深
図-9.8 水理水深

フルード数は，（流速）/（長波の伝播速度）であるから，次元は〔速さ/速さ〕=〔1〕となり，**無次元**である。

無次元数は以下に挙げるような点で便利なため，水理学では良く使われる。
・無次元数の値は，単位系に左右されない。
・無次元数によって，基準となる量との比較が容易になることがある。
・寸法などが異なっていても，特定の無次元数が同じなら現象の本質が共通することがある。第 10 章で述べるように，これによって模型実験が可能になる。

フルード数とレイノルズ数（6.2.1）は，**水理学における最も重要な二つの無次元数である**と思って良い。

共に無次元数であるが，フルード数とレイノルズ数は，「1」という値がどういう意味を持つかという点で異なる。開水路流れのフルード数の場合，1 よりも大きいか小さいかが決定的に重要であるのに対し，レイノルズ数の 1 は特別な意味を持たない*。

*我々に馴染み深いマッハ数はフルード数とよく似た量で，1 より大きいと超音速である。マッハ 1 を境に力学的状況がガラリと変わる。比重についても，比重が 1 より小さい物体は水に浮かぶ，という特別な値である。
ところで船舶工学で用いるフルード数は
$Fn = V/\sqrt{g \cdot L}$ で定義される。V は船の速さ，L は船の長さである。Fn は造波抵抗に重要な関わりを持つが，$Fn = 1$ は特別な値ではない。

9.3.2 限界水深

流れが限界流，つまり $Fr = 1$ となるときの水深を**限界水深**，そのときの流速 $\sqrt{gh}$ を**限界流速**という。

単位幅流量 q，水深 h の広長方形断面の流速は $V = q/h$ である。この流速を長波の伝播速度 $\sqrt{gh}$ に等しいとおき，h について解くと，限界水深 h_c が次式のように得られる。

$$h_c = g^{-1/3} \cdot q^{2/3} \quad \text{【広長方形断面の限界水深】} \quad \cdots (9.3)$$

等流水深が長い一様水路で「実際に生じる水深」であるのに対し，限界水深は流れがこれよりも深ければ常流，浅ければ射流になるという「基準の水深」である。

9.3.3 限界勾配

等流がちょうど限界流になるような勾配を**限界勾配** (critical slope) という。等流水深 h_0 (**式 (9.1)**) と限界水深 h_c (**式 (9.3)**) を等しいと置いて得られる勾配 I が限界勾配 I_c である*。

$$I_c = n^2 \cdot g^{10/9} / q^{2/9}$$

*$(n \cdot q \cdot I^{-1/2})^{3/5}$
$= g^{-1/3} \cdot q^{2/3}$。

限界勾配よりも急な勾配を**急勾配** (steep slope) という。急勾配水路では，等流水深が限界水深よりも浅く，**等流は射流**になる。

限界勾配よりも緩い勾配を**緩勾配** (mild slope) という。緩勾配水路では，等流水深が限界水深よりも深く，**等流は常流**になる。

限界勾配と流量の関係を見ておこう。たとえば $n = 0.03$ とすると，
$q = 1 \text{ m}^2/\text{s} (h_c = 0.47 \text{ m}, V_c = 2.14 \text{ m/s})$ のとき $I_c = 1/88$。
$q = 10 \text{ m}^2/\text{s} (h_c = 2.17 \text{ m}, V_c = 4.61 \text{ m/s})$ のとき $I_c = 1/147$。
$q = 100 \text{ m}^2/\text{s} (h_c = 10.07 \text{ m}, V_c = 9.93 \text{ m/s})$ のとき $I_c = 1/245$ *。
流量が多い方が限界勾配が小さい，つまり射流になり易い。

*h_c は**式 (9.3)**から計算できる。
$V_c = q/h_c$

9.4 不等流　1—漸変流

時間的には変化しないが（定常流），流れ方向に水深や流速が変化する不等流のなかで，変化が緩やかな漸変不等流を調べよう。流れの基本的な性質をみるため，もっとも簡単な，勾配が変わらない長い広長方形断面の水路について考える。

9.4.1 漸変流の微分方程式

漸変流 (ぜんぺんりゅう，漸変不等流，gradually varied flow) は，変化が緩やかな不等流のことで，流線の曲がりが小さく，圧力を静水圧分布としてよい。

水路底に沿って x 軸を取り，水深を $h(x)$，基準面から計った水路底の高さを $z(x)$，断面の平均流速を $V(x)$ とする（**図 −9.9**）。断面 $x = x$ における全水頭 $H(x)$ は，

$$H(x) = z(x) + h(x) + V(x)^2/(2g) *$$

*エネルギー補正係数を省略しなければ第3項は $\alpha \cdot V(x)^2/(2g)$。本書では $\alpha = 1$。

この式を微分して，全水頭の x に対する変化率を求めると

$$dH(x)/dx = dz(x)/dx + dh(x)/dx + d[V(x)^2/(2g)]/dx$$

第9章 開水路の流れ

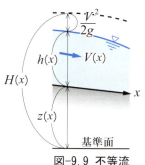

図-9.9 不等流

*煩わしいので(x)を省略する。
$q = h \cdot V$から，
$V^2/(2g) = q^2 \cdot h^{-2}/(2g)$。
最後の項にこれを代入して微分すると
$d[V^2/(2g)]/dx$
$= d[q^2 \cdot h^{-2}/(2g)]/dx$
$= (q^2/g) \cdot d(h^{-2}/2)/dx$
微分の部分は
$d(h^{-2}/2)/dx$
$= (-2h^{-3}/2) \cdot dh/dx$
$= -(1/h^3) \cdot dh/dx$

*xは水平距離ではないが，水路の傾きが小さいので水平距離とほぼ同じ。

ここで単位幅流量をqとして，この式を変形すると，$q = h \cdot V$であるから

$$dh/dx - (q^2/g) \cdot (1/h^3) \cdot dh/dx = I_底 - I_e \text{（青字は変数）} \quad \cdots (9.4)*$$

ただし，

$$I_e = -dH(x)/dx \quad \cdots \text{エネルギー勾配（摩擦損失勾配）}$$
$$I_底 \fallingdotseq -dz(x)/dx \quad \cdots \text{河床勾配*}$$

> **勾配の符号**
>
> エネルギー勾配や河床勾配の式に負号が付いている理由は以下のとおりである。
>
> エネルギーも河床高も，一般に下流に向かって下がっていくので，下流向きに減少する勾配を正とするのが便利である（水面勾配や限界勾配なども同じ）。
>
> 一方，横軸xは，流れの向き，つまり下流を正に取ることが自然である。
>
> 両者をこのように取ると，勾配の定義式に負号が付く。

続けて，以下の変形を行う。

まず限界水深の**式(9.3)**から$q^2/g = h_c^3$。これを**式(9.4)**の左辺に代入して，

● 左辺 $= dh/dx - (q^2/g) \cdot (1/h^3) \cdot dh/dx = \{1 - (h_c/h)^3\} \cdot dh/dx$

次に右辺を，勾配と水深の関係を用いて変形する。**式(9.1)**ではマニング式を用いたが，ここでは簡単な形のシェジー式$V = C\sqrt{RI}$を用いる。
広長方形断面では，$R = h$，$V = q/h$である。これらをシェジー式に代入すると，等流水深h_0とエネルギー勾配（$=$河床勾配$I_底$）の関係は次のようになる*。

*等流では，シェジー式の$I = $エネルギー勾配$ = $水面勾配$ = $河床勾配。

$$I_底 = [\text{等流の}I_e] = (q^2/C^2) \cdot (1/h_0^3) \quad \cdots (9.5)$$

Iを摩擦損失勾配I_e（エネルギー勾配）としたシェジー式$V = C\sqrt{RI_e}$が漸変流でも成り立つとすると，**式(9.5)**の等流水深h_0を漸変流の水深hで置き換えて

$$(\text{漸変流の})I_e = (q^2/C^2) \cdot (1/h^3) \quad \cdots (9.6)$$

式(9.5)，**式(9.6)**から

$$I_e = I_底 \cdot (h_0^3/h^3)$$

これを**式(9.4)**の右辺に代入すると，

● 右辺 $= I_底 - I_e = I_底 \cdot \{1 - (h_0/h)^3\}$

左辺，右辺を合わせると，式(9.4)は次のようになる。

$dh/dx = I_底 \cdot (h^3 - h_0^3)/(h^3 - h_c^3)$　　　（青字は変数）　　・・・(9.7)
　　ただし，$I_底$：水路勾配，h：水深，h_0：等流水深，h_c：限界水深

これが，漸変流の水深が満たすべき微分方程式である。

> **微分方程式（常微分方程式）**
> 未知の関数 $h(x)$ の導関数（微分），すなわち dh/dx，d^2h/dx^2，・・・を含んだ方程式。微分方程式を解くとは，この方程式を満たす関数 $h(x)$ を求めることである。解の関数 $h(x)$ を解析的に式で表現できればいいが，うまく行かないことも多い。解析的に解けなくても計算機を用いて数値積分するなど，解く方法はいくつかある。

9.4.2　図的解法

微分方程式(9.7)を解けば水面形が得られる*。
この方程式は，解析的に解くのは必ずしも簡単ではなさそうであるが，図的に解くのに適した形をしている*。
図的な解法は全体の状況を把握するのに役立つので，やってみよう。

式(9.7)の左辺がそのまま解曲線の傾き dh/dx になっていることに着目して，右辺を計算する。まず，単位幅流量 q を与えれば，式(9.3)から限界水深 h_c が計算できる。さらに水路勾配 $I_底$ とシェジー式の係数 C が与えられれば，式(9.5)から等流水深 h_0 が求まる*。こうして3つの定数 $I_底$，h_0，h_c が分かると，あとは水深 h，すなわち水面の高さを与えれば式(9.7)の右辺の値，すなわち dh/dx が決まり，水面勾配（$I_底 - dh/dx$）が求まる。

例題 9.4　河床勾配 $I_底 = 1/1000$ の広長方形断面の用水路に単位幅流量 $q = 2\,m^2/s$ の水が流れている。ダルシー―ワイスバッハの摩擦損失係数 f を 0.05 として，水深 h が 0.6 m の時の水深の変化率 dh/dx を求めよ。

解答　摩擦損失係数 f をシェジーの平均流速公式の係数に換算すると，
$C = \sqrt{8g/f} = 39.6$（$m^{1/2}/s$）である（9.1.2 参照）。
$h_c^3 = q^2/g = (2\,m^2/s)^2/(9.8\,m/s^2) = 0.408\,m^3$ *
$h_0^3 = q^2/(C^2 \cdot I_底) = 1000 \cdot (2\,m^2/s)^2/(39.6\,m^{1/2}/s)^2 = 2.55\,m^3$ *
以上の値を式(9.7)に代入して
$dh/dx = I_底 \cdot (h^3 - h_0^3)/(h^3 - h_c^3)$
$= (1/1000) \cdot [(0.6\,m)^3 - 2.55\,m^3]/[(0.6\,m)^3 - 0.408\,m^3] = 1.22 \times 10^{-2}$
これを図-9.10に示す（図の縦の縮尺は，横の100倍になっている）。

式(9.7)の右辺には x が含まれていないから，水路のどの位置でも，水深 h が同じなら同じ dh/dx の値が得られる。こうして $x - h$ 平面上のどこでも

---

*式(9.7)の解である水深 $h(x)$ に，河床高 $z(x)$ を加えると水面の高さが得られる。

*じつは，式(9.7)を変数分離して積分し，解析的に解を求めることができる。結果は，逆関数 $x(h)$ の形で ln，$\tan^{-1}$ を含む少し複雑な式になる。積分が趣味の学生はやってみるとよい。

*ここでは細かい話をしないので，係数 C を定数として扱う。

*式(9.3)より
*式(9.5)より

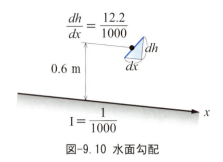

図-9.10 水面勾配

水面の傾きを示す線を描くことができる（図 −9.11(a)）。描かれた傾きの線は，微分方程式 (9.7) の解曲線の接線である。この傾きの線を滑らかにつなげば，解曲線すなわち水面形が得られる（図(b)）。

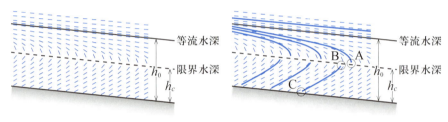

(a) 任意点の水面勾配　　(b) 水面勾配をつなげると水面形が得られる

図-9.11 水面勾配と水面形

解曲線は何本でも描ける。これは，微分方程式の「一般解」（任意定数を持っている）を見ていることに対応する。

水面が通る点を一か所指定すれば，水面形が一つに定まる。これが任意定数をある値に決めた具体的な答，すなわち「特解」である。後で述べるように，上流端または下流端に水面の高さが決まる点があるので，それを指定してやれば特解が得られる*。

*領域の端で与える条件を境界条件という。一階の微分方程式を解くことは一回積分することに対応し，積分定数(任意定数)が一つ出てくる。これを決めるために，境界条件が一つ必要である。微分方程式の独立変数が空間を表す x でなく時間 t であれば，境界条件のかわりに初期条件を与えることになる。

9.4.3 漸変流の水面形

さて，図 −9.11(b) の解曲線（水面形）群について特徴を見ておこう。

まず，これらの水面形は，限界水深と等流水深によって3つのグループに分けられる。図から明らかなように，異なるグループの水面形は繋がらない。

また，式 (9.7) が x を含まないので，各グループ内の水面形は x 方向にずれているだけで，すべて同じ形をしている。

次に，この図において○で囲んだ付近の水面形は実際の流れと異なってくる。A，Bでは水面が鉛直になり，またCでは底面近くで流速が無限大になり，いずれも漸変という仮定から外れる*。

*断面内の流れが平行でなく，あるいは曲率が大きくなって静水圧分布を仮定出来ないなど，式を立てる前提が成立しない。

(1) 緩勾配水路

図 −9.12 には解曲線（水面形）をグループ毎にひとつだけ描いてある。これを上下流方向に動かして境界条件に合わせれば，求める水面形が得られる。

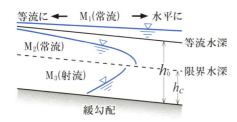

図-9.12 緩勾配水路の水面形

図の 3 つの水面形は，それぞれ M_1，M_2，M_3 と名付けられる。M は緩勾配（mild slope）を表す。等流水深が限界水深よりも大きいので，**緩勾配水路**（mild slope channel）である（9.3.3）。

緩勾配水路の各水面形の特徴を見ておこう。

M_1：流れは常流である*。上流に行くと等流に漸近し，下流に行くと水面勾配は水平に近づく。ダムで流れを堰き止めた場合などに現れる水面形で，**堰上げ背水曲線**と呼ぶ。

M_2：流れは常流である。上流に行くと等流に漸近し，下流端で水面は下向きになる。**低下背水曲線**と呼ばれる。

M_3：流れは射流である。上流側は水路床近くから出発し，下流端で水面は上向きになる。

＊常流か射流かは，水深が限界水深 h_c よりも大きいかどうかで決まる。

緩勾配水路の水面形はすべて下流側に終わりがある*。M_3 については上流側にも終わりがあって，ある距離よりも長く続くことができない。

＊M_1 は下流にいくらでも続きそうだが，下流水面が水平に近づくのは貯水池などに出るためである。

(2) 急勾配水路

等流水深が限界水深よりも小さい**急勾配水路**（steep slope channel）の等流は射流である。このときの水面形は以下の 3 種類である（図 −9.13）。

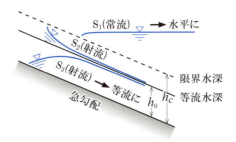

図-9.13 急勾配水路の水面形

S_1：流れは常流である。水面は上流端で上に向かって出発し，下流に行くと水平に近づく。

S_2：流れは射流である。水面は上流端で下に向かって出発し，下流で等流水面に漸近する。

S_3：流れは射流である。水面は上流端で水路床近くから出発し，下流に行くと等流水面に漸近する。

急勾配水路の水面形はすべて上流側に終わりがある。S_1 については下流側にも終わりがある*。

*緩勾配，急勾配の水路の他にも名前が付けられている水面形がある。限界勾配の水路については C_1, C_2, C_3，水路床が水平な水路については O_2, O_3，逆勾配の水路については A_2, A_3 と名付けられている（O_1, A_1 は存在しない）。

(3) 水面形計算の方向

先ほど，水面が通る点を一カ所指定すれば（境界条件を一つ与えれば）水面形が一つに決まる，と述べた。具体的に境界条件をどのように与えるのかについては**次節**で述べるが，原則は以下のようである。

解析解の場合，常流の境界条件は下流端で，射流の境界条件は上流端で与える。

数値積分で水面形を追いかける場合，

常流については下流から上流に向かって

射流については上流から下流に向かって計算していく。

この原則は，射流では水面の変化が下流にしか伝わらない，という物理現象に対応している。つまり射流の水面形は下流の影響を受けないので，上流の分かっている水面位置から出発して，下流向きに計算する*。これに対し常流の場合は，下流の水面変化が上流側にも伝わるので，下流の分かっている点から出発して上流向きに計算するのである。

*下流端の位置が変わるという意味において，射流も下流の影響を受ける。

常流の場合，水面高さの影響は上流方向にも下流方向にも伝わるのに，なぜ上流の条件を計算に入れないのだろうか。実は，上流の条件は既に水面曲線に組み込まれているのである。たとえば上流端に池がある場合，池の水位が変われば水路に流れる流量 q が変わる。q の変化は方程式を変化させることによって，全体の解曲線を変化させる*。

*水深の微分方程式(9.7)には，限界水深 h_c と等流水深 h_0 が定数として含まれているが，いずれの水深も式(9.3)，式(9.5)から分かるように，流量 q の関数である。

9.5 不等流 2—急変流

不等流のうち，流れの変化が急な場合について調べる。簡単のため，流水断面は，広長方形ないしは長方形とする。短い区間での変化を調べるために，「比エネルギー」および「比力」という概念を導入する。

9.5.1 比エネルギー

(1) 比エネルギー：ローカルな全水頭

等流の水頭について考える（図-9.14）。断面1と断面2の水深，流速は同じであるが，断面2は位置が低い分，全水頭が断面1よりも小さい。

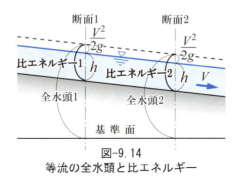

図-9.14
等流の全水頭と比エネルギー

この差は，断面1～2間の摩擦によって失われたエネルギーである。しかし，断面1と断面2の流れの状況は全く同じであるから，流れる水が持っているエネルギーは同じ，という見方もあり得る。

共通の基準高さではなく，断面1，2の水路底をそれぞれの基準高さにとった全水頭は断面1，2で明らかに同じになる。このように，**考えている断面の水路底を基準高さとする全水頭を比エネルギー**（specific energy）**と定義**し，Eで表す。E = [水路底を基準としたピエゾ水頭] + [速度水頭]。
[水路底を基準としたピエゾ水頭]は水深そのものなので

比エネルギー　$E = h + V^2/(2g)$　　　h：水深，V：平均流速，g：重力加速度

比エネルギーは，いわば全水頭のローカル版である。

一般の全水頭は基準高さを任意に設定できるので，値そのものより，場所による値の差が重要である。これに対し，断面固有の全水頭である比エネルギーは，値そのものが意味を持つ。
等流ならば，どの断面の比エネルギーも同じ値になる。

比エネルギーは水頭であるから，次元は，長さ[L]である*。

*「比エネルギー」という用語は少し分かりづらい。後で解説する。

(2) 比エネルギー図

単位幅流量qが分かっているとする。長方形断面では水深hに対して流速Vがq/hとなるから，比エネルギーEは単位幅流量qをパラメータとする水深hの関数になる。

$$E = h + \{q^2/(2g)\} \cdot (1/h^2) \qquad (青字は変数) \qquad \cdots (9.8)$$

単位幅流量qを一定に保ったまま，水深hを変えていったときの$h-E$関係をグラフにしたのが図-9.15(b)である。このグラフを**比エネルギー図**（specific energy diagram，比エネルギー・水深曲線）という。直感的に分かり易くするため，水深h（独立変数）を縦軸に取ってある。横軸は，比エネル

ギー $E = h + V^2/(2g)$ である。

流量 q が一定で水深 h が変わるというのは、たとえば実験室で流量一定のまま、水路勾配を種々変化させることを想定すればいい（図 −9.15(a)）。

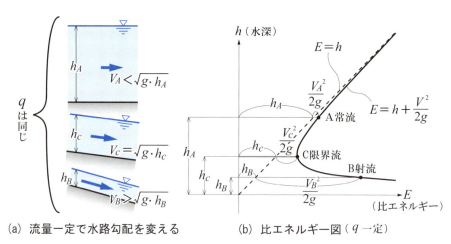

(a) 流量一定で水路勾配を変える　　(b) 比エネルギー図（q 一定）

図-9.15　比エネルギー図

比エネルギー図の特徴を見ておこう。全体として左に凸の曲線で、下は横軸（E 軸）に、上は原点を通る45°の直線に漸近している*。

比エネルギー E が最小値になる水深 h を求める。式 (9.8) を h で微分してゼロと置くと

$h^3 = q^2/g$ *

この水深のとき、E が最小になる。これに $q = h \cdot V$ を代入すると、

$V = \sqrt{gh}$

つまり、フルード数は $Fr = V/\sqrt{gh} = 1$ であり、流れは限界流である（図 −9.15(b) の C 点）。この水深 h_C よりも深い流れ（たとえば A 点）は常流、浅い流れ（たとえば B 点）は射流である。

$V^2/(2g)$ に $Fr = 1$ のときの $V = \sqrt{gh}$ を代入すると $h/2$ になる。したがって限界流のとき、比エネルギー $E = h + V^2/(2g)$ のうち、ピエゾ水頭が 2/3、速度水頭が 1/3 を占めることになる。

単位幅流量 q を変えるとどうなるか。図 −9.16 に示した2本の比エネルギー曲線のうち、右側が大きい単位幅流量に対応する曲線である。

比エネルギー図、図 −9.17 の点1と点2は、単位幅流量が同じで、かつ同じ比エネルギーを持つ2つの流れに対応する*。この二つの流れの水深の組を**交代水深**（alternate depths、対応水深）と呼ぶ。**交代水深のうち、深い水深の流れは常流、浅い水深の流れは射流である**。点1、2を左の方に動かしていくと、限界水深のところで一致し、それよりも左には行けない。つま

*$h \cdot V = q = $ 一定であるから、$h \to 0$ で $V \to \infty$、したがって $E \to \infty$ である。一方、水深 h が大きくなっていくと流速 V はいくらでも小さくなり速度水頭はゼロに近づく。したがって、$h \to \infty$ で $E \to h$ であり、グラフは $E = h$ に漸近する。

*dE/dh
$= 1 - 2\{q^2/(2g)\} \cdot (1/h^3)$
$= 0$ から。

*二つの流れの比エネルギーは同じであるが、その中のピエゾ水頭と速度水頭の割合が異なる。

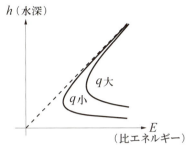

図-9.16 異なる単位幅流量に対応する比エネルギー図

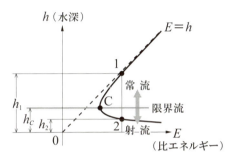

図-9.17 h_1 と h_2 は交代水深

り，限界水深は，流量が与えられたとき，比エネルギーが最小になる水深である*。上に述べたように限界水深では，ピエゾ水頭：速度水頭 = 2：1 である。

*これをベス(Paul Böss, ドイツ，水理工学者)の定理(1919)という。

(3) 流量図

式(9.8)を次の**式(9.9)**のように変形し，比エネルギーEが一定の値のとき，流量qが水深hによってどう変化するかを表す形にする。

$$q = h\sqrt{2g(E-h)} \quad \text{(青字は変数)} \quad \cdots (9.9)$$

図-9.18はこれをグラフにしたもので，**流量図**(流量・水深曲線)と呼ばれる*。

*水道の分野で用いる「流量図」とは，全く別のものである。

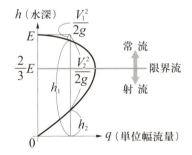

図-9.18 流量図(E一定) h_1 と h_2 は交代水深

グラフの原点付近は，流速がほぼ $\sqrt{2gE}$ の浅い流れに対応する。水深 h の増加とともに流量 q も増加していき，$h = (2/3)E$ のとき，q は最大値を取る*。このときの比エネルギー $E = (3/2)h$ を**式(9.9)**に代入すると $q = h\sqrt{gh}$。したがって $V = \sqrt{gh}$ となり，先ほどと同様，限界流が得られる。

* $q = h\sqrt{2g(E-h)}$ $= \sqrt{2g(Eh^2 - h^3)}$ を h で微分してゼロと置く。dq/dh の分子が $(2Eh - 3h^2)$ という因数を持つので，q は $h = (2/3)E$ のとき極値(最大値)を取る。

つまり，比エネルギー E が一定の時に最大の流量を与える水深を限界水深と定義しても良い*。

限界水深より深くなると流量は減少していき，最大水深 $h = E$ の点で流量 q がゼロになる。この点は，比エネルギー全部が水深になって水が静止した状態を表す。

図－9.18 の h_1，h_2 は交代水深である。

*これをベランジェ（Jean-Baptiste Charles Joseph Bélanger，1790–1874，フランス，応用数学者，水理学者）の定理という。

9.5.2 比　　力

（1）運動量方程式と比力

5.2.2 で学んだ運動量方程式を少し変えて，開水路専用の形にする。簡単のため，長方形断面の流れの単位幅について考える。図－9.19 の断面 1 と断面 2 に挟まれる区間を検査領域として，この区間の運動量方程式を作る。水路は水平とし，床の摩擦は考えない。水深を h，平均流速を V とし，添字 1，2 で断面を表す。

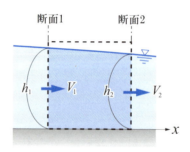

図-9.19　運動量方程式を考える検査領域

流れの方向に x 軸を取ると，運動量方程式は次のように書ける。

$$\rho \cdot q \cdot (V_2 - V_1) = \Sigma F_x \qquad \cdots (9.10)$$

ただし，ρ は密度，ΣF_x は検査領域内の水に作用する外力の x 方向成分の和*。

床の摩擦力，および重力の x 方向成分を考えなければ，式 (9.10) の右辺 ΣF_x は両断面で外の水から受ける水圧のみであるから，

$$\Sigma F_x = (\gamma/2) \cdot h_1^2 - (\gamma/2) \cdot h_2^2$$

これと $q = h_1 \cdot V_1 = h_2 \cdot V_2$ を用いて運動量方程式 (9.10) を書き換え，少し変形すると，

$$(\gamma/2) \cdot h_1^2 + (\rho \cdot q^2/h_1) = (\gamma/2) \cdot h_2^2 + (\rho \cdot q^2/h_2) \qquad \cdots (9.11)$$

が得られる*。

*運動量方程式（式(5.2)）は $\rho \cdot Q \cdot \{(V_2)_x - (V_1)_x\} = \Sigma F_x$ と書かれていた。今われわれが扱っている流れは x 方向成分しか持っていないので，$(V_1)_x$，$(V_2)_x$ を，それぞれ V_1，V_2 と書く。また，今扱っているのは単位幅流量であるから，Q を q と書き換える。

*式(9.10)の左辺に $V_1 = q/h_1$，$V_2 = q/h_2$ を，右辺に $\Sigma F_x = (\gamma/2) \cdot h_1^2 - (\gamma/2) \cdot h_2^2$ を代入し，h_1 を含む項を左辺に，h_2 を含む項を右辺に持ってくる。

式 (9.11) の左辺は断面 1 について，右辺は断面 2 についての同じ形の式になっている。そこで断面一般で使えるように，添字を除いた次の式を考え

る（図−9.20）。

$$(\gamma/2) \cdot h^2 + (\rho \cdot q^2/h) \qquad \cdots (9.12)$$

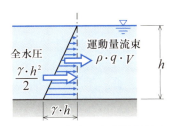

図-9.20 断面の全水圧と運動量流束

　この式の第1項は，断面の〔左側の水が右側の水を押す全水圧〕，第2項は〔断面を右向きに単位時間あたり通過する運動量〕である*。いずれも，〔断面の左側の水が右側の水に運動量を与える〕という同じ役割を果たす。役割が同じだということを表現するのに，次の二つの発想がある。

*第2項は，$\rho \cdot q^2/h = \rho \cdot q \cdot V$

1. 第1項「力」を「単位時間当たりに通過する運動量」と見る。
　こう見るとき，全水圧 $(\gamma/2) \cdot h^2$ を「伝導運動量流束」，$\rho \cdot q^2/h = \rho q V$ を「携帯運動量流束」，両者を合わせて「全運動量流束」と呼ぶ。

> **流束**
> 　「流束（flux）」は，なんらかの物理量が単位時間当たりにある面を通過する量を意味する。たとえば，我々が用いる「流量」は，断面を単位時間に通過する流体の体積であるから「体積流束」とも言える。なお，流束は，単位時間に単位面積を通過する量と定義されることもある。

2. 逆に，第2項「単位時間当たり通過運動量」を，等価な「力」で置き換える。

> **運動量流束と力の等価性**
> 　運動量流束が力と等価であることは，すでに学んだ。レイノルズ応力がそうである（6.4.1）。レイノルズ応力は，水が通過する面に平行な方向への運動量成分の輸送を，乱流のせん断応力として捉えたものである。比力を導くここの議論では，水が通過する面に垂直な方向への運動量成分の輸送が，垂直力に対応している。運動量も力もベクトルであり，輸送の方向と共にそれ自体の方向も重要である。

　ここでは後者を取る。**式(9.12)**を，「**断面を通して左側の水が右側の水に加える力の合計**」と見，これを水の単位体積重量 γ で割った量を**比力**（specific force）と定義し，F で表す。

比力　$F = (1/2)h^2 + q^2/(g \cdot h)$　　　$\cdots (9.13)$
h：水深，q：単位幅流量，g：重力加速度

比力の次元は $[L^2]$ である*。

*比力を長方形以外の断面の水路に適用する場合には，単位幅あたりではなく断面全体について計算しなければならない。断面積 A，断面の図心の深さ z_G，全体の流量 Q を用いると，比力は $z_G \cdot A + Q^2/(g \cdot A)$ となる。この場合の比力の次元は $[L^3]$ になる。

　比力を用いて，運動量方程式を表現すると，
二つの断面の間で流れ方向の力が作用していない定常流では，両断面にお

ける比力は同じである。すなわち $F_1 = F_2$。

二断面間の水に，流れ方向の力が作用していれば，その力を水の単位体積重量で割ったものが F_1 と F_2 の差になる。

(2) 比力図

単位幅流量 q が与えられたとき，水深 h に対して比力 F をプロットしたグラフを**比力図**（specific force diagram）という。何を変数に取るか見やすくして比力の式を再掲すると，

$$F = (1/2)h^2 + q^2/(g \cdot h) \quad （\text{青字}は変数） \quad \cdots (9.13) \text{ 再掲}$$

比エネルギー図と同様，縦軸に h を取った比力図を**図-9.21**に示す。比力図は $h \to 0$ で横軸に漸近し，$h \to \infty$ で $F = (1/2)h^2$ という放物線に漸近する。この放物線は水が静止しているとき（$q = 0$）の全水圧を示している。

比力図を見ると，ある比力を与える水深が2つある（h_1 と h_2）。この2つの水深を**共役水深**（conjugate depths, sequent depths）と呼ぶ。比力を小さくしていくと，共役水深同士が近づき，一番左の点Cで一致する。それよりも小さい比力は取り得ない。式(9.13)を h で微分してゼロと置いて比力が最小になる水深 h を求めると，$h = V^2/g$ となる。V は平均流速である*。

*dF/dh
$= h - (q^2/g) \cdot (1/h^2)$
これをゼロと置くと，
$h^3 = q^2/g$
これに $q = h \cdot V$ の関係を代入すると，$h = V^2/g$ が得られる。

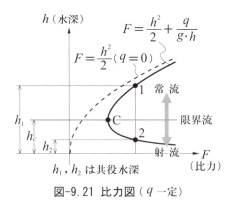

図-9.21 比力図（q 一定）

書き換えると $V = \sqrt{gh}$。つまり $Fr = 1$ であるから，点Cの流速は限界流速，水深は限界水深であることが分かる。したがって，交代水深の場合と同様，**共役水深のうち，深い方は常流，浅い方は射流の流れである。**

9.5.3 比エネルギーと比力

「比」が付く専門用語

比エネルギー，比力は，それぞれ英語の specific energy, specific force に対応する。"specific" は，多くの場合「比」と訳される。物理，工学系の専門用語に specific がつくと，「単位質量あたり」の量を表すのが標準的である。すなわち物質が持つ何らかの量とその物質の質量の比である*。

しかし，比の分母がその物体の質量でない，つまり「単位質量当たり」ではない用語も多い。たとえば

> 比重（specific gravity）は，物質の質量を同体積の標準物質（水）の質量で割ったものである。比エネルギーも比力も，「単位質量当たり」ではないタイプの量である。
>
> 　水頭は，水の持つエネルギーと水の重量の比，つまり単位重量当たりのエネルギーであるから，水頭自体が比エネルギーと呼ばれてもおかしくない量である。では，この特別な全水頭だけを比エネルギーと呼ぶのは何故か，英語に戻って考える。"specific" は「比の」以外にも「特有の」という意味を持つ。「一般の」全水頭に対し，考えている断面の底という固有の場所を基準点に取った「断面に特有の」全水頭だから "specific energy" と命名したと想定することはごく自然である。真否はさておいて，この想定が納得し易ければ，比エネルギーという用語に馴染む助けになるだろう。
> なお，比エネルギーを specific head（比水頭）と呼ぶ本もある。
>
> 　比力（specific force）は，〔全水圧＋運動量流束〕／〔水の単位体積重量〕と定義された。この比の分母はかなり特殊で，分子の値との関連がない「定数」である。比力の物理的なイメージを強いて言えば，断面に作用する力を，その力と等しい重さの水の体積で表現したことになる。
>
> 　比エネルギー（specific energy）を「単位質量あたりのエネルギー」の意味で用いる分野がある。また，specific force は，力学で「単位質量あたりの，重力でない力」の意味に用いられることがある。

　比エネルギーと比力の重要な共通点は，**開水路**のある**断面**で定義された量である，ということである。ただ，断面に対する意味合いは異なっている。比エネルギーは，**断面上の水が**持つ単位重量当たりのエネルギー（の平均値）である。一方，比力は，**断面を通して**隣り合う水塊同士が加え合う力を水の単位体積重量で割ったものである。比力が，「単位重量当たり」という意味を持って**いない**ことに注意せよ（囲み記事参照）。

＊たとえば，比熱容量（specific heat capacity, 比熱ともいう）は，単位質量あたりの熱容量である。

○**比エネルギーは開水路のベルヌーイの定理を，**
○**比力は開水路の運動量方程式を**

表現する時に用いられる。

　与えられた単位幅流量と比エネルギーに対して取り得る二つの水深 h_1, h_2 を交代水深，与えられた単位幅流量と比力に対して取り得る二つの水深 h_1, h_2 を共役水深と呼んだ。交代水深，共役水深のいずれも，片方を与えればもう一方が以下の計算で得られる＊。

＊1, 2 の断面で，比エネルギーあるいは比力が同じという式の右辺を移項して【　＝ 0】の形にし，$(h_1 - h_2)$ でくくった残りの因数 ＝ 0 とおけば，h_2 について二次方程式が得られる。その正の解として (9.14), (9.15) が得られる。式 (9.14) は「分子」を有理化した形になっている。

交代水深（比エネルギーが同じ）
$$h_2 = 2h_1/\{-1+\sqrt{1+8g\cdot h_1^3/q^2}\} = 2h_1/\{-1+\sqrt{1+8/Fr_1^2}\} \quad \cdots (9.14)$$
共役水深（比力が同じ）
$$h_2 = (h_1/2)\cdot\{-1+\sqrt{1+8q^2/(g\cdot h_1^3)}\} = (h_1/2)\cdot\{-1+\sqrt{1+8Fr_1^2}\}$$
$$\cdots (9.15)$$
ただし，h_1, h_2：交代水深または共役水深．添字 **1** と **2** は入れ替え可能．
　　　q：単位幅流量，g：重力加速度，Fr：フルード数＊

＊フルード数は
$Fr_1 = V_1/\sqrt{g\cdot h_1}$
$= (q/h_1)/\sqrt{g\cdot h_1}$
よって $Fr_1^2 = q^2/(g\cdot h_1^3)$

9.5.4 水路急変部の流れ

(1) 段上がり，段下がり

図 −9.22 水平な長方形水路の途中に，段上がりがある。上流側，下流側に断面 1, 2 を考える。途中でエネルギー損失は無いものとする。

図 (a) は常流の場合，図 (b) は射流の場合の水面形と比エネルギー図である。段を通過しても単位幅流量は変わらないから比エネルギー図は変わらない*。比エネルギー図の点 1, 2 が断面 1, 2 に対応する。

* 図 −9.22 (a), (b) には比エネルギー図が 2 つずつ描いてあるが，同じ図である。水面の高さを対応させて見易くするため，水路底の高さに合わせて同じ図を 2 ヶ所に配置した。

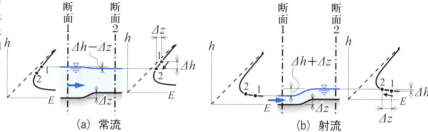

図-9.22 段上がりの水面形

まず，常流の場合を見てみよう。エネルギー損失がないから全水頭は一定であり，水路床が高くなった Δz だけ，比エネルギー E が減少する。したがって比エネルギー図上の点は，点 1 から Δz だけ左に移動して点 2 に移る。このとき，水深は Δh だけ**減少**する。図から分かるように，比エネルギーグラフの傾きは 45°よりも急なので，$\Delta h > \Delta z$ である。したがって，水面の高さは $(\Delta h - \Delta z)$ だけ減少する。

射流の場合 (図 (b))，比エネルギー図上の点が 1 から 2 に移ったとき，水深が Δh だけ増加するので，水面の高さは $(\Delta h + \Delta z)$ だけ増加する*。

* 比エネルギー図上の点 1 が限界水深に近いと，点 2 を取ろうとしても曲線の左にはみ出してしまう。この場合，与えられた流量と比エネルギーでこの段差を登る定常流はないことになる。

まとめると，**水路底が高くなると，常流の水面は少し下がり，射流の水面は水路底の上がり方よりも若干大きく上昇する。**

以上，段上がりについて見たが，段下がりの場合は逆になる。図 −9.22 で流れが左向きだと思えばいい。

(2) 水路幅拡大，縮小

次に長方形断面の幅が変化する場合を考える。水路の平面図，側面図，比エネルギー図を図 −9.23 に示す。常流と射流を同時に描いてある。

9.5 不等流 2―急変流

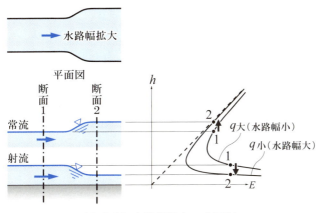

図-9.23 水路幅拡大の水面形

水路幅が広くなる場合を考えよう。同じ流量で幅が広くなると単位幅流量は減少する。したがって，対応する比エネルギー図は図 −9.23 のように別の曲線に移ることになる*。このとき，単位幅流量は変化してもエネルギー損失が無いとすれば全水頭は変化せず，水路底高さが同じなので比エネルギーも変わらない。したがって比エネルギー図上の点は，1から2に，図のように上下に移動する。

まとめると，**水路幅が広くなると，常流の水面は上がり，射流の水面は下がる。**

以上は水路幅が拡がる場合であり，狭くなる場合は逆になる。図 −9.23 で流れが左向きだと思えばいい*。

*図 −9.16 参照

(3) 広頂堰，スルース・ゲート

大きい貯水池から水路に入ったところに頂部が水平な広頂堰があって，そこにスルース・ゲートが設置されている*。

堰下流の水位が充分に低い場合を考える。

ゲートを閉じた状態から引き上げていくと流量が増えていく。このときゲート上流の流れは常流，ゲートを過ぎると射流になる。このような流出を**自由流出**という（図 −9.24)*。ゲート上流側の断面1，下流側の断面2の水深，流速を，それぞれ h_1, h_2, V_1, V_2，単位幅流量を q とする。ゲートから流

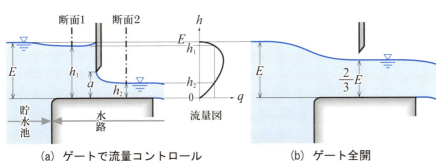

(a) ゲートで流量コントロール　　(b) ゲート全開

図-9.24 スルース・ゲート

*河川の流れは常流のことが多い。底に砂がよく溜まる場所を流れ易くしようと川幅を拡げてやると，期待に反して水面が上昇し，流速が落ちて更に砂が溜まり易くなる，といったことになりかねない。

*広頂堰：越流水深に比べて上下流方向の長さが長い堰。
スルース・ゲート(sluice gate)：水路などに流す水をコントロールするゲート。板を上下に滑らせるスライド・ゲートが多い。

*下流の水位が高くて，下流側の水面がゲートまで達しているときの流出はもぐり流出と呼ばれる。

出した直後の水面は，水平よりも下を向いている*。水面が水平になって，水圧が静水圧分布と見なせるようになった位置に断面2を取る。

ゲートの開きaを与えれば，断面2の水深は$h_2 = C_c \cdot a$で与えられる。C_cは縮流係数で，通常0.6〜0.65程度の値が使われる*。池から断面2までのエネルギー損失を無視すると，断面1および断面2の比エネルギーは，いずれも池の水位までの高さEになる。式(9.9)を用いて，Eとh_2から流量qが求まる。h_2と流量が同じになるh_1が交代水深で，ゲート上流側の水深である。このときのh_1，h_2，qの関係が流量図(図-9.24(a))に示してある。ゲートが上がるにつれて流量が増加するが，h_1，h_2が限界水深$(2/3)E$になったところでゲートは水面を離れ，流量は最大になる(同図(b))。

水深，流量が分かれば比力の式，つまり運動量方程式を用いて，ゲートが受ける全水圧を計算することができる。

> *堰板に沿って流れてきた水は急に曲がれない。

> *C_cはゲート開度と上流側水深の比a/h_1の関数である。C_cはa/h_1が0.7付近から急速に大きくなり，$a/h_1 = 1$(ゲートが水面から離れる位置)でC_cも1になる。

例題9.5 図-9.24(a)で，貯水池の水面高$E = 1$ m，ゲートの開度$a = 0.4$ mのとき，ゲート上下流の水深h_1，h_2，単位幅流量q，ゲートに作用する単位幅当たりの全水圧P_{gate}を求めよ。縮流係数C_cは0.6とする。$g = 9.81$ m/s^{2}とせよ。

[解答] $h_2 = C_c \cdot a = 0.6 \times 0.4$m $= 0.24$m

式(9.9)から単位幅流量は

$q = h_2\sqrt{2g(E - h_2)} = 0.24\text{m} \times \sqrt{2 \times 9.81 \text{ m/s}^2 \times (1\text{ m} - 0.24\text{ m})}$
$= 0.927 \text{ m}^2/\text{s}$

h_1とh_2は交代水深であるから，式(9.14)を用いて

$h_1 = 2h_2/\{-1 + \sqrt{1 + 8g \cdot h_2^3/q^2}\}$
$= 2 \times 0.24 \text{ m}/\{-1 + \sqrt{1 + 8 \times 9.81 \text{ m/s}^2 \times (0.24 \text{ m})^3/(0.927 \text{ m}^2/\text{s})^2}\}$
$= 0.952$ m

次にP_{gate}を求める。運動量方程式を，比力を用いた力の釣り合い式の形で表現する*。

断面1〜2間の水は，両隣の水から[$\gamma \times$比力]の流れ方向の力を受ける。また，ゲートからも流れ方向の力P_{gate}を受ける*。定常流だから，これらをすべて加えるとゼロである。両断面の比力をF_1，F_2とし，向きを考えながら釣り合い式を書く。式(9.13)を用いて

$\gamma \cdot F_1 - \gamma \cdot F_2 - P_{gate} = 0$

$\therefore P_{gate} = \gamma \cdot (F_1 - F_2)$
$= \gamma \cdot [\{(1/2)h_1^2 + q^2/(g \cdot h_1)\} - \{(1/2)h_2^2 + q^2/(g \cdot h_2)\}]$
$= 1 \text{ tf/m}^3 \times [\{(0.952 \text{ m})^2 - (0.24 \text{ m})^2\}/2$
$\quad + (1/0.952 \text{ m} - 1/0.24 \text{ m}) \times (0.927 \text{ m}^2/\text{s})^2/(9.81 \text{ m/s}^2)]$
$= 0.151$ tf/m $= 1.48$ kN/m

以上を，流量図，比力図で見てみよう(図-9.25)。上流池の水位で比エ

> *実際は力は釣り合っておらず，そのため断面1と2の間で運動量が変化する。比力を用いて表現すると，比力が運動量分を含んでいるため釣り合い式の形で書ける。

> *作用・反作用の法則。

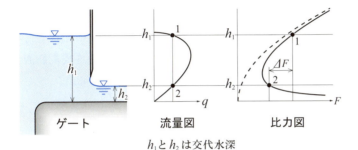

図-9.25　ゲートに加わる全水圧

h_1 と h_2 は交代水深

ネルギー E が分かっているから流量図が描ける。ゲート開度から h_2 が決まれば，流量図を用いて q および h_1 が分かる。q が決まると比力図が描ける。h_1 および h_2 に対応する比力図上の点から比力 F を読み取り，その差 ΔF に水の単位体積重量 γ をかけるとゲートに加わる力 P_{gate} が得られる。

9.5.5　常流―射流間の遷移

　常流から射流へ，あるいは射流から常流へ，流れがどのように遷移するか見てみよう。

(1)　常流から射流へ，支配断面

　まず，勾配の変化による常流から射流への遷移を見る。

　図 −9.26(a) は水路が緩勾配から急勾配に変わり，等流で流れてきた常流が射流の等流に移っていくときの水面形の概要である。常流の水面形 M_2 と射流の水面形 S_2 が滑らかにつながっている*。常流と射流の境界の断面 C で，限界水深が現れる。遷移に伴って比エネルギー図上の点は $1 \to C \to 2$ と動いていく (図(b))。

* M_2, S_2 は，図 −9.12, 図 −9.13 を参照。

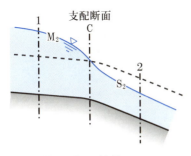

(a)　M_2 と S_2 の接続

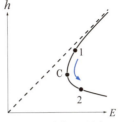

(b)　左の流れに対応して動く比エネルギー曲線上の点

図-9.26　支配断面―常流から射流へ―

　さて，常流から射流に遷移するときに現れる，この限界水深の断面 C は特別な意味を持っている。9.4.3(3) で述べたように，水面形が決まるときの境界条件は，常流の場合下流端で，射流の場合上流端で与えられる。し

がって水面形は，上流側はこの限界水深の断面から上流に向かって，下流側はここから下流に向かって決まることになる。つまり，ここは上流下流，双方の水面形を決める断面なのである。このような断面を**支配断面**（control section）と呼ぶ。支配断面は，堰を超える流れにも現れる。

（2） 射流から常流へ，跳水

常流から射流へは滑らかに遷移できるのに対し，逆の遷移は一般に滑らかではない。水路が急勾配から緩勾配に変わり，等流で流れてきた射流が常流の等流に移っていくときの水面形を考えよう。上流側の水面形は S_2 か S_3，下流側の水面形は M_1 か M_2 である（図 −9.27）。上下流の水面は滑らかにつながりそうもない*。では何がおこるのか。写真− 9.1 は射流から常流への遷移の例である。速い流れが遅い流れの壁にぶつかって大きく乱れている。このような遷移を**跳水**（hydraulic jump，**ジャンプ**）と言う。

*破線で示した限界水深は勾配に関係なく決まるので，上下流で同じである。

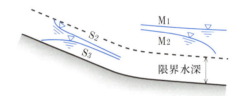

図-9.27 急勾配から緩勾配へ

写真-9.1 跳水

跳水が起きると烈しい渦が発生してエネルギーが大きく失われる。この様子を調べてみよう。簡単のため，水平な河床で生じる跳水を考える（図 −9.28(a)）。

断面 1，2 間のエネルギー損失が大きくかつ不明なため，ベルヌーイの定理を使うことは出来ない。しかし，運動量保存則（比力一定）は使うことができる。

断面 1，2 に挟まれる検査領域で底面の摩擦力を無視すれば，両断面の比力は等しい。したがって両断面の水深は共役水深になり，断面 1 における水

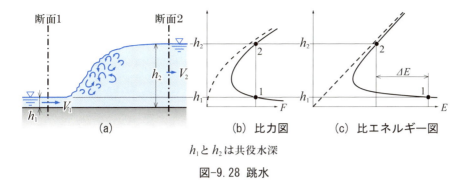

図-9.28 跳水 (h_1とh_2は共役水深)

深あるいはフルード数が与えられれば，式(9.15)から断面2の水深が求まる。

比力図で見ると，共役水深は横軸が同じ点に対応する（図-9.28(b)）。共役水深 h_1, h_2 が分かれば，比エネルギー図（図(c)）から，跳水によって失われるエネルギーΔE（損失水頭）を読み取ることが出来る。

ΔE を式で示すと
$$\Delta E = (h_2 - h_1)^3/(4h_1 h_2)$$
ただし，h_1：上流側水深，h_2：下流側水深 ・・・(9.16)

元の比エネルギーE_1 に対する損失エネルギーΔE の比 $\Delta E/E_1$ は，上流側のフルード数 Fr_1 のみを用いて次のように表すことができる*。
$$\Delta E/E_1 = \{(h_2/h_1) - 1\}^3/\{2(h_2/h_1)\cdot(2+Fr_1^2)\} \quad \cdots(9.17)$$
$$h_2/h_1 = (1/2)(\sqrt{1+8Fr_1^2} - 1)$$
この h_2/h_1 の式は，式(9.15)と同じである。

*床が水平なので，比エネルギーの減少量は全水頭の損失量と同じ。

[例題]**9.6** 損失水頭の式(9.16)を導け。

[解答] 比力一定の式 $(1/2)h_1^2 + q^2/(gh_1) = (1/2)h_2^2 + q^2/(gh_2)$ を変形すると，

$(h_1 - h_2)(h_1 + h_2)/2 = q^2(h_1 - h_2)/(gh_1 h_2)$ から

$q^2/(gh_1 h_2) = (h_1 + h_2)/2$ が得られる。これを使って ΔE は

$\Delta E = E_1 - E_2 = [h_1 + q^2/(2gh_1^2)] - [h_2 + q^2/(2gh_2^2)]$
$= (h_1 - h_2) + (q^2/2g)(h_2^2 - h_1^2)/(h_1^2 h_2^2)$
$= -(h_2 - h_1) + [q^2/(gh_1 h_2)][(h_2^2 - h_1^2)/(2h_1 h_2)]$
$= -(h_2 - h_1) + [(h_1 + h_2)/2][(h_2^2 - h_1^2)/(2h_1 h_2)]$
$= (h_2 - h_1)[-1 + (h_1 + h_2)^2/(4h_1 h_2)] = (h_2 - h_1)^3/(4h_1 h_2)$

[問題]**9.2** 損失エネルギーの割合の式(9.17)を導け。

[解答] 流速 $V = q/h$ を用いると，断面1のフルード数は $Fr_1 = (q/h_1)/\sqrt{gh_1}$ であるから

$E_1 = h_1 + q^2/(2gh_1^2) = h_1 + h_1 Fr_1^2/2$。これと，$\Delta E = (h_2 - h_1)^3/(4h_1 h_2)$ から，

$$\Delta E/E_1 = (h_2 - h_1)^3/[(4h_1 h_2)\cdot(h_1 + h_1 Fr_1^2/2)]$$
$$= [(h_2/h_1) - 1]^3/[4(h_2/h_1)\cdot(1 + Fr_1^2/2)]$$

式 (9.17) の値を図 −9.29 に示す。

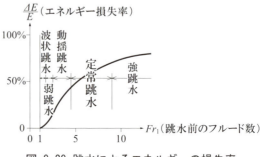

図-9.29 跳水によるエネルギーの損失率

図に示すように，跳水は，上流側のフルード数 Fr_1 によって次のように分類される。
$1.0 < Fr_1 < 1.7$：波状跳水， $1.7 < Fr_1 < 2.5$：弱跳水， $2.5 < Fr_1 < 4.5$：動揺跳水，$4.5 < Fr_1 < 9.0$：定常跳水， $9.0 < Fr_1$：強跳水。

跳水前のフルード数がおよそ 5 を超えると，射流が持っているエネルギーの半分以上が渦で消費されることが読み取れる。

定常跳水と呼ばれる $4.5 < Fr_1 < 9.0$ の跳水はもっとも安定しており，ダム下流のエネルギー減勢などに用いられる。

9.5.6 水路と水面形

9.4.3 で示した $M_1 \sim M_3$（図 −9.12），$S_1 \sim S_3$（図 −9.13）の水面形が現れる場所の例を，概念的に図 −9.30 に示す。

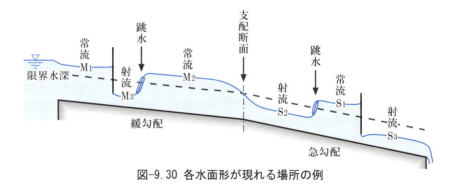

図-9.30 各水面形が現れる場所の例

追補

第10章
次元解析と模型実験

● 物理的に意味がある式は，各項の次元が同じでなければならない。これを**次元的に健全**であるという。
  ・次元的な健全性を用いて物理現象を解析するのが**次元解析**である。

● 模型実験には，幾何学的な相似とともに，**力学的な相似**が要求される。
  ・重力が重要な役割を果たす場合，実物と模型のフルード数を一致させて力学的な相似を得る。
    これを**フルード相似則**という。
  ・開水路の実験では，フルード相似則を用いることが多い。
  ・粘性力が重要な役割を果たす場合，レイノルズ数を一致させて力学的な相似を得る。
    これを**レイノルズ相似則**という。

● 縮尺 1/2 の模型に
  フルード相似則を用いると，時間は $1/\sqrt{2}$ に，速度も $1/\sqrt{2}$ になる。
  レイノルズ相似則を用いると，時間は 1/4 に，速度は 2 倍になる。

第10章 次元解析と模型実験

水や空気の流れは，計算で容易に解けないことが多く，模型実験がよく使われる。実物と模型の関係について見てみよう。

45 m の崖の上から自動車が飛び出すシーンを，極めて精密な 1/100 の模型を作って撮影した（図 −10.1）。これをそのまま上映したところ，模型であることが一目瞭然で分かるものになってしまった。何故か。

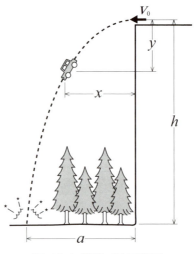

図-10.1 模型で映画撮影

落ちる時間が短すぎたのである。これを避けるには，スローモーションで撮影し，時間を伸ばして上映すれば良い。そのとき，1/100 の模型だから時間を 100 倍にすれば実物と同じになるかというと，そうは行かない。

何倍すればいいのか，計算してみよう。車が水平に飛び出せば鉛直方向の初速度がゼロだから，時間 t の間の落下距離 y は $y = gt^2/2$*。
重力の加速度を $g = 10 \text{ m/s}^2$ とする。$t = 3 \text{ s}$, 0.3 s を代入してみると
$y = 45 \text{ m}$, 0.45 m となって，うまく 1/100 の値が得られる。つまり，時間を 10 倍にして上映すれば良さそうである。実はこの場合，縮尺を 1/100 にしたら時間は $\sqrt{1/100}$ になるのである。

次に落下点の崖からの距離 a を計算する。実物の崖高 h を 45 m とする。飛び出し速度を V_0 とすると，落下の放物線は $y = (g/2)(x/V_0)^2$ である*。実物では，$g = 10 \text{ m/s}^2$, $V_0 = 10 \text{ m/s}$, $y = h = 45 \text{ m}$ を代入して $x = a = 30 \text{ m}$
模型では，$g = 10 \text{ m/s}^2$, $V_0 = 1 \text{ m/s}$, $y = h = 0.45 \text{ m}$ とすれば $x = a = 0.3 \text{ m}$ （実物の 1/100）となってちょうど良い。つまりこの場合，速度も $\sqrt{1/100}$ になる*。

*加速度 $d^2y/dt^2 = g$ を 2 回積分して
$y = gt^2/2 + C_1 t + C_2$。
初速度ゼロから $C_1 = 0$，
$t = 0$ の位置が $y = 0$ から $C_2 = 0$。

*時刻 t の位置，$x = V_0 t$,
$y = gt^2/2$ から t を消去すると得られる。

*10.1.2 で示す。

10.1 次元解析

10.1.1 次元の重要性

1.2節で次元の説明をしたあと，随所で次元の計算を行ってきた．次元について常に意識してもらいたいためである．また，本書で行ってきた単位付きの計算は，次元を確認することにもなっている．

「次元が異なる量を比較する，あるいは加減することは物理的に無意味である」(1.2.1) という原理は，重要であると同時に有用でもある*．

各項の次元が同じであるとき，物理式は**次元的に健全**であるという．

次元的に健全であることへの注意は，計算間違いの発見に有効である．また，たとえば式 (3.6) の公式がうろ覚えで，$z_C - z_G = I_0/(z_G \cdot A)$ だったのか，$z_C - z_G = A/(z_G \cdot I_0)$ だったのか自信がないとき，次元を比べれば前者は正しい可能性があり，後者は間違いだということが簡単に分かる*．

次元的考察だけから推測できることもある．たとえば，動物をどんどん大きくすると何が起こるか考えてみる．身体の形と材料が同じであれば，体重は身長の 3 乗に比例して大きくなる．一方，身体を支える足の骨の断面積は身長の 2 乗に比例する．したがって，骨に作用する〔垂直応力〕=〔体重〕/〔断面積〕は身長に比例して増加し，いずれ耐えられなくなる．つまり，動物の大きさに力学的な限界があることが分かる．象が自分の身長の高さを飛び降りることが出来ないのに，蟻は自分の身長の 100 倍の高さから落ちて平気なのも納得できる．

水滴を球形にしようとする表面張力が長さに比例するのに対して，水滴への重力は長さの 3 乗に比例する．したがって，水滴は小さいほどきれいな球になり，大きくなり過ぎると壊れる．

雨滴は，空気抵抗と重力が釣り合う「終端速度」で落下する (6.1.2)．空気抵抗は正面から見た投影面積に比例することが分かっている．抵抗が直径の 2 乗に比例し，重力が直径の 3 乗に比例するから，大きい水滴ほど終端速度は大きい．雲や霧が浮いているのは水滴が小さく終端速度が非常に小さいためである．また，大きくなり過ぎると表面張力が重力や空気抵抗に負けて水滴は分裂するので，雨滴の最大直径は 5 mm ていどであり，それに対応して，雨滴の終端速度の最大値は 10 m/s ていどである*．

*〔1 m + 1 kg〕は，物理的に無意味である．
〔1 m + 1 inch〕は，単位は異なるが次元が同じ量の和であり，物理的に意味のある加算である．

*$[z_C - z_G] = [z_G] = [L]$，
$[I_0] = [L^4]$, $[A] = [L^2]$

*雨滴が大きくなると球形でなくなる．風圧に押されて正月の鏡餅に似た平らな形になる．

10.1.2 次元解析

次元的健全性を調べることによって物理現象を理解しようというのが**次元解析**である。次元解析は問題が解析的に解けないときに用いると有効であるが，ここでは説明のため，答えが計算によって求まる自動車落下シーンに用いてみる（図−10.1）。

空気抵抗を無視すると，落下地点の位置 a は，崖の高さ h，飛び出し速度 V_0，重力加速度 g で決まるだろう。そこで，k を定数（無次元）として，a を次のように仮定する。

$$a = k \cdot g^\alpha \cdot h^\beta \cdot V_0^\gamma$$

k, α, β, γ は未知の定数である。両辺の次元を取ると

$$[L] = [1] \times [LT^{-2}]^\alpha \times [L]^\beta \times [LT^{-1}]^\gamma = [L]^{\alpha+\beta+\gamma}[T]^{-2\alpha-\gamma}*$$

左右の次元が一致するという式を作ると

$$1 = \alpha + \beta + \gamma, \quad 0 = -2\alpha - \gamma$$

これから，$\beta = 1 + \alpha$，$\gamma = -2\alpha$。これを仮定した式に代入して整理すると

$$(a/h) = k \cdot (g \cdot h/V_0^2)^\alpha \qquad \cdots (10.1)$$

次元解析で分かるのはここまでであり，k, α の値は得られない。

しかし，この次元解析だけから次のことが分かる。

式 (10.1) は，実物，模型に共通である。左辺 (a/h) が同じなら，落下の放物線が相似になる。そのためには，右辺の $(g \cdot h/V_0^2)$ が同じであればよい。g は共通であるから，崖の高さ h が 1/100 になれば，初速度 V_0 を $\sqrt{1/100}$ にすればよいことが分かる。

現象を支配する方程式が分からない場合でも，次元解析によって有用な情報が得られる例は多い。

※ a：長さ，k：無次元定数，g：加速度，h：長さ，V_0：速度

10.2 無次元数

次元解析で得られた**式 (10.1)** は，（　）の中が無次元になるように変形してある。

これによって，大きさの絶対値を用いない議論ができた。

我々は無次元数として，層流・乱流を分けるレイノルズ数 (6.2.1) と，常流・射流を分けるフルード数 (9.3.1) を学んだ。これらは，流れの性質を決定づける重要な無次元数である。

他にも，様々な無次元数が出てきた。非常に簡単で，ほとんど意識せずに用いられる無次元数もある。たとえば，**例題** 3.1 の結論として「一辺が水面

※ M 個の物理変数を用いて，ある現象を式で表す。これらの変数が N 個の基本次元で表されるとき，$(M-N)$ 個の独立な無次元数でこの式を表すことができる。これを**バッキンガムの π 定理**と言う。式 (10.1) の場合、$M=4$ (a, g, h, V_0), $N=2$ (L, T) であるから独立な無次元数は 2 個である。

にある長方形への全水圧の作用点は水面から 2/3 の深さにある」と述べられている。式で表せば $z_C/h = 2/3$ である*。

＊ h：長方形の高さ（長方形の下の辺の深さ）。z_C：作用点の深さ。

わざわざ述べていないが，無次元数 z_C/h を用いて「作用点の深さ z_C」を表していることになる。これによって，長方形の高さ h に関わらない表現が可能になっている。

無次元数は寸法に直接関わらないため，実物と異なる寸法を用いて現象を調べる模型実験では非常に有効であり，次に述べる相似則の要になっている。

10.3 相似則と模型実験

10.3.1 幾何学的相似

土木で扱う物体は巨大であるため，実験には通常，サイズを小さくした模型を使う*。模型は実物と**幾何学的に相似**なものを用いるのが一般的である。どれだけ小さくしたかを示す「縮尺」は，模型と実物の「長さ」の比で表現する。

＊土木では稀でも，実物よりも大きな模型を用いる実験も，もちろんある。

幾何学的に相似ならば，高さや幅など「長さ」の寸法を実物と比較すれば，どこでも同じ「縮尺」で縮んでいる。しかし，長さ以外の物理量については，そうとは限らない。たとえば縮尺 1/100 の模型の面積は，実物の 1/10 000 になり，体積は 1/1 000 000 になる。

港湾や河川の広い範囲の模型では小さな縮尺を用いることが多い。縮尺が小さいために模型の水深が浅くなり過ぎると，表面張力などの影響で模型の流れが実物と異なる挙動を示すようになる。それを避けるために，水平方向の縮尺に対して高さの縮尺を大きく取ることがある。このような模型を**ひずみ模型**という。

10.3.2 力学的相似

力学的な模型実験を行うには，幾何学量だけでなく，力学に関わる物理量についても相似であることが必要になる。これを**力学的相似**という。

実物および模型の流れを表す運動方程式として，ナビエ・ストークス方程式（5.1 節）を考える。どの方向でも同じなので x 方向の式を用いる。

第10章 次元解析と模型実験

$$(\partial v_x/\partial t + v_x \cdot \partial v_x/\partial x + v_y \cdot \partial v_x/\partial y + v_z \cdot \partial v_x/\partial z)$$
$$= g_x - (1/\rho)\partial p/\partial x + \nu(\partial^2 v_x/\partial x^2 + \partial^2 v_x/\partial y^2 + \partial^2 v_x/\partial z^2)$$

(対応する力) −慣性力　　重力　　圧力　　　　　　粘性力

ただし，ρ：水の密度，ν：水の動粘性係数，g：重力加速度。体積力は重力のみとする。重力加速度の x 方向成分 g_x は定数であるが変数扱いする。

さて，各変数をその物理量の代表的な大きさで割って無次元化した，次のような変数(「′」が付いた変数)を考える。

$t' = t/T, \quad x' = x/L, \quad v_x' = v_x/V, \quad g_x' = g_x/g, \quad p' = p/(\rho V^2)$

ただし，T：代表的時間，L：代表的長さ，$V = L/T$：代表的早さ，
g：重力加速度，ρV^2：代表的圧力(代表的早さの水の動圧×2)*。

これを用いて上の式を書き換え，両辺を (V^2/L) で割ると，次の式になる*。

$$(\partial v_x'/\partial t' + v_x' \cdot \partial v_x'/\partial x' + v_y' \cdot \partial v_x'/\partial y' + v_z' \cdot \partial v_x'/\partial z')$$
$$= [gL/V^2]g_x' + \partial p'/\partial x'$$
$$+ [\nu/(VL)](\partial^2 v_x'/\partial x'^2 + \partial^2 v_x'/\partial y'^2 + \partial^2 v_x'/\partial z'^2) \quad \cdots (10.2)$$

* 「代表的」と言っても深刻に考える必要はない。たとえば，実物と模型で対応するある特定の区間を決めて，その長さを，実物，模型それぞれの代表的長さとすればいい。

* $v_x = V \cdot v_x'$　$t = T \cdot t'$ で変数を置き換えると $\partial v_x/\partial t$
$= \partial(V \cdot v_x')/\partial(T \cdot t')$
$= (V/T)\partial v_x'/\partial t'$
以下同様。また
$\partial^2(V \cdot v_x')/\partial(L \cdot x')^2$
$= (V/L^2)\partial^2 v_x'/\partial x'^2$

この式は，以下の特徴を持つ。

係数も変数もすべて無次元の方程式である。無次元変数は相対的な大きさのみを持ち，物理量の具体的な大きさは「無次元変数」×「その物理量の代表的な大きさ」で得られる。

[ ]内の係数が同じならば，実物と模型の無次元方程式は完全に一致し，実物と模型は**力学的に相似**になる。このとき，**実物と模型で，対応する場所，時間における物理量の比が一定になる。ただし，比は物理量ごとに定まる。**

力学的相似を実現するにはどうすればいいか，[ ]内の係数を調べてみよう。

最初の係数 $[gL/V^2]$ は次のようになっている。代表的長さ L としてある断面の水深 h を，代表的速度 V としてその断面の流速 V を取ると，*

$gL/V^2 = gh/V^2 = 1/(V/\sqrt{gh})^2 = 1/Fr^2$

つまり，実物と模型で対応する断面のフルード数を同じにすれば式(10.2)の重力項についている係数が同じになる。**フルード数は重力の効き方に関わる量である。** フルード数が大きいほど重力の影響が相対的に小さくなる*。

* 混乱は特に起きないと思われるので，「代表的速度」と「その断面の流速」に同じ文字 V を使った。

* 車落下の模型で用いた式(10.1)の右辺も，$1/Fr^2$ と同じ形の因数を持っている。

もう一つの係数 $[\nu/(VL)]$ については，たとえば管路の問題ならば，ある断面の管径 D と流速 V を，代表的長さ，代表的速度とすれば

$\nu/(VL) = 1/(VD/\nu) = 1/Re$

つまり，実物と模型で，対応する場所のレイノルズ数を同じにすれば，式(10.2)の粘性力項についている係数が同じになる。**レイノルズ数は粘性の効き方に関わる量である。** レイノルズ数が大きいほど，粘性の影響が相対的

に小さくなる．

重力加速度 g, あるいは動粘性係数 ν を変えることが簡単でないため，実物と模型の Fr, Re を同時に一致させるのは一般的ではない*．

フルード数の一致によって力学的相似を得ようというのが**フルード相似則**である．

レイノルズ数の一致による場合は**レイノルズ相似則**という．

水面は重力の影響を直接うける．したがって開水路の流れの模型では，重力項に関わるフルード数 Fr を実物に合わせるフルード相似則を用いる．特にたとえば堰を越える流れなど，比較的短い区間の開水路の流れでは，摩擦抵抗を無視できることが多い．このような場合には，フルード数のみを一致させればよい．

開水路が長く，河床の抵抗も重要な場合には，フルード数を一致させた上で，水路の粗度を調節する．ムーディー図表（図－5.24）からわかるように，レイノルズ数が大きい粗面完全乱流域では，摩擦損失係数がレイノルズ数によらず一定になる．模型のレイノルズ数は同じにしなくても，あるレベルよりも大きくしておけば，マニングの粗度係数を相似に取ることで力学的相似を実現できる．

フルード相似則が成り立つ場合に，種々の物理量がどのような縮尺になっているか見てみよう．

以下，文字に「実」，「も」，「比」という添字をつけて，実物，模型，両者の比の値を表す．たとえば長さについては，$L_実$, $L_も$, $L_比 = L_も/L_実$．「比」は各物理量の縮尺である．**模型の縮尺を s とすると $s = L_比$** である．

[例題] **10.1** フルード相似則を用いて，堰を越える流れの模型実験を行う（図－10.2）．模型の縮尺が s のとき，次の各物理量の縮尺（模型の値 / 実物の値）はいくらか．

時間 T, 流速 V, 流量 Q, 圧力 p, 全圧力 P

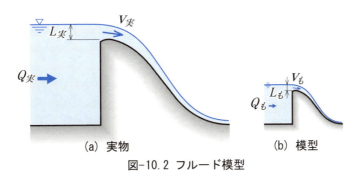

図-10.2 フルード模型

*重力加速度，あるいは見かけの重力加速度を小さくするには，自由落下を利用するとか，宇宙に出かけるとかするしかないが，大きくすることは不可能ではない．遠心力を利用すればよい．遠心加速器を用いて見かけの重力加速度を大きくした実験が，実際に行われている．
動粘性係数を変えるためには，流体を変える必要がある．

[解答] ある断面の水深 h を代表的寸法 L にとり，そこの流速を代表的流速 V，代表的時間を $T=L/V$ とする。その断面のフルード数 Fr を実物と模型で一致させると，

$$V_実/\sqrt{g_実 \cdot h_実} = V_模/\sqrt{g_模 \cdot h_模}$$

実物，模型のいずれも地表にあれば重力加速度は同じ，つまり $g_比 = 1$ であるから，

$$V_比 = \sqrt{g_比 \cdot h_比} = \sqrt{L_比} = \sqrt{s}\text{*}$$
$$T_比 = L_比/V_比 = s/\sqrt{s} = \sqrt{s}\text{*}$$

この例から分かるように，「比」の計算は，「次元」の計算と同じである。このことを意識して続ける。流量は流速×断面積だから，面積を A で表して

$$Q_比 = V_比 \cdot A_比 = V_比 \cdot L_比^2 = s^{5/2}$$

実物も模型も水を用いるので単位体積重量は同じである。$\gamma_比 = 1$ を用いて

$$p_比 = \gamma_比 \cdot h_比 = \gamma_比 \cdot L_比 = 1 \cdot s = s$$
$$P_比 = p_比 \cdot A_比 = s \cdot s^2 = s^3 \text{*}$$

*最初の式を変形すると
$V_模/V_実$
$=\sqrt{(g_模 \cdot h_模)}/\sqrt{(g_実 \cdot h_実)}$
$=\sqrt{(g_模/g_実)}\sqrt{(h_模/h_実)}$
となって $V_比 = \sqrt{g_比 \cdot h_比}$
が得られる。

*$T_比 = T_模/T_実$
$= (L_模/V_模)/(L_実/V_実)$
$= (L_模/L_実)/(V_模/V_実)$
$= L_比/V_比$
このように，「比」の式は，定義の式に「比」という添字を付けるだけで得られる。

*ナビエ・ストークスの方程式に現れない他の力，たとえば表面張力，弾性力を考える必要がある場合には，それぞれウェーバー数，マッハ数という無次元数を一致させて，力学的な相似を実現させる。

[問題] **10.1** 縮尺 s が $1/4$ の模型がある。この模型にフルード相似則が適用される場合，時間 $T = L/V$ と，流速 V の縮尺はいくらか。レイノルズ相似則が適用される場合はどうか。実物と模型の重力加速度，動粘性係数は同じとする。

[解答] フルード相似則を用いると**例題 10.1** から
$V_比 = \sqrt{s} = \sqrt{1/4} = 1/2$
$T_比 = \sqrt{s} = 1/2$

一方，レイノルズ相似則では $Re_比 = 1$ であるから，$(V_比 \cdot L_比)/\nu_比 = 1$。$\nu_比 = 1$（動粘性係数が同じ）を用いて

$V_比 = \nu_比/L_比 = 1/s$
$T_比 = L_比/V_比 = s/(1/s) = s^2$

これに，$L_比 = s = 1/4$ を代入すると

$V_比 = 4$
$T_比 = 1/16$

模型の流速を実物の 4 倍にしなければならない。

[問題] **10.2** **例題 10.1** の縮尺が $1/25$ であったとする。模型実験で測定した結果，次のような値が得られた。

流量 Q が $13.2\,\mathrm{L/s}$，ある点の流速 V が $0.3\,\mathrm{m/s}$，下流の段上がり部に加わる力 F が $2\,\mathrm{N}$ であった。

実物の流量，対応する点の流速，段上がり部に加わる力はいくらになると

見込まれるか。

解答

例題で得られた結果を用いて計算する。$s = 1/25$ であるから

$Q_実 = Q_も/Q_比 = (13.2 \, \text{L/s})/(1/25)^{5/2} = 41\,250 \, \text{L/s} \fallingdotseq 41.2 \, \text{m}^3/\text{s}$

$V_実 = V_も/V_比 = (0.3 \, \text{m/s})/(1/25)^{1/2} = 1.5 \, \text{m/s}$

全圧力は力であるから,$P_比$ と $F_比$ は同じである。$F_比 = P_比 = s^3$。

$F_実 = F_も/F_比 = 2 \, \text{N}/(1/25)^3 = 31\,250 \, \text{N} \fallingdotseq 31.2 \, \text{kN} \, (\fallingdotseq 3.19 \, \text{tf})$

索引

【あ】

圧縮性・非圧縮性　57
圧力　19
圧力水頭　86
圧力のエネルギー　86
アルキメデスの原理　48
安定・不安定　49

【い】

位置エネルギー（ポテンシャルエネルギー）
　　　83, 128
位置水頭　86
一様水路　158
一般化されたベルヌーイの定理　107
移流加速度　63

【う】

渦　68
渦あり流れ（回転流）　68
渦なしの渦（自由渦）　68
渦度　68
運動エネルギー　82
運動エネルギー補正係数 α　87
運動学　56
運動方程式　72
運動量方程式　73
運動量　73
運動量補正係数 β　75
運動量流束　173

【え】

液体　18
液柱圧力計（マノメータ）　27
SI（国際単位系）　8
SI 接頭語（SI 接頭辞）　11
エネルギー勾配　148, 156
エネルギー線　148
エルボ　77

【お】

オイラー的見方　61
オイラーの運動方程式　72
応力　15
応力ベクトル　16
オリフィス流量計　91

【か】

開水路　154
回転　66
回転流（渦あり流れ）　68
外力　14
角速度　67
拡張されたベルヌーイの定理　107
河床勾配（水路勾配）　154
渦度　68
間隙率（空隙率）　134
緩勾配　163
緩勾配水路　167
完全流体　72, 132
管路（管水路）　142

【き】

気圧（単位）　25
幾何学的相似　187
気体　18
基本単位　7, 8
キャビテーション　151
急拡　145
急勾配　163
急勾配水路　167
急縮　144
急変流　168
境界層　104
強制渦　68
共役水深　174, 175
局所加速度　62
局所損失（形状損失）　143

索引

【く, け】

クーロンの摩擦法則　102
組立単位　7, 9
形状損失（局所損失）　143
径深（動水半径）　120
傾心（メタセンタ）　51
ゲージ圧力　21
ケーソン　50
限界勾配　163
限界水深　162
限界流　162
限界流速　162
限界レイノルズ数　114
検査領域（コントロールボリューム）　73

【こ】

高水敷　157
交代水深　170, 175
広頂堰　177
広長方形断面（広矩形断面）　155
コールブルックの式　122
国際単位系（SI）　8
極浅水波（長波）　81
固体　17
コントロールボリューム（検査領域）　73

【さ, し】

サージタンク　57
サイフォン　151
座屈　151
差動マノメータ　28
シェジー式　156
次元　6, 185
次元解析　186
仕事　82
指数式　156
実在流体　72
実質微分　63
質量流量　58
支配断面　180
射流　161
ジャンプ（跳水）　180
自由渦（渦なしの渦）　68
重心（図心）　38

重心（力学的な）　51
自由水面　154
終端速度　102
自由流出　177
重力単位系　8
縮尺　187
縮流（ベナ・コントラクタ）　95
縮流係数　96
潤辺長　120
常流　161
浸透流　133

【す】

水銀柱表示　24
水撃作用　57
水深　154
水線面　50
水中体積（排水容積）　52
水柱表示　24
垂直応力　16
水頭　86
水面勾配　154
水理学的な粗さ　118
水理水深　162
水路幅拡大・縮小　176
すべりなし条件　103
スルース・ゲート　177
ずれ（せん断変形）　16, 67

【せ】

静圧　88
静圧管　89
静止摩擦係数　101
静水圧　20
堰上げ背水曲線　167
接触角　32
絶対圧力　21
絶対単位系　8
全圧力　36
漸拡　146
全加速度　63
漸縮　144
全水圧　36
全水頭　86

せん断応力　　　16
せん断ひずみ速度　　　67
せん断変形　　　16, 67
漸変流（漸変不等流）　　　163

【そ】

総圧　　　89
総圧管　　　89
相対粗度　　　122
相当粗度（粗度）　　　118
層流　　　107
速度水頭　　　86
速度ポテンシャル　　　130, 137

【た】

大気圧　　　22, 25
対数分布（対数則）　　　119
体積ひずみ速度　　　67
体積流量　　　58
体積力　　　14
ダルシー・ワイスバッハの式　　　119, 156
ダルシー則　　　135
段上がり・段下がり　　　176
単位系　　　7
単位体積重量（単位重量）　　　23
段波　　　81
断面一次モーメント　　　37
断面二次モーメント　　　38
断面係数　　　159

【ち, つ】

跳水（ジャンプ）　　　180
長波　　　81
通水能　　　159

【て】

低下背水曲線　　　167
定常跳水　　　182
定常流（定流）　　　56
テンソル　　　17
テンダーゲート（ラジアルゲート）　　　46
伝播速度　　　81

【と】

動圧　　　88
等角写像　　　131
透水係数　　　135
動水勾配　　　135
動水勾配線　　　148
動水半径（径深）　　　120
動粘性係数（動粘度）　　　105
等ポテンシャル線　　　131
動摩擦係数　　　101
等流　　　158
等流水深　　　158
トリチェリの定理　　　93

【な, に, ね】

内力　　　14
流れ関数　　　131, 137
ナビエ・ストークスの方程式　　　72
ニュートン（単位）　　　10
ニュートンの粘性の法則　　　104
ニュートン流体　　　104

粘性（分子粘性）　　　105
粘性係数（粘度）　　　105
粘性底層　　　117
粘性長さ　　　118

【は】

排水容積（水中体積）　　　52
剥離　　　148
パスカル（単位）　　　24
パスカルの原理　　　42
波速　　　81
バッキンガムのπ定理　　　186

【ひ】

非圧縮性流体　　　57
被圧地下水　　　140
ピエゾ水頭　　　86
比エネルギー　　　169
比エネルギー図　　　169
比重　　　23
ひずみ模型　　　187
非定常流（不定流）　　　56

ピトー管　　89
微分方程式　　165
標準重力加速度　　9
標準大気圧　　25
表面張力　　31
比力　　173
比力図　　174

【ふ】

負圧　　33, 151
不圧地下水　　140
複素速度ポテンシャル　　131
複断面河川　　157
浮心　　49
浮心軌跡　　51
伏せ越し（逆サイフォン）　　152
物理量　　2
不定流（非定常流）　　56
不等流　　158
浮力　　48
フルード数　　161
フルード相似則　　189
フローネット（流線網）　　132, 138
噴流　　75

【へ】

平均流速公式　　155
並進　　66
ヘーゼン・ウイリアムス式　　156
べき乗分布　　116
ベナ・コントラクタ（縮流）　　95
ベルヌーイの定理　　86
ベルマウス　　145
ベンチュリ管　　90
偏微分　　64

【ほ】

放物線分布　　112
ポテンシャルエネルギー（位置エネルギー）
　　　83, 128
ポテンシャル流　　131
ボルダ・カルノーの式　　146
ボルダの口金　　96

【ま】

摩擦速度　　117
摩擦損失　　105, 142
摩擦損失係数　　120
マニング式　　156
マニングの粗度係数　　157
マノメータ（液柱圧力計）　　27

【み，む，め，も】

見かけの流速　　134
密度　　23
ムーディー図表（ムーディー線図）　　123
無次元数　　108, 162, 186
無次元流速係数　　156
メタセンタ（傾心）　　51
メニスカス　　32
面積力　　14
毛細管現象（毛管現象）　　32

【ら，り】

ラグランジュ的見方　　61
ラジアルゲート（テンターゲート）　　46
ランキン渦　　68
乱流　　107
力学的エネルギー　　83
力学的相似　　187
流管　　59
流跡線　　58
流線　　58
流線網（フローネット）　　132, 138
流束　　173
流体　　19
流脈線　　59
流量　　58
流量図　　171

【れ】

レイノルズ応力　　115
レイノルズ数　　108
レイノルズ相似則　　189
連続体　　56
連続方程式（連続の式）　　59

著者略歴

四俵正俊（しだわら まさとし）

1943 年	兵庫県に生まれる
1961 年	広島県呉宮原高等学校 卒業
1966 年	東京大学 工学部 土木工学科 卒業
	東京工業大学 助手
1974 年	愛知工業大学 講師
	工学博士（東京大学）
1981 年	メキシコ国立自治大学 交換研究員
1991 年	愛知工業大学 教授
2013 年	定年退職，愛知工業大学 名誉教授

【主著】
「土木解析学」（共著）1976 年，丸善
「よくわかる構造力学ノート」1985 年，技報堂出版

水理学

2019 年 2 月 25 日　1 版 1 刷発行　　　　　　定価はカバーに表示してあります．

ISBN 978-4-7655-1863-5 C3051

著　者　四　俵　正　俊
発行者　長　　滋　彦
発行所　技報堂出版株式会社

日本書籍出版協会会員　〒101-0051　東京都千代田区神田神保町1-2-5
自然科学書協会会員　　電　話　営　業（03）（5217）0885
土木・建築書協会会員　　　　　編　集（03）（5217）0881
　　　　　　　　　　　FAX　　　　　（03）（5217）0886
Printed in Japan　　　振替口座　00140-4-10
　　　　　　　　　　　URL　http://gihodobooks.jp/

© Masatoshi SHIDAWARA, 2019　　装幀：ジンキッズ　印刷・製本：昭和情報プロセス

落丁・乱丁はお取り替えいたします．

JCOPY ＜出版者著作権管理機構 委託出版物＞
本書の無断複写は著作権法上での例外を除き禁じられています．複写される場合は，そのつど事前に，出版者著作権管理機構（電話 03-3513-6969，FAX 03-3513-6979，e-mail: info@jcopy.or.jp）の許諾を得てください．